+ Disk.

Jörg Kahlert

**Fuzzy Control
für Ingenieure**

Informatik & Computerfachliteratur

Regelungstechnik und Simulation
Ein Arbeitsbuch mit Visualisierungssoftware
von Anatoli Makarov

Simulation neuronaler Netze
von Norbert Hoffmann

Modellbildung und Simulation
von Hartmut Bossel

Fuzzy Control für Ingenieure
Analyse, Synthese und Optimierung
von Fuzzy-Regelungssystemen
von Jörg Kahlert

Fuzzy-Logik und Fuzzy-Control
Eine anwendungsorientierte Einführung
mit Begleitsoftware
von Jörg Kahlert und Hubert Frank

Fuzzy-Theorie oder die Faszination des Vagen
Grundlagen einer präzisen Theorie des Unpräzisen
für Mathematiker, Informatiker und Ingenieure
von Bernd Demant

Vieweg

Jörg Kahlert

Fuzzy Control für Ingenieure

Analyse, Synthese und Optimierung
von Fuzzy-Regelungssystemen

Das in diesem Buch enthaltene Programm-Material ist mit keiner Verpflichtung oder Garantie irgendeiner Art verbunden. Der Autor und der Verlag übernehmen infolgedessen keine Verantwortung und werden keine daraus folgende oder sonstige Haftung übernehmen, die auf irgendeine Art aus der Benutzung dieses Programm-Materials oder Teilen davon entsteht.

Alle Rechte vorbehalten
© Friedr. Vieweg & Sohn Verlagsgesellschaft mbH, Braunschweig/Wiesbaden, 1995

Der Verlag Vieweg ist ein Unternehmen der Bertelsmann Fachinformation GmbH.

Das Werk einschließlich aller seiner Teile ist urheberrechtlich geschützt. Jede Verwertung außerhalb der engen Grenzen des Urheberrechtsgesetzes ist ohne Zustimmung des Verlags unzulässig und strafbar. Das gilt insbesondere für Vervielfältigungen, Übersetzungen, Mikroverfilmungen und die Einspeicherung und Verarbeitung in elektronischen Systemen.

Druck und buchbinderische Verarbeitung: Lengericher Handelsdruckerei, Lengerich
Gedruckt auf säurefreiem Papier
Printed in Germany

ISBN 3-528-05460-3

Vorwort

Die Fuzzy Control-Front hat sich gelichtet. Nach einer anfänglichen, objektiv durch nichts gerechtfertigten Verherrlichung des "Mythos" Fuzzy Control ist Seriösität in den regelungstechnischen Alltag eingekehrt. Die zunächst in einer Vielzahl von Publikationen - in der Regel von wenig kompetenter Seite - geäußerte Voraussage (oder sollte man sagen Hoffnung?), Fuzzy Control werde die Regelungstechnik revolutionieren und konventionelle und bewährte Methoden vollständig ersetzen, hat sich als Irrglaube erwiesen. Die unscharfe Regelungstechnik hat sich vielmehr etabliert als ideale *Ergänzung* zu konventionellen Ansätzen, wobei der Fuzzy Controller endlich begriffen wird als ein äußerst flexibler nichtlinearer Regler in einem allerdings ungewohnten, weil umgangssprachlich parametrierten Gewand. Dieses Gewand aber ist es, was ihn so attraktiv macht, ermöglicht es doch einen Zugang zur nichtlinearen Regelungstechnik, der der menschlichen Denk- und Handlungsweise in idealer Weise angepaßt ist - oder zumindest besser als nichtlineare Differentialgleichungen. Dies heißt aber noch lange nicht, wie uns gewisse Spezies weismachen wollen, daß dieser Zugang *jedem* und *ohne jegliche Vorkenntnisse* möglich ist. Insofern ist der Zusatz "... für Ingenieure" im Titel dieses Buches keinesfalls redundant, sondern stellt vielmehr eine ausdrückliche Warnung dar: Ohne gewisse Mindestkenntnisse auf systemtheoretischem und regelungstechnischem Terrain ist eine effektive Umsetzung von Fuzzy Control-Methoden nicht möglich.

So sollte es uns nicht traurig stimmen, daß viele der selbsternannten Fuzzy-Regelungstechniker mittlerweile wieder denjenigen das Feld überlassen haben, die *wirklich* etwas von der Sache verstehen - oder es zumindest lernen wollen (an letztere - und natürlich an jene, die von Fuzzy Control nie genug bekommen können - wendet sich dieses Buch). Damit verbunden ist zwar die Anzahl an Publikationen zur Thematik speziell im populärwissenschaftlichen Bereich zurückgegangen (wodurch leider auch einige - meist unfreiwillige - Anekdoten wegfallen), Qualität und Praxisrelevanz der Veröffentlichungen nimmt im Gegenzug jedoch zu.

Begeben wir uns auf einen kurzen Streifzug durch dieses Buch. Nach einigen einführenden Betrachtungen im ersten Kapitel lernen wir in Kapitel zwei zunächst die Grundideen der Fuzzy-Logik kennen, soweit sie für unsere nachfolgenden Betrachtungen im Zusammenhang mit Fuzzy Control von Belang sind. Auf der Basis des unscharfen Mengenbegriffs und möglicher Verknüpfungen von Fuzzy-Mengen werden wir Möglichkeiten zur Modellierung unscharfer WENN... DANN...-Regeln, sogenannter Fuzzy-Implikationen, betrachten und uns mit der Auswertung ganzer Sätze von Regeln - der Fuzzy-Inferenz - beschäftigen. Den Abschluß bildet die Vorstellung verschiedener Verfahren zur Rückwandlung unscharfer Mengen in scharfe Werte, der sogenannten Defuzzifizierung. Unser Hauptaugenmerk gilt dabei grundsätzlich weniger der mathematisch-formellen Seite, sondern vielmehr der praktischen Realisierung und Umsetzung der einzelnen Komponenten.

In Kapitel drei werden wir den Fuzzy Controller als Kernbaustein unscharfer Regelungssysteme einführen. Anhand der Analyse seines Übertragungsverhaltens werden wir erkennen, daß dieser Reglertyp einen sehr universellen nichtlinearen Regler ohne Eigendynamik darstellt, der im Gegensatz zu althergebrachten Reglern dieses Typs jedoch auf umgangssprachlicher Ebene parametriert wird und somit eine außerordentlich hohe Transparenz aufweist. Dazu werden wir den Einfluß verschiedener Freiheitsgrade des Reglers auf sein Übertragungsverhalten und auf die Dynamik des resultierenden Regelkreises untersuchen und Hinweise zum Entwurf geben. Die Vorstellung spezieller Typen von Fuzzy Controllern und ihrer speziellen Eigenschaften schließt diesen Teil ab.

Aufgrund der gewöhnlich hochgradigen Nichtlinearität von Fuzzy-Regelungssystemen stellt der Nachweis der Stabilität erhöhte Anforderungen an den Anwender. Die bekannten Kriterien der linearen Regelungstheorie können hier keine Anwendung finden, so daß auf nichtlineare Methoden zurückgegriffen werden muß. Hierbei kommt erschwerend hinzu, daß Fuzzy Controller häufig in solchen Fällen eingesetzt werden, wo kein mathematisches Modell der Regelstrecke vorliegt. Ansätze zur Lösung dieser Problematik werden im vierten Kapitel aufgezeigt.

Neben einfachen regelungstechnischen Standardstrukturen wie einschleifigen Regelkreisen oder Kaskadenregelungen findet man im Bereich Fuzzy Control vermehrt hybride und adaptive Systeme vor, bei denen konventionelle und Fuzzy-Komponenten in intelligenter Weise verquickt werden, um auf diese Weise zu Regelungssystemen höheren Organisationsgrades und damit verbesserter Dynamik zu gelangen. Dabei ist eine ganze Reihe unterschiedlicher Kombinationsmöglichkeiten realisierbar, die wir in Kapitel fünf besprechen werden.

Die numerische Optimierung von Fuzzy Controllern ist Gegenstand des sechsten Kapitels. Da Fuzzy Controller aufgrund ihrer Flexibilität eine erheblich höhere Zahl von Freiheitsgraden besitzen als konventionelle Regler, muß in denjenigen Fällen, wo eine numerische Nachoptimierung des Reglers erwünscht ist, auf speziell für hochdimensionale Optimierungsprobleme geeignete Verfahren zurückgegriffen werden. Hierzu gehören insbesondere Evolutionsstrategien bzw. Genetische Algorithmen, die daher auch den Schwerpunkt unserer Betrachtungen bilden werden.

Fuzzy-Logik eignet sich nicht nur zur Realisierung unscharfer Regler, sondern auch für übergeordnete Aufgaben der Prozeßführung. Hierzu gehören insbesondere Prozeßüberwachung und Fehlerdiagnose. Man spricht in diesem Zusammenhang von Fuzzy Supervision - einem Thema, das im Mittelpunkt des siebten Kapitels stehen wird.

Kapitel acht zeigt die Verflechtung von Fuzzy-Methoden und neuronalen Netzen auf. Wir werden nach einem kurzen Einblick in die Grundlagen neuronaler Netze sinnvolle Kombinationsmöglichkeiten von Fuzzy- und Neuro-Komponenten kennenlernen und uns mit der Frage beschäftigen, unter welchen Bedingungen und auf welche Weise sich Systeme der einen Art in diejenigen der anderen Art überführen lassen.

Das abschließende neunte Kapitel beschreibt in groben Zügen die Leistungsmerkmale der beigelegten Software, die aus einigen Komponenten eines professionellen Fuzzy Control-Entwicklungstools besteht. Die Software ermöglicht auf höchst komfortable Weise ein Nachvollziehen des Stoffes, beginnend bei einfachen Fuzzy-Logik-Experimenten über die Analyse von Fuzzy Controllern bis hin zur Simulation komplexer hybrider oder auch adaptiver Fuzzy-Regelungssysteme. Sie eignet sich damit nicht nur zur buchbegleitenden Nutzung, sondern auch als Hilfsmittel bei eigenen weitergehenden Versuchen und Forschungen auf dem faszinierenden Gebiet der "unscharfen Regelung".

Danksagung

Herrn Dr. Reinald Klockenbusch vom Vieweg-Verlag danke ich für seine unnachgiebige Ermunterung zum Verfassen dieses Werks bis hin zu dem Zeitpunkt, an dem mir die Gegenargumente und Zweifel ausgingen ("point of no return").

Herrn Dipl.-Ing. Michael Schulze Gronover danke ich für die mühselige und undankbare Arbeit des Korrekturlesens, die Vielzahl von erfolgreichen und weniger erfolgreichen Versuchen, mir Fehler nachzuweisen sowie eine ganze Reihe von Anregungen und Verbesserungsvorschlägen. Ferner gebührt ihm ein nicht unwesentlicher Anteil an der Erstellung der beigelegten Software. Einige weitere wertvolle Hinweise gehen auf das Konto von Herrn Dr.-Ing. Udo Ossendoth.

Last but not least danke ich meinem Sohn Moritz dafür, daß er unverständliche Passagen des Textes bereits während der Entstehungsphase im Rechner durch eine gezielte Betätigung der Reset-Taste einer umgehenden Neuformulierung zugeführt hat.

Hamm, im Februar 1995   *Jörg Kahlert*

Inhaltsverzeichnis

1	Einführung: Der Mensch - ein vorbildlicher Regler!?		1
2	Grundlagen der Fuzzy-Logik		7
	2.1	Einführung	7
	2.2	Fuzzy-Mengen und Fuzzy-Relationen	9
		2.2.1 Klassische Mengen und Fuzzy Sets	9
		2.2.2 Linguistische Variablen und Terme	17
		2.2.3 Operatoren auf Fuzzy Sets	20
		2.2.4 Fuzzy-Relationen	23
	2.3	Fuzzy-Inferenz	28
		2.3.1 Fuzzy-Implikation	28
		2.3.2 Fuzzy-Inferenz	31
		2.3.3 Alternative Inferenzmechanismen: SUM-MIN- und SUM-PROD-Inferenz	50
	2.4	Defuzzifizierung	52
		2.4.1 Maximum-Methoden	54
		2.4.2 Schwerpunktmethode	56
		2.4.3 Schwerpunktmethode mit SUM-MIN-Inferenz	58
		2.4.4 Höhenmethode (Schwerpunktmethode für Singletons)	61
		2.4.5 Vergleichendes Beispiel	62
3	Der Fuzzy Controller als nichtlinearer Regler		65
	3.1	Einführung: Lineare Systeme - Theorie und Realität	65
	3.2	Struktur des Fuzzy Controllers	66
	3.3	Übertragungsverhalten des Fuzzy Controllers	68
	3.4	Entwurfsschritte	84
		3.4.1 Konzepte zum Wissenserwerb	87
		3.4.2 Wahl der Ein- und Ausgangsgrößen	89
		3.4.3 Skalierung der Ein- und Ausgangsgrößen	90
		3.4.4 Tuning der Zugehörigkeitsfunktionen	91
		3.4.5 Die Regelbasis	92
		3.4.6 Operatoren, Inferenzmechanismus und Defuzzifizierung	96
	3.5	Spezielle Typen von Fuzzy Controllern	97
		3.5.1 Fuzzy-PID-Regler	97
		3.5.2 Sliding-Mode-Fuzzy Controller	103
		3.5.3 Fuzzy Controller vom Sugeno/Takagi-Typ	109

| 4 | Stabilität von Fuzzy-Regelungssystemen | 115 |

	4.1	Klassifizierung möglicher Regelkreisstrukturen	115
	4.2	Stabilitätsanalyse in der Phasenebene	117
	4.3	Die direkte Methode von Ljapunov	120
	4.4	Das Stabilitätskriterium von Popov	123
	4.5	Das Kreiskriterium	126
	4.6	Methode der Harmonischen Balance	127
	4.7	Die Bifurkationstheorie	133

| 5 | Hybride und adaptive Fuzzy-Regelungssysteme | 139 |

	5.1	Einführung	139
	5.2	Nichtadaptive Systeme mit konventionellem Regler	140
	5.3	Umschaltregelungen mit Fuzzy-Komponente	145
	5.4	Adaptive Konzepte	146

| 6 | Numerische Optimierung von Fuzzy-Systemen | 155 |

	6.1	Motivation	155
	6.2	Grundproblem der Parameteroptimierung	155
	6.3	Lösungsmethoden	157
		6.3.1 Deterministische Verfahren	158
		6.3.2 Zufallsverfahren	162
		6.3.3 Evolutionsstrategien	163
	6.4	Vektorielle Optimierung	170
	6.5	Anwendung auf Fuzzy-Systeme	177
		6.5.1 Rechnergestützte Optimierung der Regelbasis	178
		6.5.2 Optimierung der Zugehörigkeitsfunktionen	180
		6.5.3 Wahl der Gütekriterien	182

| 7 | Regelbasierte Prozeßüberwachung: Fuzzy Supervision | 185 |

| | 7.1 | Grundprinzipien der Fehlerdiagnose | 185 |
| | 7.2 | Fuzzy-Fehlerdiagnose | 190 |

| 8 | Neuro-Fuzzy Controller | 195 |

	8.1	Grundlagen neuronaler Netze	195
		8.1.1 Aufbau und Modellierung von Neuronen	195
		8.1.2 Aufbau und Arbeitsweise neuronaler Netze	201
	8.2	Neuronale Netze und Fuzzy Control	212

| 9 | Die Software zum Buch | 223 |

	9.1	Übersicht	223
	9.2	Installation der Software	224
	9.3	Entwurf und Analyse von Fuzzy Controllern mit der Fuzzy-Shell FLOP	225
		9.3.1 Übersicht	225
		9.3.2 Linguistische Variablen und Terme	226

		9.3.3	Definition und Bearbeitung einer Regelbasis	233

    9.3.3   Definition und Bearbeitung einer Regelbasis 233
    9.3.4   Inferenz und Defuzzifizierung 238
9.4   Simulation und Optimierung von Fuzzy-Regelungssystemen mit BORIS 243
    9.4.1   Übersicht 243
    9.4.2   Komponenten des BORIS-Hauptfensters 244
    9.4.3   Einfügen und Bearbeiten von Systemblöcken 246
    9.4.4   Verbinden der Systemblöcke 251
    9.4.5   Textblöcke und Rahmenfunktion 252
    9.4.6   Struktur-Übersicht 253
    9.4.7   Steuerung der Simulation 254
    9.4.8   Die BORIS-Systemblock-Bibliothek 256
    9.4.9   Fuzzy Controller und Fuzzy Debugger 260
    9.4.10 Arbeiten mit Superblöcken 263

Literatur- und Quellenverzeichnis 265

Sachwortverzeichnis 279

1 Einführung:
Der Mensch - ein vorbildlicher Regler!?

Der Mensch zeichnet sich seit jeher dadurch aus, daß er in der Lage ist, auch komplexeste Vorgänge nach einer kurzen Lernphase recht sicher zu beherrschen. Diese Fähigkeit stellt er tagtäglich unter Beweis - in den meisten Fällen allerdings, ohne sich dessen überhaupt bewußt zu sein. Begleiten wir dazu beispielsweise einen Familienvater, der sich am Steuer seines Wagens mit seiner Gefolgschaft zu einem Sonntagsausflug aufs Land begibt. Analysieren wir diese Überlandfahrt aus regelungstechnischem Blickwinkel, so stellt sie sich uns als höchst diffiziler Regelungsvorgang dar, bei dem unser Familienvater den Part des Reglers übernimmt. Er hat die Aufgabe, sein Fahrzeug gemäß einer Reihe verschiedenartigster Führungsgrößen fortzubewegen, wobei ihm diese Aufgabe durch vielfältige Störgrößen, Parametervariationen sowie einzuhaltende Nebenbedingungen erschwert wird. Versuchen wir, die wesentlichen Charakteristika des zugrundeliegenden Regelungsproblems aufzulisten:

- Primäre Regelgröße ist der vorgegebene Straßenverlauf. Die Wagenposition hat sich - sieht man einmal von Sonderfällen wie Überholvorgängen oder unabdingbaren Ausweichmanövern ab - stets zwischen Mittellinie und rechtem Fahrbahnrand zu befinden. Der Fahrer kennt jedoch nicht nur den aktuellen Wert der Führungsgröße, sondern sieht immer auch einen Teil des nachfolgenden Straßenverlaufs vor sich und kann somit in gewisser Weise vorausschauend fahren. Inwieweit er den zukünftigen Verlauf erkennen kann, hängt einerseits vom Verlauf selbst bzw. der umgebenden Landschaft ab (beispielsweise von Bäumen oder Gebäuden, die die freie Sicht erschweren), andererseits auch von Witterungsbedingungen (z. B. Nebel). Darüber hinaus spielt auch die Frage eine Rolle, ob dem Fahrer die Strecke bekannt ist oder er sie zum ersten Mal befährt.

- Eine zweite Regelgröße stellt die Geschwindigkeit des Wagens dar. In der Regel wird der Fahrer versuchen, eine möglichst konstante Geschwindigkeit beizubehalten, da unnötige Brems- und Beschleunigungsmanöver einen erhöhten Treibstoffverbrauch sowie stärkeren Verschleiß von Fahrzeugkomponenten (beispielsweise Reifen oder Bremsbelägen) nach sich ziehen. Eine zu niedrige Geschwindigkeit hingegen kostet Zeit und behindert den Verkehr. Der einzuhaltende Geschwindigkeitswert liegt daher - je nach Temperament und Geldbeutel des Fahrers - mehr oder weniger oberhalb (oder auch unterhalb) der aktuell zulässigen Höchstgeschwindigkeit, solange nicht beispielsweise stark kurvenreiche

Straßenverläufe oder Sichtbehinderungen eine Änderung dieser Strategie sinnvoll erscheinen lassen.

- Unsere Musterfamilie befindet sich nicht alleine auf der Straße, sondern muß diese mit einer mehr oder minder großen Zahl von Fahrzeugen teilen - eine bittere Erfahrung, die ein jeder bei der täglichen Fahrt zur Arbeitsstätte und zurück machen muß. Auch diese Verkehrsteilnehmer beeinflussen selbstverständlich die Regelungsaufgabe, die sich unserem Fahrer stellt. Befindet sich nämlich ein vorausfahrendes Fahrzeug vor ihm, das sich mit geringerer Geschwindigkeit fortbewegt als er selbst, so muß er seine Regelstrategie dahingehend korrigieren, daß er nicht länger eine konstante Geschwindigkeit als Regelziel betrachtet, sondern vielmehr seine Geschwindigkeit in der Weise an seinen Vordermann anpaßt, daß ein möglichst konstanter und genügend großer Sicherheitsabstand ("halber Tachowert") eingehalten wird.

- Neben der eigentlichen Regelungsaufgabe übernimmt unser Fahrer auch übergeordnete Funktionen wie die Betriebsüberwachung ("Wird das Kühlwasser zu heiß?", "Ist der Öldruck in Ordnung?") und gegebenenfalls eine Fehlerdiagnose.

- Die Fahrzeugdynamik ist hochgradig nichtlinear (man denke etwa an die Motorcharakteristik) und zeitvariant. Letzteres äußert sich beispielsweise folgendermaßen:

    ▫ Das Fahrzeuggewicht verändert sich mit der Zeit, z. B. durch einen wechselnden Beladungszustand oder den Verbrauch von Kraftstoff.

    ▫ Der Luftdruck der Reifen kann variieren; er hängt beispielsweise ab von der Lufttemperatur.

    ▫ Durch natürlichen Verschleiß kommt es zu langsamen, schleichenden Parametervariationen (Beispiel: Reifen, Bremsbeläge, Stoßdämpfer). Extreme Änderungen der Fahrzeugcharakteristik können sich durch Fehler oder Defekte am Fahrzeug ergeben (geplatzter Reifen, Motorschaden, ...). Eine Reihe weiterer Streckenparameter schwankt erheblich mit der Fahrzeuggeschwindigkeit oder der Straßenbeschaffenheit (Nässe, Schnee, Eis ...).

- Der Fahrer übernimmt die eigentliche Regelungsaufgabe, wobei wir unterscheiden können zwischen dem Regelalgorithmus selbst, der sich "in seinem Kopf abspielt", und der Übertragung der Stellbefehle auf das Fahrzeug, die von seinen Gliedmaßen vorgenommen wird. Die im Regelalgorithmus verarbeiteten Meßgrößen nimmt der Fahrer visuell oder auch akustisch wahr, wobei die Aufnahme einerseits direkt (beispielsweise durch Blick aus dem Frontfenster), andererseits auch indirekt über entsprechende Sensorik (i. a. Anzeigeinstrumente) des Fahrzeugs erfolgen kann. Während die direkte "Meßaufnahme" bei einem verantwortungsvollen Fahrer nahezu kontinuierlich erfolgt, werden die Anzeigeinstrumente nur in mehr oder weniger unregelmäßigen Zeitabständen abgetastet. Zu den direkt aufgenommenen Meßgrößen können z. B. gehören

- die Wagenposition in bezug auf die Fahrbahnbegrenzung
- der vor dem Fahrzeug liegende Straßenverlauf
- ein grober Schätzwert für die eigene Geschwindigkeit (z. B. anhand vorbeirauschender Leitpfosten)
- ein grober Schätzwert für die Motordrehzahl (anhand der Motorgeräusche)
- der eingelegte Gang
- der ungefähre Abstand zum vorausfahrenden Fahrzeug
- die Straßenbeschaffenheit (z. B. Nässe oder Fahrbahnglätte) und sonstige Witterungsbedingungen
- alle Arten von Verkehrszeichen

Die Anzeigeinstrumente liefern demgegenüber bei einem Mittelklassewagen z. B. folgende Werte:

- die (exakte) Geschwindigkeit des Wagens
- die (exakte) Motordrehzahl
- den Benzinverbrauch (nur grob, da Tankuhr integrierend wirkt)
- Kühlwassertemperatur, Öltemperatur und ähnliches (geben unter Umständen Hinweise auf bevorstehende Motorprobleme)

Welche dieser Meßgrößen im Regelalgorithmus berücksichtigt werden, hängt entscheidend von der aktuellen Regelstrategie ab (siehe oben). Der Regelalgorithmus liefert dann die entsprechenden Stellbefehle, die vom Fahrer an das Fahrzeug weitergegeben werden. Dazu gehören

- die Stellung des Lenkrads
- die Stellung des Gaspedals
- die Stellung des Bremspedals
- der eingelegte Gang (also Kupplung und Schalthebel).

Erschwerend macht sich dabei bemerkbar, daß eine starke Kopplung zwischen den verschiedenen Stell- und Regel- bzw. Zustandsgrößen besteht, so daß eine Änderung einer der Stellgrößen in der Regel Einfluß auf mehrere oder alle Zustandsgrößen hat (Beispiel: Ein Gangwechsel bei konstanter Stellung des Gaspedals bewirkt eine Änderung der Motordrehzahl und damit auch der Geschwindigkeit. Weiterhin ändert sich dadurch auch der Kraftstoffverbrauch des Fahrzeugs).

- Neben den eigentlichen Führungsgrößen ist eine Vielzahl von Randbedingungen zu beachten, die eine gesonderte Fahrweise verlangen. Diese werden größtenteils durch die Straßenverkehrsordnung vorgegeben. Man denke in diesem Zusammenhang beispielsweise an das Einhalten von Vorfahrtsregeln, die Beachtung von Lichtzeichenanlagen (Ampeln) oder Bahnschranken.
- Die Regelungsaufgabe wird durch diverse Störgrößen erschwert. Dazu können wir z. B. starken Seiten-, Gegen- oder Rückenwind zählen oder auch starkes Gefälle bzw. starke Steigung der Fahrbahn. Hinzu kommen solche Störungen, die die freie Sicht einschränken (Regen oder Nebel) - wir sind weiter oben bereits auf diesen Punkt eingegangen.[1]

Wir wollen die Analyse unseres Familienausflugs nicht bis zum Exzeß treiben; die bisherigen Ausführungen dürften gezeigt haben, welche Anforderungen unser Fahrer zu erfüllen hat, um seine Familie sicher ans Ziel und wieder nach Hause zu bringen. Wie aber kommt er diesen Anforderungen nach? Die Antwort lautet: Mit einer Mischung aus Intuition, Erfahrung, fahrerischem Können und einem begleitenden Katalog aus "Randbedingungen", der im wesentlichen die einzuhaltenden Gesetze und Richtlinien enthält, die ihm im theoretischen Teil des Fahrschulunterrichts näher gebracht worden sind. All diese Komponenten seiner Regelstrategie sind *regelbasiert*, wobei die einzelnen Regeln jeweils bestimmte *Handlungsanweisungen* (also Stellbefehle) für bestimmte *Eingangssituationen* (also Meßgrößen) enthalten. Der Fahrer denkt dabei jedoch nicht in konkreten Zahlenwerten, sondern vielmehr in *unscharfen Begriffen*, die sowohl die Eingangssituation als auch die Handlungsanweisungen nur qualitativ charakterisieren. Wir wollen uns einige dieser Regeln herausgreifen, die eine ganze Palette höchst unterschiedlicher Situationen beschreiben, die unserem Fahrer auf seinem Ausflug unterkommen kann. Betrachten wir zunächst die beiden Regeln

"Tendiert die Wagenposition langsam zur Fahrbahnmitte hin, muß mit einer leichten Lenkbewegung nach rechts gegengesteuert werden"

bzw.

"Tendiert die Wagenposition stark zur Fahrbahnmitte hin, muß mit einer starken Lenkbewegung nach rechts gegengesteuert werden"

Beide Regeln betreffen ersichtlich die Ausrichtung der Wagenposition in der Mitte der rechten Fahrbahnseite, wobei sich die Handlungsanweisungen beider Regeln nur in der Stärke des Stelleingriffs unterscheiden.

---

[1] Zyniker könnten an dieser Stelle anmerken, auch die Ehefrau auf dem Beifahrersitz stelle eine Art von Störgröße dar.

Nehmen wir als nächstes die Regel

"Beim Anfahren am steilen Berg ist der erste Gang einzulegen, die Kupplung langsam kommen zu lassen und gleichzeitig die Handbremse vorsichtig zu lösen",

die für den Familienausflug zwar nur von untergeordneter Bedeutung ist, einem jeden Autofahrer aber noch aus den ersten Fahrstunden im Gedächtnis verankert sein dürfte. Im Gegensatz zu den obigen beiden Regeln finden wir hier eine Handlungsanweisung, die aus zwei Teilanweisungen besteht.

Zur Einhaltung einer konstanten Fahrzeuggeschwindigkeit könnten beispielsweise die folgenden Regeln dienen:

"Ist der Streckenverlauf geradlinig, die Fahrbahn trocken, die Sicht gut und liegt die aktuelle Geschwindigkeit in der Nähe oder nur unwesentlich oberhalb der zulässigen Höchstgeschwindigkeit, ändert sich aber nicht, dann kann das Gaspedal in der aktuellen Stellung belassen werden"

"Ist der Streckenverlauf geradlinig, die Fahrbahn trocken, die Sicht gut und liegt die aktuelle Geschwindigkeit in der Nähe oder nur unwesentlich oberhalb der zulässigen Höchstgeschwindigkeit, wird aber größer, dann sollte das Gaspedal etwas zurückgenommen werden"

"Ist der Streckenverlauf geradlinig, die Fahrbahn trocken, die Sicht gut und liegt die aktuelle Geschwindigkeit weit unterhalb der zulässigen Höchstgeschwindigkeit, kann das Gaspedal voll durchgetreten werden"

Diese Regeln unterscheidet von allen vorangegangenen die Tatsache, daß hier im Bedingungsteil jeweils mehrere Teilbedingungen miteinander verknüpft sind.

Die Liste ließe sich nahezu beliebig fortsetzen; das Fahrverhalten eines durchschnittlichen Autofahrers wird sicherlich von einigen hundert oder sogar tausend unbewußt oder bewußt angewendeten Regeln der beschriebenen Art geleitet.

Fuzzy Control stellt einen Ansatz dar, das menschliche Verhalten bei derartig gelagerten Problemstellungen zu operationalisieren, d. h. in einen auf herkömmlichen Rechnern abarbeitbaren Algorithmus zu überführen und damit einer Automatisierung zugänglich zu machen. Allen oben aufgeführten Regeln ist gemeinsam, daß wir sie in die standardisierte Form

WENN Bedingung 1 UND Bedingung 2 UND ...
DANN Handlungsanweisung 1 UND Handlungsanweisung 2 UND ...

überführen können. Für die folgenden Kapitel sehen wir daher drei wesentliche Aufgaben auf uns zukommen:

1. Wir müssen eine Form finden, unscharfe Begriffe wie "leichte Lenkbewegung nach rechts", "langsame Tendenz zur Fahrbahnmitte", "geradliniger Streckenverlauf" usw. durch geeignete mathematische Modelle nachzubilden. Diese Aufgabe werden *Fuzzy-Mengen* übernehmen.

2. Wir müssen eine Vorschrift für die Verknüpfung von unscharfen Begriffen über Operatoren wie UND oder ODER definieren. Dies wird uns mit Hilfe einfacher mathematischer Verknüpfungen wie der Minimum- oder Maximumbildung gelingen.

3. Wir müssen unscharfe WENN... DANN...-Regeln modellieren können, die aus u. U. mehreren, verknüpften Bedingungs- bzw. Schlußfolgerungsteilen bestehen. Mehrere dieser Regeln müssen zu einer größeren Regelbasis zusammengesetzt werden können, die dann für konkrete Eingangssituationen ausgewertet wird und eine eindeutig umsetzbare Handlungsanweisung liefert. Diese Aufgabe übernehmen *Fuzzy-Implikation*, *Fuzzy-Inferenz* und *Defuzzifizierung*.

2 Grundlagen der Fuzzy-Logik

2.1 Einführung

Wohl jeder erinnert sich noch - mehr oder weniger erfreut und mehr oder weniger weit zurückblickend - an das Thema *Mengenlehre* der Grundschulmathematik. Auf der Basis einer Handvoll grüner und roter, gelber und blauer, runder und quadratischer oder sonstwie geformter Bausteine konnten seinerzeit auf einfachste Weise und höchst anschaulich diverse Mengen und ihre Verknüpfungen dargestellt werden. Wir wollen mit unseren einführenden Betrachtungen exakt auf diesem Niveau einsteigen, um uns die Grundbegriffe und -prinzipien der klassischen Mengenlehre ins Gedächtnis zu rufen. Aus Gründen des wissenschaftlichen Anspruchs (und der praktischen Darstellbarkeit) wollen wir uns jedoch mit Zahlen statt Bausteinen beschäftigen. Den zugehörigen Formalismus lassen wir zunächst weitgehend außer acht und rufen unsere Erinnerungen lediglich in verbaler bzw. grafischer Form ab.

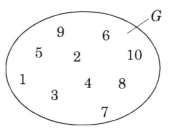

Bild 2.1. Definition einer Grundmenge G.

Zunächst definieren wir uns eine Grundmenge von Zahlen (die Handvoll Bausteine, um beim obigen Beispiel zu bleiben). Diese Grundmenge nennen wir G. Sie soll alle ganzen Zahlen von eins bis zehn enthalten. Wir können diese Grundmenge wie in Bild 2.1 darstellen.

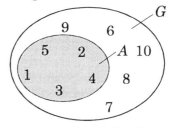

Bild 2.2. Definition der Menge A.

Ausgehend von dieser Grundmenge G wollen wir nun als erstes eine Menge definieren, die alle Zahlen der Grundmenge enthält, die kleiner sind als sechs. Diese Menge wollen wir A nennen; sie ist in Bild 2.2 veranschaulicht und enthält die Elemente 1, 2, 3, 4 und 5, was durch $A = \{1, 2, 3, 4, 5\}$ gekennzeichnet wird. Die Tatsache, daß ein Element einer Menge angehört, wird durch das "Element von"-Zeichen $\in$ dargestellt. So gilt z. B. $1 \in A$ oder auch $2 \in A$. Dagegen gehört beispielsweise 7 nicht der Men-

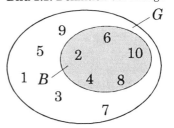

Bild 2.3. Definition der Menge B.

ge A an, man schreibt dementsprechend $7 \notin A$.

Mit einer Menge allein können wir noch nicht allzu viel anfangen. Wir wollen daher eine zweite Menge B definieren, die alle geraden Zahlen der Grundmenge enthält. Diese Menge ist in Bild 2.3 dargestellt. Sie enthält die Elemente 2, 4, 6, 8 und 10.

Beide Mengen können wir nunmehr miteinander verknüpfen. Bilden wir beispielsweise die *Vereinigungsmenge* von A und B, so enthält diese alle Elemente der Grundmenge, die in A *oder* in B enthalten sind, also entweder kleiner sind als sechs oder gerade oder beides. Diese Vereinigungsmenge - wir wollen sie C nennen - zeigt Bild 2.4.

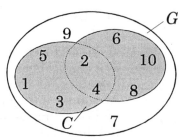

Bild 2.4. Bildung der Vereinigungsmenge von A und B.

Die *Schnittmenge* von A und B hingegen enthält alle Elemente der Grundmenge, die in A *und* B enthalten sind, also kleiner als sechs und gerade sind. Diese Menge - nennen wir sie D - besteht nur aus den Elementen 2 und 4 und ist in Bild 2.5 dargestellt.

Wollen wir bestimmte Elemente ausschließen, so geschieht dies über die sogenannte *Komplementärmenge*. So enthält die Komplementärmenge von A - hier als E bezeichnet - gerade diejenigen Elemente, die *nicht* in A enthalten sind. Dies sind also alle Zahlen der Grundmenge, die größer oder gleich sechs sind. Bild 2.6 veranschaulicht diesen Zusammenhang.

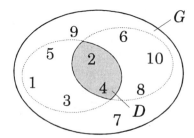

Bild 2.5. Bildung der Schnittmenge von A und B.

Wir wollen uns noch ein wenig in klassischer Aussagenlogik versuchen. Dazu definieren wir zunächst eine modifizierte Grundmenge $\tilde{G}$, die sich von unserer ursprünglichen Grundmenge G dadurch unterscheidet, daß sie nur diejenigen Elemente enthält, die größer sind als 2:

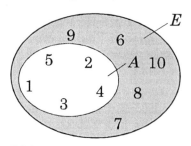

Bild 2.6. Die Komplementärmenge von A.

$$\tilde{G} = \{3, 4, 5, 6, 7, 8, 9, 10\}$$

Innerhalb dieser neuen Grundmenge legen wir nunmehr zwei wirklich allerletzte Mengen fest, nämlich

- die Menge F aller ungeraden Zahlen in $\tilde{G}$
- die Menge H aller Primzahlen in $\tilde{G}$.

2.1 Einführung

Diese ergeben sich zu

$$F = \{3,5,7,9\} \text{ bzw. } H = \{3,5,7\}$$

Wir erkennen, daß alle Elemente von H auch in F enthalten sind. Dies gilt auch noch dann, wenn wir unsere Grundmenge $\tilde{G}$ zu größeren Zahlen hin erweitern, da grundsätzlich *alle Primzahlen ungerade sind* (mit Ausnahme der 2 - daher unsere modifizierte Grundmenge!). Diese Erkenntnis können wir formal als WENN ... DANN ...-Regel wie folgt definieren:

WENN eine Zahl x eine Primzahl ist
UND x größer ist als 2,
DANN ist x ungerade.

Alternativ können wir die Regel auch mit Hilfe des "Daraus folgt"-Operators $\Rightarrow$ schreiben als

x ist eine Primzahl UND x ist größer als 2 $\Rightarrow$ x ist ungerade.

Die Aussage im WENN-Teil der Regel bzw. auf der linken Seite des $\Rightarrow$-Operators ("x ist eine Primzahl UND x ist größer als 2") wird als *Bedingung (Prämisse)*, die Aussage im DANN-Teil bzw. auf der rechten Seite ("x ist ungerade") als *Schlußfolgerung (Konklusion)* bezeichnet. Speziell in unserem Beispiel besteht die Prämisse wiederum aus zwei Teilprämissen ("x ist eine Primzahl" bzw. "x ist größer als 2"), die über "UND" miteinander verknüpft sind.

Betrachten wir als Beispiel zunächst die Zahl $x = 5$. Sie ist Element von H, d. h. eine Primzahl und größer als 2. Somit *schließen* wir aus unserer Regel, daß 5 ungerade sein muß (was Gott sei Dank auch stimmt!). Formal läßt sich dieser Schluß wie folgt darstellen:

Regel: WENN x eine Primzahl UND größer 2 ist DANN ist x ungerade
Faktum: $x = 5$ ist eine Primzahl UND $x = 5$ ist größer 2
Schluß: $x = 5$ ist ungerade

Wir bezeichnen diesen Vorgang - die Ableitung einer Schlußfolgerung aus einer gültigen WENN ... DANN ...-Regel bei Vorliegen einer aktuellen, den WENN-Teil erfüllenden Situation (Faktum) - als *logisches Schließen*.

Wählen wir für einen zweiten Versuch die Zahl $x = 9$. Sie ist keine Primzahl, der WENN-Teil unserer Regel "paßt" also nicht. Wir können in diesem Fall aus unserer Regel also *rein gar nichts* schlußfolgern: x könnte ungerade sein (was es in der Tat ist), es könnte aber auch gerade sein (dies wäre z. B. bei $x = 8$ der Fall gewesen; 8 ist ebenfalls keine Primzahl, aber gerade).

Damit wollen wir unsere einführenden Betrachtungen zunächst abschließen. Wir werden unsere Erinnerungen in den nachfolgenden Abschnitten vertiefen und die Brücke zu Fuzzy-Mengen und Fuzzy-Logik schlagen.

2.2 Fuzzy-Mengen und Fuzzy-Relationen

2.2.1 Klassische Mengen und Fuzzy Sets

Eine *Menge* im klassischen Sinne ist eine Ansammlung von Objekten, die als *Elemente* der Menge bezeichnet werden und unterschiedlichster Natur sein können. Eine Menge kann auf verschiedene Weisen definiert werden:

- Durch Auflistung aller in ihr enthaltenen Elemente. Diese Form der Mengendarstellung haben wir bereits im vorangegangenen Abschnitt kennengelernt. Beispiele für diese Beschreibungsform sind:

    $M_1 = \{$Adam, Eva, Max, Moritz, Hänsel, Gretel$\}$

    $M_2 = \{$Bier, Wein, Sekt, Selters$\}$

    $M_3 = \{$New York, Sydney, Peking, Moskau, Hamm$\}$

    $M_4 = \{1, 2, 3, 4, 5, 6, 7, 8, 9\}$

    Diese Darstellungsform eignet sich insbesondere für endliche Mengen.

- Durch Angabe einer *Eigenschaft*, die ein Element aufweisen muß, um zur Menge zu gehören. So definiert

    $M_5 = \{x \in \mathbb{N} | x < 10\}$

    die Menge aller natürlichen Zahlen, die die Eigenschaft besitzen, kleiner als 10 zu sein. Diese Menge ist mit der oben definierten Menge M_4 identisch.

    Weitere Beispiele für auf diese Weise definierte Mengen sind:

    $M_6 = \{x \in \mathbb{R} | 2 \leq x \leq 25\}$

    $M_7 = \{x \in \mathbb{R} | x^2 < 10\}$

    $M_8 = \{x \in \mathbb{R} | x > 2 \wedge x < 5\}$

    Wie das letzte Beispiel zeigt, kann sich die beschreibende Eigenschaft auch durch logische Verknüpfung mehrerer (Teil-)Eigenschaften ergeben.

- Durch die *charakteristische Funktion* oder *Zugehörigkeitsfunktion* μ_M der Menge. Diese nimmt für alle Elemente x der Grundmenge X, die in M enthalten sind, den Wert 1 und für alle nicht enthaltenen Elemente den Wert 0 an:

2.2 Fuzzy-Mengen und Fuzzy-Relationen

$$\mu_M : X \to \{0, 1\}$$

$$\mu_M(x) = \begin{cases} 1 & \text{wenn } x \in M \\ 0 & \text{wenn } x \notin M \end{cases}$$

Betrachten wir unsere zuvor definierte Menge M_8, so besitzt diese die Zugehörigkeitsfunktion

$$\mu_{M_8}(x) = \begin{cases} 1 & \text{für } 2 < x < 5 \\ 0 & \text{sonst} \end{cases}$$

Bild 2.7 zeigt die Zugehörigkeitsfunktion für Werte von x zwischen 0 und 8.

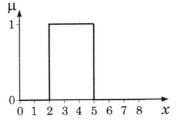

Bild 2.7. Charakteristische Funktion der Menge M_8.

Klassische Mengen und klassische Aussagenlogik gehorchen dem *Zweiwertigkeitsprinzip*: Ein Element ist entweder in einer Menge *enthalten* oder *nicht enthalten*; eine Aussage ist entweder *wahr* oder *falsch*. Dieses Prinzip spiegelt sich formal in den Symbolen $\in$ und $\notin$ bzw. in den binären Werten 0 und 1 der Zugehörigkeitsfunktion $\mu(x)$ wider.

Wir brauchen jedoch die Mathematik - eigentlich eine vorbildliche Wissenschaft, wenn es auf präzise und eindeutige Beschreibungen ankommt - gar nicht zu verlassen, um an die Grenzen der klassischen Mengenlehre zu stoßen. So kennt ein jeder Formulierungen wie $\varepsilon \ll 1$ ("ε sehr viel kleiner als eins") oder $\alpha \approx 0$ ("α ungefähr null"), die sich dem Zweiwertigkeitsprinzip heftig widersetzen. Ist z. B. ein Wert von $\varepsilon = 0.5$ schon sehr viel kleiner als eins oder vielleicht erst ein Wert von 0.1 oder 0.01? Und wie sieht es mit $\alpha = 0.1$ aus? Wir erkennen, daß die Begriffe "sehr viel kleiner" und "ungefähr gleich" problembezogen interpretiert werden müssen und durch Angabe einer festen Schranke im Sinne eines Schwellwerts (z. B. "α ist ungefähr null, wenn es betragsmäßig kleiner als 0.01 ist") nur schwerlich modellieren lassen.

Auch zur Beschreibung umgangssprachlicher Begriffe sind klassische Mengen in der Regel ungeeignet. Äußert ein Gast unseres Hauses beispielsweise den Wunsch nach einem "kalten Bier", und wir wollen es ihm als perfekter Gastgeber möglichst recht machen, so müssen wir genauer wissen, was er *meint*, wenn er "kalt" sagt. Um dies zu ergründen, können wir ihm eine ganze Reihe von Bieren unterschiedlicher Temperatur vorsetzen und ihn - ganz im Sinne des Zweiwertigkeitsprinzips - jeweils um eine Entscheidung "kalt" oder "nicht kalt" bitten.[2] Beim Bier mit einer Temperatur von 12 Grad

---

[2] Diese Vorgehensweise werden wir später als *Experteninterview* bezeichnen.

wird er vermutlich ohne Zögern mit "kalt" antworten, ebenso bei den Proben mit 11 oder 13 Grad. Reichen wir ihm ein auf 15 oder 17 Grad temperiertes Bier, wird er sich nach mehr oder weniger langem Zögern für eine der beiden Alternativen entscheiden, während er ein Bier mit 5 oder 25 Grad sicherlich als unzumutbar - weil schmerzkalt bzw. lauwarm - empfinden und damit mit einem klaren und sofortigen "nicht kalt" antworten wird.

Bild 2.8. Experteninterview.

Wie können wir das Verhalten unseres Experten (Bild 2.8) interpretieren? Es gibt gewisse Bereiche innerhalb der Grundmenge - hier der *Temperatur* -, innerhalb derer er eine Eigenschaft - hier *kalt* - eindeutig als vorhanden oder nicht vorhanden ansieht. In diesen Bereichen liegt also der klassische Fall des Elementseins oder Nichtelementseins vor. Andererseits gibt es eine Reihe von Temperaturwerten, denen er die Eigenschaft "kalt" *mehr oder weniger* zuspricht. Dies äußert sich in seiner zögerlichen Antwort, wenn wir ihm lediglich die beiden Alternativen "kalt" oder "nicht kalt" lassen.

Dieser Tatsache können wir Rechnung tragen, indem wir vom Zweiwertigkeitsprinzip Abstand nehmen und die Zugehörigkeitsfunktion einer Menge derart verallgemeinern, daß sie auch Werte *zwischen* 0 und 1 annehmen kann. Eine Menge mit einer solchen Zugehörigkeitsfunktion bezeichnet man als *Fuzzy-Menge, unscharfe Menge* oder *Fuzzy Set*. Bild 2.9 zeigt mögliche Fuzzy-Mengen zur Modellierung der besprochenen Beispiele.

Die Definition einer Fuzzy-Menge drückt in der Regel also das *subjektive Empfinden* desjenigen aus, der die Definition vornimmt. Stellen wir uns also in Fortführung unseres obigen Beispiels vor, daß wir das Experiment mit verschiedenen Personen wiederholen, so werden wir im allgemeinen bei jedem Test eine etwas anders geartete Zugehörigkeitsfunktion erhalten.

Selbst bei der gleichen Testperson können sich unterschiedliche Ergebnisse ergeben, wenn wir den Test zu unterschiedlichen Zeiten vornehmen. Die grundsätzlichen Charakteristika werden jedoch in allen Fällen die gleichen sein.

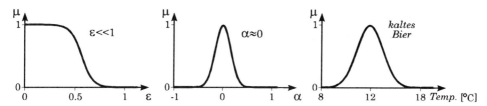

Bild 2.9. Fuzzy-Mengen zur Modellierung unscharfer Begriffe.

Genauso wie klassische Mengen lassen sich auch Fuzzy-Mengen durch Auflistung ihrer Elemente definieren. In diesem Fall reicht aber nicht mehr die Angabe der Elemente allein aus (die im klassischen Fall automatisch den Zugehörigkeitsgrad 1 impliziert), sondern zu jedem Element muß zusätzlich der Zugehörigkeitsgrad zur Menge explizit mit angegeben werden. Die Mengendarstellung enthält demnach Werte*paare* bestehend aus Mengenelement und Zugehörigkeitsgrad. Diese Tatsache äußert sich in folgender formaler Definition der Fuzzy-Menge:

Definition 2.1. Eine geordnete Menge von Paaren

$$F := \{(x, \mu_F(x)) | x \in X\}$$

heißt **Fuzzy-Menge** *in X. Die Abbildung*

$$\mu_F : X \to [0, 1]$$

wird als **Zugehörigkeitsfunktion** *von F bezeichnet. Sie ordnet jedem Element x der Grundmenge X den* **Zugehörigkeitsgrad** $\mu_F(x)$ *zu. Ein einzelnes Wertepaar* $(x, \mu_F(x))$ *wird als* **Singleton** *bezeichnet.*

Diese Definition der Fuzzy-Menge als Paarmenge ist keineswegs die einzig mögliche. In vielen Werken wird etwa die Abbildung $\mu_F : X \to [0, 1]$, d. h. die Zugehörigkeitsfunktion selbst direkt als Fuzzy-Menge bezeichnet. Beide Alternativen sind natürlich inhaltlich völlig gleichbedeutend; eine Fuzzy-Menge F ist durch Angabe ihrer Zugehörigkeitsfunktion μ_F vollständig und eindeutig definiert. Wir werden daher im folgenden häufig der Einfachheit halber auch die Zugehörigkeitsfunktion μ_F direkt als Fuzzy-Menge bezeichnen.

Wir wollen die Darstellung als Paarmenge, die sich insbesondere für diskrete Fuzzy-Mengen eignet, noch etwas genauer betrachten. Nehmen wir als Beispiel die *Menge aller natürlichen Zahlen, die sehr viel kleiner sind als 10*. Diese Menge könnte als Fuzzy-Menge wie folgt definiert sein:

$$F = \{(1,\ 1),\ (2,\ 1),\ (3,\ 0.8),\ (4,\ 0.6),\ (5,\ 0.4),\ (6,\ 0.2)\}$$

Dieser Darstellung können wir z. B. entnehmen:

Das Element $x = 1$ gehört F mit dem Zugehörigkeitsgrad $\mu_F(1) = 1$ an.

Das Element $x = 3$ gehört F mit dem Zugehörigkeitsgrad $\mu_F(3) = 0.8$ an.

Das Element $x = 5$ gehört F mit dem Zugehörigkeitsgrad $\mu_F(5) = 0.4$ an.

Oder, in Wahrheitswerten ausgedrückt:

Die Aussage "1 << 10" besitzt den Wahrheitsgehalt 1.

Die Aussage "3 << 10" besitzt den Wahrheitsgehalt 0.8.

Die Aussage "5 << 10" besitzt den Wahrheitsgehalt 0.4.

Alle nicht explizit aufgelisteten Elemente der Grundmenge besitzen den Zugehörigkeitsgrad Null.

Auch die Notation der Fuzzy-Menge in Elementdarstellung ist - wie so vieles im Bereich Fuzzy-Logik - nicht einheitlich. So findet man häufig die von Zadeh eingeführte Schreibweise $\mu_F(x)/x$ für ein Singleton und dementsprechend

$$F = \{\mu_F(x) / x \mid x \in X\}$$

für die Fuzzy-Menge F. Die Auflistung der Einzelelemente hat nach der Zadeh'schen Notation die Gestalt

$$F = \mu_F(x_1)/x_1 + \cdots + \mu_F(x_n)/x_n = \sum_{i=1}^{n} \mu_F(x_i)/x_i$$

wobei das Symbol / ein Wertepaar und das Symbol + eine Aufreihung charakterisiert. Angewandt auf unser soeben besprochenes Beispiel ergibt sich nach dieser Konvention

$$F = 1/1 + 1/2 + 0.8/3 + 0.6/4 + 0.4/5 + 0.2/6$$

Da diese Schreibweise mehr zur Verwirrung als zum Verständnis beiträgt, werden wir sie nicht übernehmen, sondern die Elementdarstellung von Fuzzy-Mengen - sofern wir sie überhaupt einmal benötigen - in der oben eingeführten "gewohnten" Form vornehmen. In der Regel werden wir Fuzzy-Mengen ohnehin über ihre Zugehörigkeitsfunktionen definieren.

2.2 Fuzzy-Mengen und Fuzzy-Relationen

Blicken wir noch einmal auf Bild 2.9 zurück, so erkennen wir, daß die dort gewählten Zugehörigkeitsfunktionen einen besonders "glatten" Übergang zwischen den Zugehörigkeitswerten Null und Eins aufweisen. Solche glatten Übergänge erhält man beispielsweise durch Einsatz sogenannter *S-Zugehörigkeitsfunktionen*, quadratische Funktionen in x. Für den Einsatz im Bereich Fuzzy Control sind derartige Zugehörigkeitsfunktionen jedoch nur bedingt geeignet. Berechnet man nämlich die Zugehörigkeitswerte on line im Controller, so ist für jeden Zugehörigkeitswert ein quadratischer Ausdruck auszuwerten - ein Aufwand, der relativ viel Rechenzeit beansprucht. Legt man alternativ dazu die Zugehörigkeitsfunktionen in diskretisierter Form als look up-Table im Speicher ab, so ist für eine hinreichend genaue Beschreibung eine sehr feine Diskretisierung und damit ein hoher Speicherplatzbedarf erforderlich.

Dies ist der Grund dafür, warum sich im Bereich Fuzzy Control - von wenigen Ausnahmen abgesehen - Zugehörigkeitsfunktionen mit *linearen Flanken* durchgesetzt haben. Sie benötigen sowohl hinsichtlich der Rechenzeit als auch des Speicherplatzes minimalen Aufwand, wobei sich die Übertragungscharakteristik des Fuzzy Controllers beispielsweise im Vergleich zum Einsatz S-förmiger Zugehörigkeitsfunktionen nur unwesentlich ändert. Wir werden darauf später noch im Detail eingehen.

Bild 2.10 zeigt zunächst eine *trapezförmige* Zugehörigkeitsfunktion (linkes Teilbild). Sie ist durch die vier Parameter m_1, m_2, α und β festgelegt. Wählen wir $\alpha = \beta$, so erhalten wir eine symmetrische Zugehörigkeitsfunktion. Für den Sonderfall $\alpha = \beta = 0$ ergibt sich eine klassische, scharfe Menge mit unendlich steilen Flanken der Zugehörigkeitsfunktion.

Wählen wir $m_1 = m_2 = m$, so geht die trapezförmige Fuzzy-Menge über in eine *dreieckförmige* Menge, die nur noch ein einziges Element mit dem Zugehörigkeitsgrad eins besitzt (mittleres Teilbild). Der entsprechende Wert m wird häufig auch als *Modalwert* der Fuzzy-Menge bezeichnet.[3] Auch hier erhalten wir für $\alpha = \beta$ eine symmetrische Zugehörigkeitsfunktion.

Lassen wir bei der dreieckförmigen Zugehörigkeitsfunktion nunmehr α und β gegen null laufen, so geht unsere Fuzzy-Menge über in einen einzelnen scharfen Wert, d. h. ein Singleton (rechtes Teilbild). Singletons sind - aus Gründen, die wir später noch näher erläutern werden - insbesondere interessant zur Charakterisierung der *Ausgangsgröße(n)* eines Fuzzy Controllers.

Wir werden uns im folgenden nahezu ausschließlich mit trapezförmigen Zugehörigkeitsfunktionen bzw. den betrachteten Spezialfällen beschäftigen.

---

[3] Auch bei trapezförmigen Zugehörigkeitsfunktionen kann man einen Modalwert definieren; in der Regel wird dazu der Mittelwert $(m_1 + m_2)/2$ gewählt.

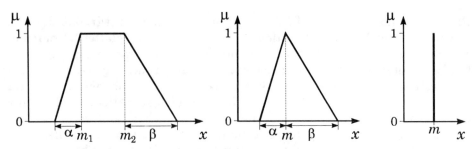

Bild 2.10. Typische Zugehörigkeitsfunktionen für Anwendungen im Bereich Fuzzy Control.

Innerhalb der Fuzzy Set-Theorie existiert eine Vielzahl verschiedener Begriffsdefinitionen, die einerseits Verallgemeinerungen klassischer Mengen darstellen, teilweise aber auch nur für unscharfe Mengen sinnvoll sind. Wir wollen von diesen Definitionen nur diejenigen anführen, die später für Fuzzy Control von Interesse sind. Eine mehr in die Breite gehende Darstellung der Fuzzy Set-Theorie findet man in den schwerpunktmäßig auf Fuzzy-Logik ausgerichteten Werken (z. B. [KAH93, ZIM85, ZIM91b]).

Betrachten wir die bisher besprochenen Zugehörigkeitsfunktionen, so fällt auf, daß immer mindestens ein Element der Grundmenge existiert, das einen Zugehörigkeitsgrad von eins besitzt bzw. diesem Wert beliebig nahe kommt. Diese Eigenschaft ist für Fuzzy Control von elementarer Bedeutung. Man bezeichnet die entsprechenden Fuzzy-Mengen daher auch als *normale* Fuzzy-Mengen. Die formale Definition lautet:

Definition 2.2. *Ist F eine Fuzzy-Menge in X, so heißt*

$$H(F) = \max_{x \in X} \mu_F(x) \quad [4]$$

*die **Höhe** von F. F heißt eine **normale** Fuzzy-Menge, wenn $H(F) = 1$ gilt, sonst **subnormal**.*

Wir werden unscharfe Begriffe grundsätzlich nur durch normale Fuzzy-Mengen modellieren.

Zwei weitere wichtige Kenngrößen sind *Support* und *Toleranz* einer Fuzzy-Menge. Sie sind wie folgt definiert:

Definition 2.3. *Ist F eine Fuzzy-Menge in X, so heißt*

$$S(F) = \{x \in X \mid \mu_F(x) > 0\}$$

*der **Support** von F, manchmal auch als **Träger** oder **Einflußbreite** bezeichnet.*

---

[4] Wird das Maximum von μ_F auf X nur asymptotisch angenommen, so ist es streng mathematisch in obiger Beziehung durch das Supremum zu ersetzen.

2.2 Fuzzy-Mengen und Fuzzy-Relationen

Definition 2.4. *Ist F eine Fuzzy-Menge in X, so heißt*

$$T(F) = \{x \in X \mid \mu_F(x) = 1\}$$

*die **Toleranz** von F.*

Der Support einer Fuzzy-Menge enthält also diejenigen Elemente der Grundmenge, die einen Zugehörigkeitsgrad größer null aufweisen, die Toleranz die Elemente mit Zugehörigkeitsgrad eins. Für eine trapezförmige Fuzzy-Menge ist der Support daher gegeben durch das Intervall $[m_1 - \alpha, m_2 + \beta]$, die Toleranz durch das Intervall $[m_1, m_2]$ (Bild 2.10 bzw. Bild 2.11). Bei einer dreieckförmigen Fuzzy-Menge besteht die Toleranz nur aus dem Modalwert, beim Singleton entsprechen Toleranz und Support dem Modalwert. Eine klassische Menge zeichnet sich gerade dadurch aus, daß Toleranz und Support identisch sind.

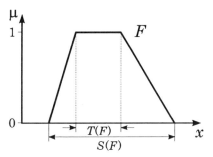

Bild 2.11. Support $S(F)$ und Toleranz $T(F)$ einer Fuzzy-Menge F mit trapezförmiger Zugehörigkeitsfunktion.

2.2.2 Linguistische Variablen und Terme

Bevor wir unsere Betrachtungen fortsetzen, wollen wir zunächst noch zwei Begriffe einführen, die für Fuzzy Control wesentliche Bedeutung erlangt haben. Erinnern wir uns zurück an unsere Bierprobe, so hatten wir dort mit Hilfe einer Fuzzy-Menge die Eigenschaft *kalt* in bezug auf die Temperatur des Bieres definiert. Wir bezeichnen einen solchen unscharfen, umgangssprachlichen Begriff wie *kalt* im Gegensatz zu scharfen numerischen Werten wie z. B. 26.7 °C als *linguistischen Wert* oder *linguistischen Term* der Temperatur. Die zugehörige physikalische Größe, hier also die Temperatur, wird dementsprechend als *linguistische Variable* bezeichnet. Eine linguistische Variable wird im allgemeinen durch einen ganzen Satz von linguistischen Termen beschrieben, deren Fuzzy-Mengen den physikalischen Wertebereich der Variablen überdecken.

Wir wollen das Konzept der linguistischen Variablen, das zuerst von Zadeh [ZAD65] eingeführt wurde, noch etwas vertiefen. Dazu betrachten wir Bild 2.12. Es zeigt am Beispiel der physikalischen Größe *Geschwindigkeit*, welche Komponenten zur vollständigen Charakterisierung einer linguistischen Variablen erforderlich sind:

- Der *symbolische Bezeichner* der Variablen, hier *Geschwindigkeit*.

- Der *physikalische Wertebereich* der Variablen, d. h. der Bereich, den der scharfe, numerische Wert der Variablen annehmen kann. Hier wurde ein Bereich von [0, 100 km/h] gewählt.
- Die *linguistischen Werte* bzw. *Terme* der Variablen, d. h. der Bereich, den der unscharfe, umgangssprachliche Wert der Variablen annehmen kann. Hier wurden die Werte *sehr niedrig, niedrig, mittel, hoch* und *sehr hoch* gewählt.
- Die *Fuzzy-Mengen* bzw. *Zugehörigkeitsfunktionen*, durch die die linguistischen Werte modelliert, d. h. "mit Leben gefüllt" werden. Durch die Festlegung der Zugehörigkeitsfunktionen erhalten die linguistischen Werte, die selbst nichts anderes sind als eine Art "Sprachhülse", ihre physikalische Bedeutung. Die Zugehörigkeitsfunktionen werden in der Regel entsprechend des jeweiligen linguistischen Werts, also mit $\mu_{sehr\ niedrig}$, $\mu_{niedrig}$ usw. bezeichnet. Hier wurden für die "inneren" Terme dreieckförmige und für die "äußeren" Terme trapezförmige Zugehörigkeitsfunktionen gewählt.

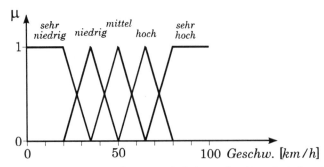

Bild 2.12. Linguistische Variable *Geschwindigkeit* mit den linguistischen Termen *sehr niedrig, niedrig, mittel, hoch* und *sehr hoch*.

Scharfe Werte einer linguistischen Variablen lassen sich nun durch die sogenannte *Fuzzifizierung* auf den Bereich der linguistischen Werte abbilden. Dazu wird der Zugehörigkeitsgrad des scharfen Werts bezüglich der Fuzzy-Mengen aller linguistischen Werte gebildet. Nehmen wir beispielsweise einen scharfen Geschwindigkeitswert von $v = 40$ km/h, so erhalten wir folgende Zugehörigkeitsgrade (Bild 2.13): [5]

---

[5] Der Begriff der Fuzzifizierung ist in der Literatur nicht eindeutig definiert. Einige (wenige) Autoren führen die Fuzzifizierung als direktes Gegenstück zur Defuzzifizierung ein, indem sie als Fuzzifizierung die Umwandlung eines scharfen Wertes in eine Fuzzy-Menge - nämlich ein Singleton - bezeichnen, während die später noch zu besprechende Defuzzifizierung aus einer Fuzzy-Menge einen scharfen Wert generiert (z. B. [DRI94]). Diese Bezeichnung ist sicherlich zunächst plausibler. Der hier eingeführte Fuzzifizierungsbegriff erlaubt jedoch später ein besseres Verständnis der Arbeitsweise eines Fuzzy Controllers. Wir schließen uns daher ganz demokratisch der überwiegenden Mehrheit der Autoren an.

2.2 Fuzzy-Mengen und Fuzzy-Relationen

$\mu_{sehr\ niedrig}(40\,\text{km}/\text{h}) = 0$

$\mu_{niedrig}(40\,\text{km}/\text{h}) = 0.67$

$\mu_{mittel}(40\,\text{km}/\text{h}) = 0.33$

$\mu_{hoch}(40\,\text{km}/\text{h}) = 0$

$\mu_{sehr\ hoch}(40\,\text{km}/\text{h}) = 0$

Umgangssprachlich würden wir einen solchen Wert also als *niedrig bis mittel, eher niedrig* bezeichnen.

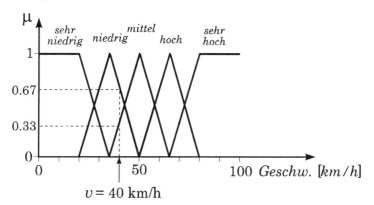

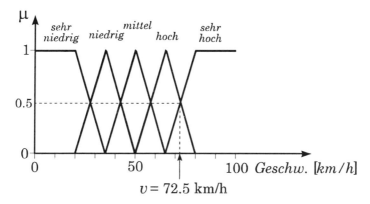

Bild 2.13. Fuzzifizierung scharfer Geschwindigkeitswerte.

Für einen Wert von $v = 72.5$ km/h erhalten wir

$\mu_{sehr\ niedrig}(72.5\,\text{km}/\text{h}) = 0$

$\mu_{niedrig}(72.5\,\text{km}/\text{h}) = 0$

$\mu_{mittel}(72.5\,\text{k.n}/\text{h}) = 0$

$\mu_{hoch}(72.5\,\text{km}/\text{h}) = 0.5$

$\mu_{sehr\ hoch}(72.5\,\text{km}/\text{h}) = 0.5$

Wir erkennen, daß der scharfe Wert bei der Fuzzifizierung überführt wird in einen *Vektor von Zugehörigkeitsgraden*:

$$v \xrightarrow{\text{Fuzzifizierung}} \underline{v}^* = \left(\mu_{sehr\ niedrig}(v), \mu_{niedrig}(v), \mu_{mittel}(v), \mu_{hoch}(v), \mu_{sehr\ hoch}(v)\right)$$

Wie wir leicht überprüfen können, ist bei der hier gewählten Verteilung der Zugehörigkeitsfunktionen die Summe der Zugehörigkeitsgrade für jeden beliebigen scharfen Wert immer gleich eins. Diese Eigenschaft wird zwar in der Praxis häufig gewählt, ist jedoch für Anwendungen im Bereich Fuzzy Control nicht zwingend erforderlich.

2.2.3 Operatoren auf Fuzzy Sets

Auch für Fuzzy-Mengen sind Begriffe wie *Schnittmenge, Vereinigungsmenge* und *Komplementärmenge* sinnvoll, allerdings sind die entsprechenden Operationen in diesem Fall nicht mehr eindeutig definiert, sondern es gibt speziell für die logische UND- bzw. ODER-Verknüpfung eine ganze Palette möglicher Realisierungsformen - die sogenannten *S-Normen* bzw. *T-Normen* -, die alle die Eigenschaft aufweisen, beim Übergang zu klassischen Mengen in die dort gültigen Operatoren ∧ für die UND-Verknüfung und ∨ für die ODER-Verknüpfung überzugehen.

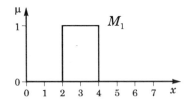

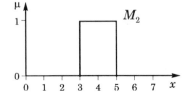

Wir haben bereits in Abschnitt 2.1 anhand eines einfachen Beispiels die inhaltliche Bedeutung von Schnitt-, Vereinigungs- und Komplementärmenge grafisch dargestellt. Wir wollen die Betrachtungen nunmehr anhand der Zugehörigkeitsfunktionen der Mengen führen, um darauf aufbauend mögliche Realisierungsformen bei Fuzzy-Mengen zu besprechen. Betrachten wir dazu zunächst die beiden klassischen Mengen

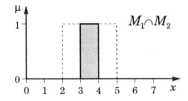

$$M_1 = \{x \in \mathbb{R} \mid 2 \leq x \leq 4\}$$
$$M_2 = \{x \in \mathbb{R} \mid 3 \leq x \leq 5\}$$

so gilt für die Schnittmenge

$$M_1 \cap M_2 = \{x \in \mathbb{R} \mid 3 \leq x \leq 4\}$$

bzw. für die Vereinigungsmenge

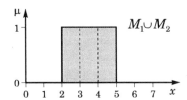

Bild 2.14. Bildung von Schnittmenge und Vereinigungsmenge klassischer Mengen.

2.2 Fuzzy-Mengen und Fuzzy-Relationen   21

$$M_1 \cup M_2 = \{x \in \mathbb{R} \mid 2 \leq x \leq 5\}.$$

Bild 2.14 verdeutlicht, wie sich der Durchschnitt bzw. die Vereingung zweier klassischer Mengen anhand der Zugehörigkeitsfunktionen vornehmen läßt: Die Zugehörigkeitsfunktion der Schnittmenge hat nur dort den Wert eins, wo beide Zugehörigkeitsfunktionen der verknüpften Mengen den Wert eins haben; sie ergibt sich grafisch also als Einhüllende der Schnittfläche beider Graphen. Die Zugehörigkeitsfunktion der Vereinigungsmenge hat dort den Wert eins, wo mindestens eine Zugehörigkeitsfunktion den Wert eins aufweist. Sie ergibt sich somit als Einhüllende der Vereinigung der beiden Flächen.

Wir wollen versuchen, dieses Prinzip auf Fuzzy-Mengen zu übertragen. Dazu wählen wir die aus Bild 2.12 bekannten Terme *niedrig* und *mittel* der linguistischen Variablen *Geschwindigkeit*. Als Zugehörigkeitsfunktion der Schnittmenge wählen wir wiederum die Einhüllende der Schnittfläche beider Graphen. Da die Bildung der Schnittmenge der logischen UND-Verknüpfung entspricht, können wir die auf diese Weise entstehende Fuzzy-Menge mit *niedrig und mittel* betiteln. Die Vereinigung beider Fuzzy-Mengen entsteht durch Vereinigung beider Flächen und kann mit *niedrig oder mittel* betitelt werden. Bild 2.15 zeigt die entstehenden Mengen grafisch.

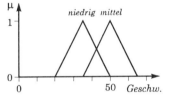
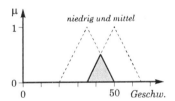
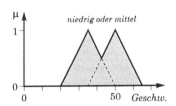

Formell bedeutet diese Vorgehensweise, daß wir

- die Zugehörigkeitsfunktion der Schnittmenge beider Fuzzy-Mengen erhalten als *Minimum* der Zugehörigkeitsfunktionen der Einzelmengen und
- die Zugehörigkeitsfunktion der Vereinigungsmenge als *Maximum* der Zugehörigkeitsfunktionen der Einzelmengen.

Bild 2.15. Bildung der Schnittmenge und der Vereinigungsmenge von Fuzzy-Mengen.

Wir können also wie folgt definieren:

Definition 2.5. *Seien A und B Fuzzy-Mengen in X. Dann ist die* **Schnittmenge** $A \cap B$ *gegeben durch*

$$\mu_{A \cap B}(x) = \text{MIN}(\mu_A(x), \mu_B(x)).$$

Definition 2.6. *Seien A und B Fuzzy-Mengen in X. Dann ist die* **Vereinigungsmenge** $A \cup B$ *gegeben durch*

$$\mu_{A \cup B}(x) = \text{MAX}(\mu_A(x), \mu_B(x)).\ ^6$$

Die Wahl des MIN-Operators zur UND-Verknüpfung unscharfer Aussagen bzw. des MAX-Operators zur ODER-Verknüpfung ist die einfachste und zugleich im Bereich Fuzzy Control häufigste Realisierungsform der Grundverknüpfungen. Wie sich aus Tabelle 2.1 leicht erkennen läßt, gehen beide Operatoren im klassischen Fall zweiwertiger Logik in ihre "scharfen" Pendants $\wedge$ und $\vee$ über.

$\wedge$	0	1
0	0	0
1	0	1

MIN	0	1
0	0	0
1	0	1

$\vee$	0	1
0	0	1
1	1	1

MAX	0	1
0	0	1
1	1	1

Tabelle 2.1. Wahrheitstabellen der Operatoren für die logischen Grundverknüpfungen im Fall zweiwertiger Logik.

Neben MIN- und MAX-Operator existiert eine Vielzahl weiterer Operator-Paare, die diese Eigenschaft aufweisen, aber für Fuzzy Control nur von untergeordneter Bedeutung sind. Die Operatoren zur Realisierung der Durchschnittsbildung zweier Fuzzy-Mengen bzw. der UND-Verknüpfung zweier unscharfer Aussagen werden als *T-Normen*, die logischen Gegenstücke zur Realisierung der Vereinigungsmenge bzw. ODER-Verknüpfung als *S-Normen* oder *T-Konormen* bezeichnet. Alle diese Operatoren weisen die Eigenschaften Monotonie, Kommutativität und Assoziativität auf und gehen im Falle scharfer Mengen in die Operatoren $\wedge$ und $\vee$ der zweiwertigen Logik über. Tabelle 2.2 (übernächste Seite) gibt einen Überblick über die gebräuchlichsten Operatoren.

Die Komplementärmenge einer Menge entspricht aussagenlogisch der *Negation* einer Aussage. Betrachten wir die Komplementärmenge M^c einer klassischen Menge M anhand ihrer Zugehörigkeitsfunktion (Bild 2.16), so erkennen wir, daß die Zugehörigkeitsfunktion der Komplementärmenge gegeben ist durch

$$\mu_{M^c}(x) = 1 - \mu_M(x).$$

Diese Beziehung läßt sich unmittelbar auf Fuzzy-Mengen übertragen. Wir definieren daher wie folgt:

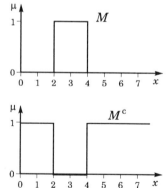

Bild 2.16. Komplementärmenge einer klassischen Menge.

---

[6] Wir werden alle im Zusammenhang mit Fuzzy-Mengen auftretenden Operatoren wie hier MAX im folgenden entgegen der allgemeinen Konvention durch Großschrift kennzeichnen.

2.2 Fuzzy-Mengen und Fuzzy-Relationen

Definition 2.7. *Sei F eine Fuzzy-Menge in X. Dann ist die **Komplementärmenge** F^c gegeben durch*

$$\mu_{F^c}(x) = 1 - \mu_F(x).$$

Bild 2.17 zeigt dazu die Komplementärmenge zum linguistischen Term *hoch* unserer zuvor definierten linguistischen Variablen *Geschwindigkeit*. Diese können wir mit *nicht hoch* bezeichnen.

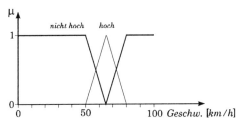

Bild 2.17. Komplementärmenge einer Fuzzy-Menge.

2.2.4 Fuzzy-Relationen

Relationen stellen *Beziehungen* zwischen Mengen und damit die unmittelbare Verallgemeinerung des Mengenbegriffs dar. Während die bisher betrachteten "einfachen" Mengen jeweils nur einzelne Elemente ihrer Grundmenge enthielten, enthalten Relationen *Wertepaare* oder allgemeiner *n-Tupel* von Elementen, die aus verschiedenen Grundmengen stammen. Die Grundmenge der Relation ist dabei das *Kreuzprodukt* der Grundmengen der miteinander in Beziehung gesetzten Größen.

Wir wollen uns die inhaltliche Bedeutung von Relationen zunächst wieder am klassischen Fall veranschaulichen und dann zu den Fuzzy-Relationen übergehen. Betrachten wir dazu die diskreten Grundmengen

$$X = \{1, 2, 3, 4\}$$
$$Y = \{3, 4, 5, 6\}$$

so können wir z. B. die Relation R aller Wertepaare $(x, y) \in X \times Y$ bilden, für die $x < y$ gilt. Diese ist gegeben durch

$$R = \{(1, 3), (1, 4), (1, 5), (1, 6), (2, 3), (2, 4), (2, 5), (2, 6),$$
$$(3, 4), (3, 5), (3, 6), (4, 5), (4, 6)\}$$

Da R hier aus *Wertepaaren* besteht, spricht man von einer *zweistelligen* Relation. Statt die einzelnen Wertepaare der Relation aufzulisten, können wir sie natürlich auch wie im einfachen Fall über eine Zugehörigkeitsfunktion der Form $\mu_R(x, y)$ beschreiben, die im allgemeinen jetzt grafisch allerdings nicht mehr als Kurve darstellbar ist, sondern als *Fläche* über der durch das Kreuzprodukt $X \times Y$ der Grundmengen aufgespannten x-y-Ebene. Da wir hier aber diskrete Grundmengen vorliegen haben, besteht die "Fläche" in diesem Fall nur aus diskreten Punkten, so daß wir die Zugehörigkeitsfunktion als Tabelle in Form einer sogenannten *Relationsmatrix* darstellen können. Wir erhalten auf diese Weise folgende Tabelle:

$R: x<y$

		y			
		3	4	5	6
	1	1	1	1	1
x	2	1	1	1	1
	3	0	1	1	1
	4	0	0	1	1

"UND" T-Norm $T(\mu_A(x),\mu_B(x))$	"ODER" S-Norm $S(\mu_A(x),\mu_B(x))$
Minimum $\text{MIN}(\mu_A(x),\mu_B(x))$	*Maximum* $\text{MAX}(\mu_A(x),\mu_B(x))$
Drastisches Produkt $\text{MIN}(\mu_A(x),\mu_B(x))$ wenn $\text{MAX}(\mu_A(x),\mu_B(x))=1$ 0 sonst	*Drastische Summe* $\text{MAX}(\mu_A(x),\mu_B(x))$ wenn $\text{MIN}(\mu_A(x),\mu_B(x))=0$ 1 sonst
Abgeschnittene Differenz *(Lukasiewicz-UND)* $\text{MAX}(0, \mu_A(x)+\mu_B(x)-1)$	*Abgeschnittene Summe* *(Lukasiewicz-ODER)* $\text{MIN}(1, \mu_A(x)+\mu_B(x))$
Einstein-Produkt $(\mu_A(x)\mu_B(x))/(2-(\mu_A(x)+\mu_B(x)-\mu_A(x)\mu_B(x)))$	*Einstein-Summe* $(\mu_A(x)+\mu_B(x))/(1+\mu_A(x)\mu_B(x))$
Hamacher-Produkt $(\mu_A(x)\mu_B(x))/(\mu_A(x)+\mu_B(x)-\mu_A(x)\mu_B(x))$	*Hamacher-Summe* $(\mu_A(x)+\mu_B(x)-2\mu_A(x)\mu_B(x))/(1-\mu_A(x)\mu_B(x))$
Algebraisches Produkt $\mu_A(x)\mu_B(x)$	*Algebraische Summe* *(Direkte Summe)* $\mu_A(x)+\mu_B(x)-\mu_A(x)\mu_B(x)$
Yager-Operator $1-\text{MIN}\left(\left((1-\mu_A(x))^p+(1-\mu_B(x))^p\right)^{\frac{1}{p}}, 1\right)$ $p \in \mathbb{R}_+$	*Yager-Operator* $\text{MIN}\left(\left(\mu_A(x)^p+\mu_B(x)^p\right)^{\frac{1}{p}}, 1\right)$ $p \in \mathbb{R}_+$

Tabelle 2.2. T- und S-Normen.

2.2 Fuzzy-Mengen und Fuzzy-Relationen

In Matrixschreibweise ergibt sich also

$$\underline{R} = \begin{pmatrix} 1 & 1 & 1 & 1 \\ 1 & 1 & 1 & 1 \\ 0 & 1 & 1 & 1 \\ 0 & 0 & 1 & 1 \end{pmatrix}$$

Da in unserem Beispiel beide Grundmengen die gleiche Anzahl an Elementen enthalten - was natürlich nicht zwingend ist - ergibt sich hier eine quadratische Relationsmatrix.

Der Übergang zu Fuzzy-Relationen liegt nunmehr auf der Hand: Sie ergeben sich, wenn wir analog zum Fall "einfacher" Mengen, d. h. einstelliger Fuzzy-Relationen, auch Zugehörigkeitsgrade zwischen null und eins zulassen. Eine Fuzzy-Relation ist daher wie folgt definiert:

Definition 2.8. *Eine geordnete Menge von Tupeln*

$$R = \{((x_1, \cdots x_n), \mu_R(x_1, \cdots x_n)) \mid (x_1, \cdots x_n) \in X_1 \times \cdots \times X_n\}$$

*heißt **n-stellige Fuzzy-Relation** in* $X_1 \times \cdots \times X_n$. *Die Abbildung*

$$\mu_R: X_1 \times \cdots \times X_n \to [0, 1]$$

stellt die Zugehörigkeitsfunktion von R dar.

Nehmen wir die gleichen Grundmengen X und Y wie in obigem Beispiel und definieren wir die Menge der Wertepaare (x, y), für die $x \approx y$ gilt. Wegen des "unscharfen" Operators $\approx$ wählen wir zur Modellierung zweckmäßigerweise eine Fuzzy-Relation, die wir wiederum in Tabellenform angeben. Diese könnte beispielsweise wie folgt aussehen:

$R: x \approx y$		y			
		3	4	5	6
	1	0.4	0.1	0	0
x	2	0.7	0.4	0.1	0
	3	1	0.7	0.4	0.1
	4	0.7	1	0.7	0.4

Wir können dieser Tabelle zum Beispiel entnehmen, daß wir dem markierten Wertepaar (2, 4) die Eigenschaft $x \approx y$ mit einem Zugehörigkeitsgrad von 0.4 zusprechen.

Fuzzy-Relationen können auch dadurch entstehen, daß Fuzzy-Mengen, die auf unterschiedlichen Grundmengen definiert sind, miteinander verknüpft werden. Nehmen wir beispielsweise eine WENN... DANN...-Regel der Form

WENN $x = $ *niedrig* UND $y = $ *mittel* DANN < irgendwas >,

in der die Prämisse durch UND-Verknüpfung der unscharfen Aussagen $x = $ *niedrig* und $y = $ *mittel* gegeben ist, wobei *niedrig* ein linguistischer Term der linguistischen Variablen x und *mittel* ein linguistischer Term der Variablen y ist (die Konklusion der Regel soll uns an dieser Stelle noch nicht weiter interessieren). Diese UND-Verknüpfung stellt eine zweistellige Fuzzy-Relation dar, da zwei Größen unterschiedlicher Grundmengen miteinander in Beziehung gesetzt werden. Die Zugehörigkeitsfunktion der Fuzzy-Relation können wir dann unter Nutzung des MIN-Operators zur Modellierung der UND-Verknüpfung ermitteln zu

$$\mu_R(x, y) = \text{MIN}\bigl(\mu_{\text{niedrig}}(x),\ \mu_{\text{mittel}}(y)\bigr).$$

Wir wollen versuchen, die Fuzzy-Relation R grafisch darzustellen. Dazu nehmen wir an, daß die beiden verknüpften linguistischen Terme wie in Bild 2.18 definiert seien.

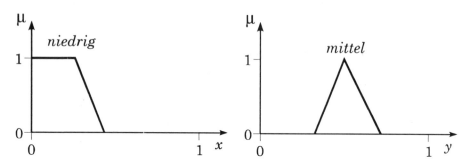

Bild 2.18. Definition der linguistischen Terme für x und y.

Da beide Terme auf unterschiedlichen Grundmengen definiert sind, können wir sie grafisch nicht so einfach verknüpfen wie im Falle der Terme *niedrige Geschwindigkeit* und *mittlere Geschwindigkeit* in Abschnitt 2.2.2. Vielmehr müssen wir beide Fuzzy-Mengen zunächst überführen in Fuzzy-Relationen auf der gleichen Kreuzproduktmenge, nämlich $X \times Y$. Wir können davon ausgehen, daß die Fuzzy-Menge $\mu_{\text{niedrig}}(x)$ unabhängig ist von y, während $\mu_{\text{mittel}}(y)$ wiederum unabhängig von x ist. Daher erweitern wir die beiden Fuzzy-Mengen, wie in Bild 2.19 gezeigt, *zylindrisch* über die jeweils andere Grundmenge. Dieses Prinzip wird folgerichtig als *Erweiterungsprinzip* bezeichnet und findet immer dann Anwendung, wenn Fuzzy-Mengen oder auch Fuzzy-Relationen mit "nicht zueinander passenden" Grundmengen miteinander verknüpft werden sollen.

Beide Fuzzy-Relationen können wir nun wie gewohnt miteinander verknüpfen. Wir bilden also das Minimum der beiden "Relationsgebirge" und erhalten so die Gesamtrelation R unserer Prämisse. Diesen Vorgang zeigt Bild 2.20.

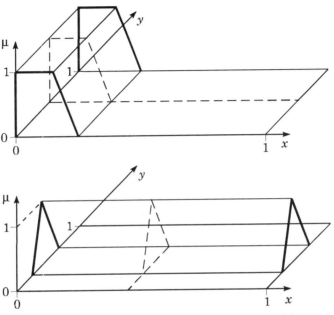

Bild 2.19. Zylindrische Erweiterung des linguistischen Terms *niedrig* von x (oben) bzw. *mittel* von y (unten) auf die Kreuzproduktmenge $X \times Y$.

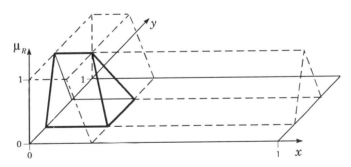

Bild 2.20. Bildung der Prämissen-Relation R durch MIN-Verknüpfung der zylindrischen Erweiterungen.

Hätte unsere Regel

WENN $x = niedrig$ ODER $y = mittel$ DANN < irgendwas >,

gelautet, hätten wir im letzten Schritt statt des MIN-Operators den MAX-Operator gewählt. Dieses Beispiel macht somit deutlich, daß wir Fuzzy-Relationen, die auf denselben Kreuzproduktmengen definiert sind, genauso einfach verknüpfen können wie einfache Fuzzy-Mengen auf denselben Grundmengen. Wir wollen die entsprechenden Definitionen für Durchschnitt bzw. Vereinigung von Relationen hier lediglich für zweistellige Relationen angeben:

Definition 2.9. *Seien R und S zweistellige Relationen auf X×Y. Dann ist der* **Durchschnitt** *R∩S gegeben durch*

$$\mu_{R \cap S}(x, y) = \text{MIN}(\mu_R(x, y), \mu_S(x, y)).$$

Definition 2.10. *Seien R und S zweistellige Relationen auf X×Y. Dann ist die* **Vereinigung** *R∪S gegeben durch*

$$\mu_{R \cup S}(x, y) = \text{MAX}(\mu_R(x, y), \mu_S(x, y)).$$

Im allgemeinen Fall n-stelliger Relationen lauten die Definitionen sinngemäß.

Auch die Regel selbst, also der WENN... DANN... - Operator, ist natürlich nichts anderes als eine Relation bzw. Fuzzy-Relation. Wie diese Art von Relationen mathematisch zu modellieren ist, damit werden wir uns in den folgenden Abschnitten beschäftigen.

2.3 Fuzzy-Inferenz

2.3.1 Fuzzy-Implikation

Wir haben in den vorangegangenen Abschnitten gesehen, wie wir unscharfe Aussagen über Größen, die auf unterschiedlichen Grundmengen definiert sind, durch UND- oder ODER-Verknüpfung in eine Fuzzy-Relation überführen können, die auf dem Kreuzprodukt der einzelnen Grundmengen definiert ist. Im folgenden wollen wir zunächst eine einzelne Regel R der Form

  WENN $x = A$ DANN $y = B$

betrachten, deren Prämisse (Bedingung) $x = A$ durch den linguistischen Term A der Variablen x und deren Konklusion (Schlußfolgerung) $y = B$ durch den linguistischen Term B der Variablen y charakterisiert sind. Dabei ist "$x = A$" zu lesen als "Wenn die Größe x die Eigenschaft A hat" und "$y = B$" entsprechend als "Dann soll y die Eigenschaft B haben". Prämisse und Konklusion sind also unscharfe Aussagen; die Regel wird daher als *Fuzzy-Implikation* bezeichnet und mit

2.3 Fuzzy-Inferenz

$$A \Rightarrow B$$

abgekürzt. Da die Prämisse hier im Gegensatz zur klassischen Aussagenlogik (siehe Abschnitt 2.1) nicht nur die Wahrheitswerte *wahr* und *falsch* aufweisen kann, benötigen wir eine Vorschrift für einen Schlußfolgerungsvorgang für den Fall, daß die Prämisse nur "mehr oder weniger" wahr ist und somit auch die Schlußfolgerung nur mehr oder weniger gilt:

Regel:	WENN $x = A$ DANN ist $y = B$
Faktum:	x besitzt mehr oder weniger die Eigenschaft A
Schlußfolgerung:	Also besitzt y mehr oder weniger die Eigenschaft B

Dieses "fuzzy-logische" Schließen wird als "angenähertes Schließen" (*approximate reasoning*) bezeichnet.

Da in unserer Regel zwei Größen, nämlich x und y, in Beziehung gesetzt werden, läßt sie sich folglich als zweistellige Fuzzy-Relation R beschreiben, deren Zugehörigkeitsfunktion $\mu_R(x, y)$ sich aus den Zugehörigkeitsfunktionen $\mu_A(x)$ der Prämisse und $\mu_B(y)$ der Konklusion ergibt. Die einzige Frage, die es zu beantworten gilt, ist, *welcher Operator* zur Verknüpfung der Zugehörigkeitsfunktionen herangezogen werden soll.

Wie nicht anders zu erwarten, steht dem Anwender auch hier eine ganze Fülle an Operatoren zur Modellierung der unscharfen Implikation zur Verfügung. Versuchen wir zunächst wieder, uns dem Problem von der zweiwertigen Logik her zu nähern, und betrachten wir die Wahrheitstabelle einer klassischen Implikation $p \Rightarrow q$ mit scharfen Aussagen p und q (Tabelle 2.3). Hier gilt die Äquivalenz

p	q	$p \Rightarrow q$
0	0	1
0	1	1
1	0	0
1	1	1

Tabelle 2.3. Wahrheitstabelle der klassischen Implikation.

$$p \Rightarrow q \Leftrightarrow \neg p \vee q,$$

die wir über die an früherer Stelle benutzten Beziehungen

$$\neg A \rightarrow 1 - \mu_A(x)$$

für die unscharfe Negation und

$$A \vee B \rightarrow \mathrm{MAX}(\mu_A(x), \mu_B(y))$$

für die unscharfe ODER-Verknüpfung "übersetzen" können in eine Vorschrift für die Fuzzy-Implikation, nämlich

$$A \Rightarrow B \rightarrow \mathrm{MAX}(1 - \mu_A(x), \mu_B(y)).$$

Dieses direkte Analogon zur scharfen Implikation ist jedoch für regelungstechnische Anwendungen ungeeignet. Es liefert nämlich genau wie die klassische Implikation für den Fall, daß der Wahrheitsgehalt der Prämisse null ist ($\mu_A(x) = 0$), die Prämisse also in keinster Weise erfüllt ist, für die Konklusion einen konstanten Wahrheitswert von eins. Diese Eigenschaft wirkt sich insbesondere ungünstig bei der späteren Überlagerung mehrerer Regeln aus, so daß diese Realisierungsform der unscharfen Implikation - wie die meisten anderen Implikationsoperatoren, die wir später noch auflisten werden - im Bereich Fuzzy Control keinerlei Bedeutung hat. Durchgesetzt hat sich hier vielmehr die sogenannte *Mamdani-Implikation*. Ihr liegt die Grundidee zugrunde, daß *der Wahrheitsgehalt der Schlußfolgerung nicht größer sein sollte als der der Prämisse*. Ist also für einen aktuellen Fall die Prämisse z. B. nur mit einem Grad von 0.5 erfüllt, so soll auch die Schlußfolgerung maximal einen Zugehörigkeitsgrad von 0.5 aufweisen. Die Zugehörigkeitsfunktion der Regel $A \Rightarrow B$ wird daher einfach dadurch gebildet, daß genau wie bei der logischen UND-Verknüpfung das Minimum beider Zugehörigkeitsfunktionen gewählt wird:

$$\mu_{R:A \Rightarrow B}(x, y) = \mathrm{MIN}(\mu_A(x), \mu_B(y))$$

Diese einfachste aller möglichen Realisierungsformen für die Modellierung unscharfer WENN... DANN... - Regeln ist die gebräuchlichste im Bereich Fuzzy Control. Von Bedeutung ist daneben lediglich noch die Variante, statt des MIN-Operators das algebraische Produkt der Zugehörigkeitsfunktionen zu wählen. Dies führt auf die Vorschrift

$$\mu_{R:A \Rightarrow B}(x, y) = \mu_A(x) \cdot \mu_B(y).$$

Im Vorgriff auf später sei bereits hier angemerkt: Liegt dem Inferenzmechanismus die Mamdani-Implikation zugrunde, spricht man in der Regel von MAX-*MIN*-Inferenz, während bei Nutzung des algebraischen Produkts von MAX-*PROD*-Inferenz die Rede ist (das "MAX" erhält erst bei mehreren Regeln Bedeutung).

Tabelle 2.4 gibt einen Überblick über einige weitere Operatoren für die Fuzzy-Implikation, die teilweise für spezielle Fuzzy-Logik-Anwendungen von Interesse sein können.

2.3 Fuzzy-Inferenz

	Fuzzy-Implikation $\mu_{A \Rightarrow B}(x, y)$
Zadeh-Implikation	$\mathrm{MAX}(\mathrm{MIN}(\mu_A(x), \mu_B(y)), 1 - \mu_A(x))$
Lukasiewicz-Impl.	$\mathrm{MIN}(1, 1 - \mu_A(x) + \mu_B(y))$
Kleene-Dienes-Impl.	$\mathrm{MAX}(1 - \mu_A(x), \mu_B(y))$
Gödel-Implikation	1 wenn $\mu_A(x) < \mu_B(y)$ $\mu_B(y)$ sonst
Sharp-Implikation	1 wenn $\mu_A(x) < \mu_B(y)$ 0 sonst

Tabelle 2.4. Übersicht über Fuzzy Control-untaugliche Implikationsoperatoren.

2.3.2 Fuzzy-Inferenz

Nunmehr haben wir das nötige Rüstzeug beisammen, um mit Hilfe des unscharfen Schließens unsere Regel $A \Rightarrow B$ für eine konkret vorliegende scharfe Eingangsgröße $x = x'$ auszuwerten. Dazu wählen wir die Regel

R: WENN x = *niedrig* DANN y = *hoch*

Die Terme *niedrig* für x und *hoch* für y seien wie in Bild 2.21 gewählt.

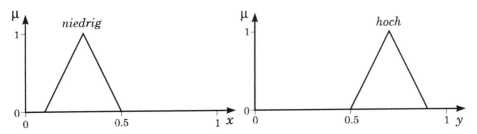

Bild 2.21. Linguistische Terme *niedrig* für x und *hoch* für y.

Die Zugehörigkeitsfunktion unserer Regel ergibt sich mit Hilfe der Mamdani-Implikation zu

$$\mu_R(x, y) = \mathrm{MIN}(\mu_{niedrig}(x), \mu_{hoch}(y)).$$

Um diese Fuzzy-Relation darzustellen, diskretisieren wir unsere Fuzzy-Mengen zweckmäßigerweise im interessierenden Bereich, so daß wir eine Relationsmatrix erhalten. Dazu wählen wir, wie in Bild 2.22 gezeigt, die Stützstellen

$$X = \{0.1, 0.2, 0.3, 0.4, 0.5\}$$
$$Y = \{0.5, 0.6, 0.7, 0.8, 0.9\}.$$

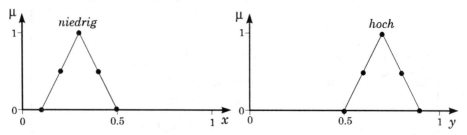

Bild 2.22. Diskretisierung der Fuzzy-Mengen.

Wir erhalten beispielsweise

$$\mu_R(x=0.2, y=0.7) = \text{MIN}(\mu_{niedrig}(0.2), \mu_{hoch}(0.7)) = \text{MIN}(0.5, 1) = 0.5$$
$$\mu_R(x=0.3, y=0.7) = \text{MIN}(\mu_{niedrig}(0.3), \mu_{hoch}(0.7)) = \text{MIN}(1, 1) \quad = 1$$

usw.

Führen wir diese Berechnung für alle möglichen Wertepaare (x, y) durch, ergibt sich die Relationsmatrix unserer Regel als Tabelle wie folgt:

	R	0.5	0.6	0.7	0.8	0.9
	0.1	0	0	0	0	0
	0.2	0	0.5	0.5	0.5	0
x	0.3	0	0.5	1	0.5	0
	0.4	0	0.5	0.5	0.5	0
	0.5	0	0	0	0	0

Wir wollen nunmehr annehmen, wir hätten einen scharfen Eingangswert [7] von

$$x' = 0.2$$

---

[7] Da die linguistischen Variablen in den Regelprämissen (wie hier x) später Eingangsgrößen des Fuzzy Controllers repräsentieren, bezeichnen wir sie bereits hier als solche. Die Variable in der Konklusion (hier y) nennen wir folgerichtig Ausgangsgröße.

2.3 Fuzzy-Inferenz

vorliegen. Um den zugehörigen Ausgangswert zu berechnen, d. h. die Schlußfolgerung aus unserer Regel zu ziehen, setzen wir diesen Wert einfach in unsere Fuzzy-Relation ein. Wir erhalten

$$\mu_R(x', y) = \mu_R(0.2, y) = \text{MIN}(\mu_{niedrig}(0.2), \mu_{hoch}(y)) = \text{MIN}(0.5, \mu_{hoch}(y))$$

Den letzten Ausdruck können wir wie folgt interpretieren: Als Ergebnis unserer Regelauswertung, die wir als *Inferenz* bezeichnen, erhalten wir die auf den Zugehörigkeitsgrad 0.5 begrenzte Konklusions-Fuzzy-Menge $\mu_{hoch}(y)$. Grafisch bedeutet dies, daß wir die Konklusions-Fuzzy-Menge $\mu_{hoch}(y)$ *in der Höhe 0.5 abzuschneiden haben*. Ergebnis der Inferenz ist also nicht - wie wir vielleicht erwartet hatten - ein scharfer Ausgangswert y', sondern eine modifizierte Konklusions-Fuzzy-Menge, die wir als $\mu_{hoch'}(y)$ bezeichnen wollen. Aufgabe der *Defuzzifizierung* wird es später sein, aus diesem "unscharfen" Inferenzergebnis wieder einen scharfen Wert zu formen.

Allgemein liefert die MAX-MIN-Inferenz für eine Regel der Form

WENN $x = A$ DANN $y = B$

bei Vorliegen eines scharfen Eingangswerts $x = x'$ also die Ergebnis-Fuzzy-Menge

$$\mu_{B'}(y) = \mu_R(x', y) = \text{MIN}(\mu_A(x'), \mu_B(y)).$$

Wir können die Ergebnis-Fuzzy-Menge $\mu_{B'}(y)$ in diskretisierter Form auch direkt aus unserer Relationsmatrix ablesen: Sie befindet sich nämlich gerade in der zum scharfen Eingangswert x' gehörenden Zeile. Bild 2.23 verdeutlicht den Inferenzvorgang für beide Vorgehensweisen grafisch.

Den Wert $\mu_A(x')$ bezeichnet man im allgemeinen als *Erfüllungsgrad* der Prämisse oder Regel und kürzt ihn mit H ab. Besitzt eine Regel einen Erfüllungsgrad $H > 0$, so wollen wir sie als *aktiv* bezeichnen.[8]

Wir haben damit den ersten Schritt im Hinblick auf das Verständnis der Arbeitsweise eines Fuzzy Controllers getan. Da dieser Inferenzvorgang von elementarer Bedeutung ist, wollen wir ihn noch einmal zusammenfassen:

Das MAX-MIN-Inferenzschema liefert bei einer Regel

WENN $x = A$ DANN $y = B$

---

[8] Häufig ist in diesem Fall in der Literatur - in Anlehnung an Neuronale Netze - auch die Rede davon, daß eine Regel "feuert". Diese etwas reißerische Ausdrucksweise wollen wir nicht übernehmen.

mit den Zugehörigkeitsfunktionen $\mu_A(x)$ der Prämisse bzw. $\mu_B(y)$ der Konklusion bei Vorliegen eines scharfen Eingangswertes $x = x'$ eine Ergebnis-Fuzzy-Menge $\mu_{B'}(y)$. Diese können wir in der zu x' gehörigen Zeile $\mu_R(x',y)$ der über den MIN-Operator gebildeten Relationsmatrix der Regel ablesen oder aber grafisch ermitteln, indem wir die Fuzzy-Menge $\mu_B(y)$ der Konklusion in der Höhe des Erfüllungsgrades $H = \mu_A(x')$ abschneiden.

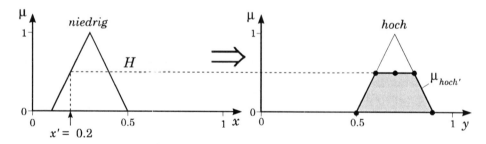

Bild 2.23. Inferenzvorgang für $x' = 0.2$ in der Relationsmatrix (oben) bzw. grafisch (unten).

Rein formal ist der Inferenzvorgang beschrieben durch die sog. *Komposition* von Fuzzy-Relationen. Wir wollen hier den Fall betrachten, daß eine Fuzzy-Menge und eine Fuzzy-Relation miteinander verknüpft werden. Die entsprechende Definition lautet dann wie folgt:

Definition 2.11. *Sei A' eine Fuzzy-Menge in X und R eine zweistellige Fuzzy-Relation in X×Y. Dann liefert die **Komposition** $A' \circ R$ von A' und R eine Fuzzy-Menge B' in Y gemäß*

$$\mu_{A' \circ R}(y) = \mu_{B'}(y) = \underset{x \in X}{\text{MAX}}\, \text{MIN}(\mu_{A'}(x), \mu_R(x, y)).$$

Diese - von Zadeh als *Compositional Rule of Inference* eingeführte - Beziehung gibt uns eine Vorschrift, wie wir eine als Fuzzy-Relation R vorliegende Regel WENN $x = A$ DANN $y = B$ für eine *Eingangs-Fuzzy-Menge* A' auszuwerten haben. Für Fuzzy Control benötigen wir die Komposition in dieser Allgemeinheit jedoch gar nicht, da wir es dort grundsätzlich mit scharfen Eingangswerten zu tun haben. Die Fuzzy-Menge A' ist dort also ein Singleton an der Stelle x', so daß die Zugehörigkeitsfunktion $\mu_{A'}(x)$ nur an einer Stelle, nämlich gerade bei x', den Wert eins und sonst nur den Wert null aufweist. Die Komposition vereinfacht sich daher auf die oben bereits hergeleitete Beziehung

$$\mu_{B'}(y) = \mu_R(x', y).$$

Analog zur oben aufgeführten Komposition einer Fuzzy-Menge und einer Fuzzy-Relation ist auch die Komposition zweier Fuzzy-Relationen definiert. Dadurch ist es beispielsweise möglich, mehrere Regeln wie etwa

R_1: WENN $x = $ *niedrig* DANN $y = $ *hoch*

R_2: WENN $y = $ *hoch* DANN $z = $ *mittel*

zu *Schlußfolgerungsketten* zu verknüpfen. Für Fuzzy Control benötigen wir dies jedoch nicht.

Wir wollen noch kurz aufzeigen, wie wir die Fuzzy-Komposition im diskreten Fall auswerten können. Die Eingangs-Fuzzy-Menge A' können wir in diesem Fall als Vektor $\underline{a}'$ und die Regel als Relationsmatrix $\underline{R}$ darstellen. Das Inferenzergebnis ist dann die diskrete Fuzzy-Menge $\underline{b}'$. Sie ergibt sich zu

$$\underline{b}' = \underline{a}' \circ \underline{R},$$

wobei der Kompositionsoperator $\circ$ der Matrizenmultiplikation entspricht, bei der allerdings das Produkt durch den MIN-Operator und die Summe durch den MAX-Operator ersetzt werden muß.

Da wir uns auch hier nur für scharfe Eingangswerte interessieren, weist unser Eingangsvektor $\underline{a}'$ bis auf eine Position, die eins ist, nur Nullen auf. Betrachten wir unser obiges Beispiel, so erhalten wir bei der von uns gewählten Diskretisierung auf die Grundmenge $X = \{0.1, 0.2, 0.3, 0.4, 0.5\}$ für den scharfen Eingangswert $x' = 0.2$ ein Singleton als Eingangsvektor von

$$\underline{a}' = (0\ 1\ 0\ 0\ 0).$$

Die Multiplikation mit unserer Relationsmatrix $\underline{R}$ liefert als Inferenzergebnis die diskrete Konklusions-Fuzzy-Menge

$$\underline{b}' = \begin{pmatrix} 0 & 1 & 0 & 0 & 0 \end{pmatrix} \circ \begin{pmatrix} 0 & 0 & 0 & 0 & 0 \\ 0 & 0.5 & 0.5 & 0.5 & 0 \\ 0 & 0.5 & 1 & 0.5 & 0 \\ 0 & 0.5 & 0.5 & 0.5 & 0 \\ 0 & 0 & 0 & 0 & 0 \end{pmatrix} = \begin{pmatrix} 0 & 0.5 & 0.5 & 0.5 & 0 \end{pmatrix}$$

die der bereits oben gefundenen zweiten Zeile der Relationsmatrix entspricht. Wir erkennen, daß durch das Eingangs-Singleton gerade die zum scharfen Eingangswert gehörige Zeile der Relationsmatrix "ausgeblendet" wird. Im kontinuierlichen Fall bedeutet dies, daß das Fuzzy-Relationsgebirge an der entsprechenden Stelle geschnitten wird und der Schnitt die Ergebnis-Fuzzy-Menge liefert.

Um Mißverständnissen vorzubeugen, sei ausdrücklich darauf hingewiesen, daß die MAX-MIN-Operation in obiger Definition der Komposition - die wir, wie wir gerade gesehen haben, im Falle scharfer Eingangsgrößen gar nicht benötigen - *nichts* zu tun hat mit dem MAX-MIN-Inferenzmechanismus. Die MAX-MIN-Operation wird lediglich bei einer Fuzzy-Menge A' als Eingangsgröße benötigt, um den Erfüllungsgrad H der Regel zu bestimmen. Er ergibt sich dann nämlich zu

$$H = \underset{x \in X}{\text{MAX}} \, \text{MIN}(\mu_{A'}(x), \mu_A(x))$$

Dieser Ausdruck bedeutet, daß wir die Schnittmenge aus A' und A zu bilden haben und das Maximum der so entstehenden Zugehörigkeitsfunktion als Erfüllungsgrad der Regel zu wählen haben. Im Fall einer scharfen Eingangsgröße ist A' ein Singleton und obiger Ausdruck geht wie gesehen in $\mu_A(x')$ über. Bild 2.24 verdeutlicht diesen Zusammenhang noch einmal grafisch.

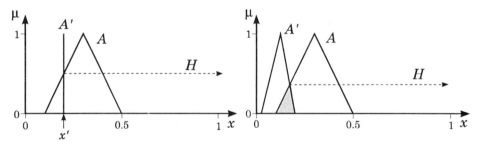

Bild 2.24. Bestimmung des Erfüllungsgrades H bei scharfer (links) und unscharfer Eingangsgröße (rechts).

Der Inferenzmechanismus dagegen "steckt" einzig und allein in der Fuzzy-Relation $\mu_R(x, y)$ unserer Regel. Um dies zu verdeutlichen, wollen wir un-

2.3 Fuzzy-Inferenz

ser Beispiel für den MAX-PROD-Inferenzmechanismus wiederholen. Dazu ist die Regel-Relation über das algebraische Produkt

$$\mu_R(x, y) = \mu_{niedrig}(x) \cdot \mu_{hoch}(y)$$

zu ermitteln. Wir erhalten folgende Relationsmatrix:

R			y		
	0.5	0.6	0.7	0.8	0.9
0.1	0	0	0	0	0
$x' \to$ 0.2	0	0.25	0.5	0.25	0
x 0.3	0	0.5	1	0.5	0
0.4	0	0.25	0.5	0.25	0
0.5	0	0	0	0	0

Für unseren scharfen Eingangswert $x' = 0.2$ ergibt sich jetzt also eine diskrete Ergebnis-Fuzzy-Menge

$$\underline{b}' = (0 \quad 0.25 \quad 0.5 \quad 0.25 \quad 0).$$

Die grafische Durchführung der Inferenz zeigt Bild 2.25. Bei MAX-PROD-Inferenz ergibt sich die Ergebnis-Fuzzy-Menge B' durch *Multiplikation* der Zugehörigkeitsfunktion der Konklusions-Fuzzy-Menge B mit dem Erfüllungsgrad H der Regel.

Im folgenden werden wir, sofern nicht ausdrücklich anders vermerkt, immer MAX-MIN-Inferenz voraussetzen.

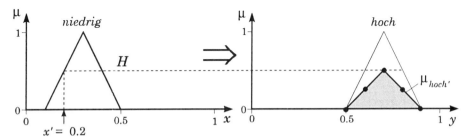

Bild 2.25. MAX-PROD-Inferenz.

Betrachten wir nun eine Regel, deren Prämisse aus mehreren Teilprämissen zusammengesetzt ist, beispielsweise

R: WENN $x_1 = niedrig$ UND $x_2 = mittel$ DANN $y = hoch$

Hier werden drei Größen, nämlich x_1, x_2 und y miteinander in Beziehung gesetzt. Die Regel R kann daher durch eine dreistellige Fuzzy-Relation mit der Zugehörigkeitsfunktion $\mu_R(x_1,x_2,y)$ beschrieben werden. Da die beiden Teilprämissen UND-verknüpft sind, ist die Relation gegeben durch

$$\mu_R(x_1,x_2,y) = \text{MIN}\bigl(\mu_{niedrig}(x_1), \mu_{mittel}(x_2), \mu_{hoch}(y)\bigr).$$

Weil die Relation dreistellig ist, können wir sie nicht mehr als zweidimensionale Relationsmatrix darstellen, sondern müßten für die Relationsmatrix eine dritte Dimension hinzunehmen. Die grafische Auswertung des Inferenzvorgangs kann jedoch völlig analog zum zuvor betrachteten Grundfall einer einzigen Prämisse erfolgen. Dazu wollen wir die linguistischen Terme in obiger Regel gemäß Bild 2.26 modellieren.

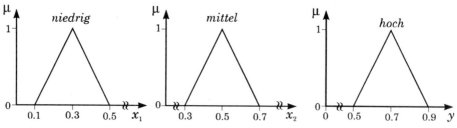

Bild 2.26. Linguistische Terme für x_1, x_2 und y.

Als scharfe Eingangswerte wählen wir

$x'_1 = 0.2$

$x'_2 = 0.5$

Damit erhalten wir für den Erfüllungsgrad

$$H = \text{MIN}\bigl(\mu_{niedrig}(0.2), \mu_{mittel}(0.5)\bigr) = \text{MIN}(0.5, 1) = 0.5$$

Ergebnis der Inferenz ist also die in der Höhe $H = 0.5$ abgeschnittene Fuzzy-Menge hoch von y. Bild 2.27 veranschaulicht den Inferenzvorgang grafisch.

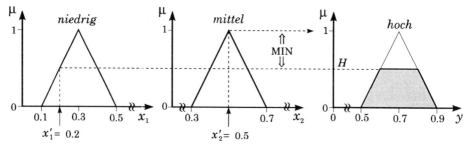

Bild 2.27. Inferenzvorgang bei zwei Eingangsgrößen.

Betrachten wir den allgemeinen Fall einer Regel mit n Teilprämissen

R: WENN $x_1 = A_1$ UND ... UND $x_n = A_n$ DANN $y = B$

so stellt diese eine $n+1$-stellige Fuzzy-Relation auf der Kreuzproduktmenge $X_1 \times ... \times X_n \times Y$ mit der Zugehörigkeitsfunktion

$$\mu_R(x_1,\cdots,x_n,y) = \text{MIN}\bigl(\mu_{A_1}(x_1),\ldots,\mu_{A_n}(x_n),\mu_B(y)\bigr)$$

dar. Für einen Satz scharfer Eingangswerte

$$\underline{x}' = (x_1',\ldots,x_n')$$

erhalten wir als Ergebnis der MAX-MIN-Inferenz die Fuzzy-Menge

$$\mu_{B'}(y) = \mu_R(x_1',\ldots,x_n',y) = \text{MIN}(H, \mu_B(y)),$$

wobei

$$H = \text{MIN}\bigl(\mu_{A_1}(x_1'),\ldots,\mu_{A_n}(x_n')\bigr)$$

der Erfüllungsgrad der Regel ist.

Bei MAX-PROD-Inferenz ist die Fuzzy-Relation der Regel über die Vorschrift

$$\mu_R(x_1,\cdots,x_n,y) = \text{MIN}\bigl(\mu_{A_1}(x_1),\ldots,\mu_{A_n}(x_n)\bigr) \cdot \mu_B(y)$$

zu ermitteln, und wir erhalten als Inferenzergebnis

$$\mu_{B'}(y) = \mu_R(x_1',\ldots,x_n',y) = H \cdot \mu_B(y).$$

Nun wird ein Fuzzy Controller, der lediglich auf einer einzigen Regel basiert, selten zu vernünftigen Ergebnissen führen. Im allgemeinen werden wir es daher mit einem ganzen *Satz von Regeln* zu tun haben. Wie das Inferenzergebnis bei einer einzelnen Regel ermittelt wird, haben wir bereits ausführlich besprochen. Es bleibt also die Frage zu klären, wie man die Inferenzergebnisse der einzelnen Regeln zum Gesamtergebnis überlagert. Hier bekommt nun das "MAX" der MAX-MIN-Inferenz seine Bedeutung: Die Einzelergebnisse, d. h. die in der Höhe des Erfüllungsgrades der jeweiligen Regel abgeschnittenen Konklusions-Fuzzy-Mengen, werden über den MAX-Operator miteinander zum Gesamtergebnis verknüpft (auch dies ist natürlich nicht zwangsläufig die einzige Möglichkeit; siehe dazu später Abschnitt 2.3.3). Der Grund für die Verwendung des MAX-Operators liegt auf der Hand: Nehmen wir z. B. die drei Regeln

R_1: WENN $x = niedrig$ DANN $y = hoch$

R_2: WENN $x = mittel$ DANN $y = mittel$

R_3: WENN $x = hoch$ DANN $y = niedrig$

so sind diese im Prinzip ODER-verknüpft:

WENN $x = niedrig$ DANN $y = hoch$ ODER

WENN $x = mittel$ DANN $y = mittel$ ODER

WENN $x = hoch$ DANN $y = niedrig$

Für die ODER-Verknüpfung hatten wir seinerzeit aber den MAX-Operator als sinnvoll erachtet.

Denken wir in Fuzzy-Relationen, so bedeutet der Übergang zu einem Satz von Regeln, daß wir die aus den einzelnen Regeln gebildeten Relationen R_1, R_2 und R_3 über die Vereinigung zusammenfassen können zur Gesamtrelation R der Regelbasis

$$R = R_1 \cup R_2 \cup R_3$$

mit der Zugehörigkeitsfunktion

$$\mu_R(x, y) = \mathrm{MAX}\bigl(\mu_{R_1}(x, y), \mu_{R_2}(x, y), \mu_{R_3}(x, y)\bigr),$$

mit der wir dann wie gewohnt den Inferenzvorgang durchführen können.

Wir wollen beide Vorgehensweisen zunächst an einem Beispiel durchexerzieren. Dazu betrachten wir von obigen Regeln nur die ersten beiden, also

R_1: WENN $x = niedrig$ DANN $y = hoch$

R_2: WENN $x = mittel$ DANN $y = mittel$

und wählen die linguistischen Terme wie in Bild 2.28. Um die Terme von x bzw. y unterscheiden zu können, erhalten die entsprechenden Zugehörigkeitsfunktionen jetzt zusätzlich den Index x bzw. y.

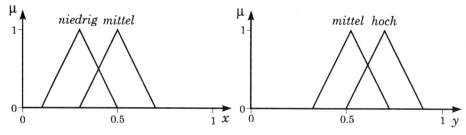

Bild 2.28. Linguistische Terme für x und y.

2.3 Fuzzy-Inferenz

Unsere Aufgabe soll es sein, den Inferenzvorgang für den scharfen Eingangsgrößenwert

$$x' = 0.45$$

durchzuführen. Dazu werten wir zunächst wie gewohnt beide Regeln getrennt voneinander grafisch aus. Für die erste Regel erhalten wir einen Erfüllungsgrad von

$$H_1 = \mu_{x\,niedrig}(0.45) = 0.25,$$

für die zweite einen Erfüllungsgrad von

$$H_2 = \mu_{x\,mittel}(0.45) = 0.75.$$

Unsere erste Regel liefert also als Inferenzergebnis die in der Höhe 0.25 abgeschnittene Fuzzy-Menge $\mu_{y\,hoch}(y)$, die zweite Regel die in der Höhe 0.75 abgeschnittene Fuzzy-Menge $\mu_{y\,mittel}(y)$. Beide überlagern wir mittels des MAX-Operators zur resultierenden Fuzzy-Menge

$$\mu_{res}(y) = \text{MAX}\big(\text{MIN}(0.25, \mu_{y\,hoch}(y)), \text{MIN}(0.75, \mu_{y\,mittel}(y))\big)$$
$$= \text{MAX}\big(\mu_{y\,hoch'}(y), \mu_{y\,mittel'}(y)\big).$$

Bild 2.29 zeigt den Inferenzvorgang grafisch.

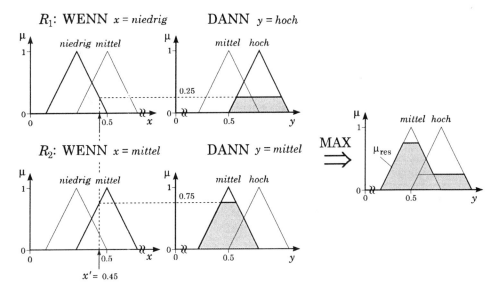

Bild 2.29. Inferenzvorgang für scharfen Eingangswert $x' = 0.45$.

Genau das gleiche Ergebnis - nur in diskreter Form - erhalten wir, wenn wir den Inferenzvorgang auf der Basis der Relationsmatrizen durchführen. Zur Diskretisierung wählen wir die Grundmengen

$$X = \{0.1,\ 0.15,\ 0.2,\ 0.25,\ 0.3,\ 0.35,\ 0.4,\ 0.45,\ 0.5,\ 0.55,\ 0.6,\ 0.65,\ 0.7\}$$
$$Y = \{0.3,\ 0.35,\ 0.4,\ 0.45,\ 0.5,\ 0.55,\ 0.6,\ 0.65,\ 0.7,\ 0.75,\ 0.8,\ 0.85,\ 0.9\}.$$

Damit erhalten wir für die erste Regel die Prämissen-Fuzzy-Menge $\mu_{x\ niedrig}(x)$ als Vektor

$$\underline{\mu}_{x\ niedrig} = (0\ \ 0.25\ \ 0.5\ \ 0.75\ \ 1\ \ 0.75\ \ 0.5\ \ 0.25\ \ 0\ \ 0\ \ 0\ \ 0\ \ 0)$$

und die Konklusions-Fuzzy-Menge $\mu_{y\ hoch}(y)$ zu

$$\underline{\mu}_{y\ hoch} = (0\ \ 0\ \ 0\ \ 0\ \ 0\ \ 0.25\ \ 0.5\ \ 0.75\ \ 1\ \ 0.75\ \ 0.5\ \ 0.25\ \ 0).$$

Die Relation der ersten Regel ist gegeben durch

$$\mu_{R_1}(x, y) = \text{MIN}\bigl(\mu_{x\ niedrig}(x), \mu_{y\ hoch}(y)\bigr).$$

Die zugehörige Relationsmatrix für den diskreten Fall können wir direkt als Kreuzprodukt der beiden Vektoren gemäß

$$\underline{R}_1 = \underline{\mu}_{x\ niedrig}^T \circ \underline{\mu}_{y\ hoch} = \begin{pmatrix} 0 \\ 0.25 \\ 0.5 \\ 0.75 \\ 1 \\ 0.75 \\ 0.5 \\ 0.25 \\ 0 \\ 0 \\ 0 \\ 0 \\ 0 \end{pmatrix} \circ (0\ \ 0\ \ 0\ \ 0\ \ 0\ \ 0.25\ \ 0.5\ \ 0.75\ \ 1\ \ 0.75\ \ 0.5\ \ 0.25\ \ 0)$$

ermitteln, wobei die Produktbildung - wie zuvor bei der Einführung des Kompositionsoperators ∘ erläutert - über den MIN-Operator erfolgt.

2.3 Fuzzy-Inferenz

Damit erhalten wir zunächst für die Relationsmatrix der ersten Regel:

$\underline{R}_1$

	y												
	0.3	0.35	0.4	0.45	0.5	0.55	0.6	0.65	0.7	0.75	0.8	0.85	0.9
0.1	0	0	0	0	0	0	0	0	0	0	0	0	0
0.15	0	0	0	0	0	0.25	0.25	0.25	0.25	0.25	0.25	0.25	0
0.2	0	0	0	0	0	0.25	0.5	0.5	0.5	0.5	0.5	0.25	0
0.25	0	0	0	0	0	0.25	0.5	0.75	0.75	0.75	0.5	0.25	0
0.3	0	0	0	0	0	0.25	0.5	0.75	1	0.75	0.5	0.25	0
0.35	0	0	0	0	0	0.25	0.5	0.75	0.75	0.75	0.5	0.25	0
0.4	0	0	0	0	0	0.25	0.5	0.5	0.5	0.5	0.5	0.25	0
0.45	0	0	0	0	0	0.25	0.25	0.25	0.25	0.25	0.25	0.25	0
0.5	0	0	0	0	0	0	0	0	0	0	0	0	0
0.55	0	0	0	0	0	0	0	0	0	0	0	0	0
0.6	0	0	0	0	0	0	0	0	0	0	0	0	0
0.65	0	0	0	0	0	0	0	0	0	0	0	0	0
0.7	0	0	0	0	0	0	0	0	0	0	0	0	0

x (row labels)

Für die zweite Regel erhalten wir die diskrete Prämissen-Fuzzy-Menge

$$\underline{\mu}_{x\,mittel} = (0\ 0\ 0\ 0\ 0\ 0.25\ 0.5\ 0.75\ 1\ 0.75\ 0.5\ 0.25\ 0)$$

und die Konklusions-Fuzzy-Menge

$$\underline{\mu}_{y\,mittel} = (0\ 0.25\ 0.5\ 0.75\ 1\ 0.75\ 0.5\ 0.25\ 0\ 0\ 0\ 0\ 0).$$

Die Relationsmatrix dieser Regel

$$\underline{R}_2 = \underline{\mu}^T_{x\,mittel} \circ \underline{\mu}_{y\,mittel}$$

hat dann folgende Gestalt:

R_2

x \ y	0.3	0.35	0.4	0.45	0.5	0.55	0.6	0.65	0.7	0.75	0.8	0.85	0.9
0.1	0	0	0	0	0	0	0	0	0	0	0	0	0
0.15	0	0	0	0	0	0	0	0	0	0	0	0	0
0.2	0	0	0	0	0	0	0	0	0	0	0	0	0
0.25	0	0	0	0	0	0	0	0	0	0	0	0	0
0.3	0	0	0	0	0	0	0	0	0	0	0	0	0
0.35	0	0.25	0.25	0.25	0.25	0.25	0.25	0.25	0	0	0	0	0
0.4	0	0.25	0.5	0.5	0.5	0.5	0.5	0.25	0	0	0	0	0
0.45	0	0.25	0.5	0.75	0.75	0.75	0.5	0.25	0	0	0	0	0
0.5	0	0.25	0.5	0.75	1	0.75	0.5	0.25	0	0	0	0	0
0.55	0	0.25	0.5	0.75	0.75	0.75	0.5	0.25	0	0	0	0	0
0.6	0	0.25	0.5	0.5	0.5	0.5	0.5	0.25	0	0	0	0	0
0.65	0	0.25	0.25	0.25	0.25	0.25	0.25	0.25	0	0	0	0	0
0.7	0	0	0	0	0	0	0	0	0	0	0	0	0

Die Überlagerung beider Matrizen über den MAX-Operator ergibt die Relationsmatrix der gesamten Regelbasis:

$R_1 \cup R_2$

x \ y	0.3	0.35	0.4	0.45	0.5	0.55	0.6	0.65	0.7	0.75	0.8	0.85	0.9
0.1	0	0	0	0	0	0	0	0	0	0	0	0	0
0.15	0	0	0	0	0	0.25	0.25	0.25	0.25	0.25	0.25	0.25	0
0.2	0	0	0	0	0	0.25	0.5	0.5	0.5	0.5	0.5	0.25	0
0.25	0	0	0	0	0	0.25	0.5	0.75	0.75	0.75	0.5	0.25	0
0.3	0	0	0	0	0	0.25	0.5	0.75	1	0.75	0.5	0.25	0
0.35	0	0.25	0.25	0.25	0.25	0.25	0.5	0.75	0.75	0.75	0.5	0.25	0
0.4	0	0.25	0.5	0.5	0.5	0.5	0.5	0.5	0.5	0.5	0.5	0.25	0
$x' \to$ 0.45	0	0.25	0.5	0.75	0.75	0.75	0.5	0.25	0.25	0.25	0.25	0.25	0
0.5	0	0.25	0.5	0.75	1	0.75	0.5	0.25	0	0	0	0	0
0.55	0	0.25	0.5	0.75	0.75	0.75	0.5	0.25	0	0	0	0	0
0.6	0	0.25	0.5	0.5	0.5	0.5	0.5	0.25	0	0	0	0	0
0.65	0	0.25	0.25	0.25	0.25	0.25	0.25	0.25	0	0	0	0	0
0.7	0	0	0	0	0	0	0	0	0	0	0	0	0

Aus dieser Relationsmatrix können wir für unseren scharfen Eingangswert von $x' = 0.45$ die resultierende Ergebnis-Fuzzy-Menge in diskretisierter Form ablesen zu

$$\underline{\mu}_{\mathrm{res}} = (0\ \ 0.25\ \ 0.5\ \ 0.75\ \ 0.75\ \ 0.75$$
$$0.5\ \ 0.25\ \ 0.25\ \ 0.25\ \ 0.25\ \ 0.25\ \ 0).$$

Wie wir leicht überprüfen können, entspricht dieses Ergebnis der zuvor grafisch gewonnenen resultierenden Ergebnis-Fuzzy-Menge in diskreter Form (siehe Bild 2.30).

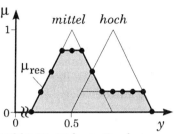

Bild 2.30. Diskrete Ergebnis-Fuzzy-Menge.

Beide Vorgehensweisen, d. h.

- die Einzelauswertung aller Regeln mit anschließender Überlagerung der abgeschnittenen Konklusions-Fuzzy-Mengen $\mu_{B'_j}(y)$ mittels der MAX-Operation
- die Ermittlung der Gesamtrelation aller Regeln durch Vereinigung der Einzelrelationen mittels des MAX-Operators und anschließende Auswertung der Gesamtrelation

liefern bei den von uns gewählten Operatoren (MIN-Operator für UND-Verknüpfung, MAX-Operator für ODER-Verknüpfung, MIN-Operator oder Algebraisches Produkt für Implikation) stets das gleiche Ergebnis. Bei Wahl anderer Operatoren ist diese Eigenschaft *nicht* zwangsläufig gegeben!

Nach diesem Beispiel sind wir in der Lage, das Inferenzschema für den allgemeinen Fall einer Regelbasis mit m Regeln der Form

R_1: WENN $x_1 = A_{11}$ ... UND $x_i = A_{1i}$ ... UND $x_n = A_{1n}$ DANN $y = B_1$
$\vdots$
R_j: WENN $x_1 = A_{j1}$ ... UND $x_i = A_{ji}$ ... UND $x_n = A_{jn}$ DANN $y = B_j$
$\vdots$
R_m: WENN $x_1 = A_{m1}$ ... UND $x_i = A_{mi}$ ... UND $x_n = A_{mn}$ DANN $y = B_m$

anzugeben. Darin sind

$x_1, x_2, \ldots, x_n$: Eingangsgrößen der Regel

$A_{1i}, A_{2i}, \ldots, A_{mi}$: linguistische Terme der Eingangsgröße x_i

y: Ausgangsgröße der Regel

$B_1, B_2, \ldots, B_m$: linguistische Terme der Ausgangsgröße.

Die Regelprämissen bestehen jeweils aus n Teilprämissen, so daß jede Regel eine $n+1$-stellige Fuzzy-Relation darstellt. Die Gesamtrelation der Regelbasis entsteht durch Vereinigung aller m Fuzzy-Relationen mittels des MAX-Operators:

$$R = R_1 \cup \ldots \cup R_j \cup \ldots \cup R_m.$$

Die Verknüpfung der Teilprämissen durch UND stellt keine Einschränkung dar, da man eine Regel mit ODER-verknüpften Teilprämissen jederzeit in mehrere Regeln der obigen Form aufsplitten kann. So lassen sich beispielsweise aus der Regel

WENN (x_1 = *niedrig* ODER x_1 = *mittel*) UND x_2 = *hoch* DANN y = *mittel*

die beiden Regeln

WENN x_1 = *niedrig* UND x_2 = *hoch* DANN y = *mittel*

WENN x_1 = *mittel* UND x_2 = *hoch* DANN y = *mittel*

gewinnen.

Für einen scharfen Satz von Eingangswerten

$$\underline{x}' = (x_1', x_2', \ldots, x_n')$$

läuft das Inferenzschema dann wie folgt ab:

1. Ermittlung des Erfüllungsgrades jeder Regel:

$$H_1 = \text{MIN}\big(\mu_{A_{11}}(x_1'), \mu_{A_{12}}(x_2'), \ldots, \mu_{A_{1n}}(x_n')\big)$$

$$\vdots$$

$$H_j = \text{MIN}\big(\mu_{A_{j1}}(x_1'), \mu_{A_{j2}}(x_2'), \ldots, \mu_{A_{jn}}(x_n')\big)$$

$$\vdots$$

$$H_m = \text{MIN}\big(\mu_{A_{m1}}(x_1'), \mu_{A_{m2}}(x_2'), \ldots, \mu_{A_{mn}}(x_n')\big)$$

Regeln mit einem Erfüllungsgrad $H_j > 0$ gelten als aktiv.

2. Ermittlung der Ergebnis-Fuzzy-Menge B_j' jeder Regel. Sie ergibt sich bei MAX-MIN-Inferenz durch Abschneiden der Konklusions-Fuzzy-Menge B_j in der Höhe des Erfüllungsgrads H_j, bei MAX-PROD-Inferenz durch Multiplikation der Zugehörigkeitsfunktion von B_j mit dem Erfüllungsgrad. Für MAX-MIN-Inferenz ergibt sich also

$$\mu_{B_1'}(y) = \text{MIN}\big(H_1, \mu_{B_1}(y)\big)$$

$$\vdots$$

$$\mu_{B_j'}(y) = \text{MIN}\big(H_j, \mu_{B_j}(y)\big)$$

$$\vdots$$

$$\mu_{B_m'}(y) = \text{MIN}\big(H_m, \mu_{B_m}(y)\big)$$

2.3 Fuzzy-Inferenz

und für MAX-PROD-Inferenz

$$\mu_{B_1'}(y) = H_1 \mu_{B_1}(y)$$
$$\vdots$$
$$\mu_{B_j'}(y) = H_j \mu_{B_j}(y)$$
$$\vdots$$
$$\mu_{B_m'}(y) = H_m \mu_{B_m}(y)$$

Diese Berechnungen brauchen natürlich nur für aktive Regeln zu erfolgen.

3. Ermittlung der resultierenden Ergebnis-Fuzzy-Menge B' durch Überlagerung der in Schritt 2 ermittelten Teilergebnisse $B_1', \ldots, B_m'$ über den MAX-Operator:

$$\mu_{\text{res}}(y) = \mu_{B'}(y) = \text{MAX}\bigl(\mu_{B_1'}(y), \ldots, \mu_{B_j'}(y), \ldots, \mu_{B_m'}(y)\bigr) = \underset{j=1,\ldots,m}{\text{MAX}} \mu_{B_j'}(y)$$

Die obigen Schritte lassen sich natürlich in einer einzigen - wenn auch nicht mehr besonders übersichtlichen - Gleichung zusammenfassen. Wir erhalten nämlich für MAX-MIN-Inferenz

$$\mu_{\text{res}}(y) = \underset{j=1,\ldots m}{\text{MAX}}\Biggl(\underbrace{\underbrace{\text{MIN}\Bigl(\underset{i=1,\ldots,n}{\text{MIN}}\bigl(\mu_{A_{ji}}(x_i')\bigr), \mu_{B_j}(y)\Bigr)}_{H_j}}_{\mu_{B_j'}(y)}\Biggr)$$

und für MAX-PROD-Inferenz

$$\mu_{\text{res}}(y) = \underset{j=1,\ldots m}{\text{MAX}}\Biggl(\underbrace{\underbrace{\underset{i=1,\ldots,n}{\text{MIN}}\bigl(\mu_{A_{ji}}(x_i')\bigr) \cdot \mu_{B_j}(y)}_{H_j}}_{\mu_{B_j'}(y)}\Biggr)$$

Liegen die Fuzzy-Relationen der Regeln vor, so ergibt sich das Inferenzergebnis zu

$$\mu_{\text{res}}(y) = \underset{j=1,\ldots m}{\text{MAX}}\bigl(\mu_{R_j}(x_1', x_2', \ldots, x_n', y)\bigr),$$

wobei die Fuzzy-Relationen der einzelnen Regeln im Falle der MAX-MIN-Inferenz über die Beziehung

$$\mu_{R_j}(x_1', x_2', \ldots, x_n', y) = \mathrm{MIN}\big(\mu_{A_{j1}}(x_1'), \ldots, \mu_{A_{jn}}(x_n'), \mu_{B_j}(y)\big)$$

und im Falle der MAX-PROD-Inferenz über

$$\mu_{R_j}(x_1', x_2', \ldots, x_n', y) = \mathrm{MIN}\big(\mu_{A_{j1}}(x_1'), \ldots, \mu_{A_{jn}}(x_n')\big) \cdot \mu_{B_j}(y)$$

zu berechnen sind.

Die Fuzzy-Menge $\mu_{\mathrm{res}}(y)$ stellt das Ergebnis der Inferenz dar, das dann nachfolgend durch Defuzzifizierung in einen scharfen Wert y' zurückverwandelt werden muß. Bevor wir uns diesem Problem zuwenden, wollen wir ein letztes, vollständiges Beispiel behandeln. Wir betrachten die Eingangsgrößen x_1 und x_2 sowie die Ausgangsgröße y. Alle Größen seien jeweils durch die linguistischen Terme *negativ, null, positiv* gemäß Bild 2.31 beschrieben. Da beide Eingangsgrößen je drei linguistische Terme aufweisen, sind maximal 3×3 = 9 Regeln möglich. Diese mögen lauten:

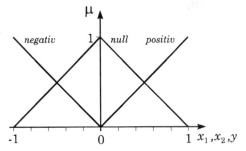

Bild 2.31. Linguistische Terme für Ein- und Ausgangsgrößen.

R_1: WENN $x_1 = negativ$ UND $x_2 = negativ$ DANN $y = negativ$

R_2: WENN $x_1 = negativ$ UND $x_2 = null$ DANN $y = negativ$

R_3: WENN $x_1 = negativ$ UND $x_2 = positiv$ DANN $y = null$

R_4: WENN $x_1 = null$ UND $x_2 = negativ$ DANN $y = negativ$

R_5: WENN $x_1 = null$ UND $x_2 = null$ DANN $y = null$

R_6: WENN $x_1 = null$ UND $x_2 = positiv$ DANN $y = positiv$

R_7: WENN $x_1 = positiv$ UND $x_2 = negativ$ DANN $y = null$

R_8: WENN $x_1 = positiv$ UND $x_2 = null$ DANN $y = positiv$

R_9: WENN $x_1 = positiv$ UND $x_2 = positiv$ DANN $y = positiv$

Derartige Regelbasen mit zwei Teilprämissen werden häufig in Matrixform dargestellt, da diese Darstellungsweise einen besseren Überblick gestattet. Für unser Beispiel erhalten wir folgende Regelmatrix:

2.3 Fuzzy-Inferenz

	x_2		
	negativ	null	positiv
negativ	negativ	negativ	null
x_1 null	negativ	null	positiv
positiv	null	positiv	positiv

Wir wollen den Inferenzvorgang für die scharfen Eingangswerte

$$x_1' = 0.4, \; x_2' = 0.8$$

durchführen. Dabei wollen wir uns auf MAX-MIN-Inferenz beschränken. Die einzelnen Arbeitsschritte sehen wie folgt aus:

1. Fuzzifizierung der scharfen Eingangswerte. Wir erhalten für x_1'

   $\mu_{x_1\,negativ}(0.4) = 0$

   $\mu_{x_1\,null}(0.4) = 0.6$

   $\mu_{x_1\,positiv}(0.4) = 0.4$

   und für x_2'

   $\mu_{x_2\,negativ}(0.8) = 0$

   $\mu_{x_2\,null}(0.8) = 0.2$

   $\mu_{x_2\,positiv}(0.8) = 0.8$

2. Ermittlung der aktiven Regeln und ihrer Erfüllungsgrade:
   Es sind vier Regeln aktiv, nämlich R_5, R_6, R_8 und R_9. Die Erfüllungsgrade ergeben sich zu

   $H_5 = \text{MIN}\bigl(\mu_{x_1\,null}(0.4),\, \mu_{x_2\,null}(0.8)\bigr) = \text{MIN}(0.6,\, 0.2) = 0.2$

   $H_6 = \text{MIN}\bigl(\mu_{x_1\,null}(0.4),\, \mu_{x_2\,positiv}(0.8)\bigr) = \text{MIN}(0.6,\, 0.8) = 0.6$

   $H_8 = \text{MIN}\bigl(\mu_{x_1\,positiv}(0.4),\, \mu_{x_2\,null}(0.8)\bigr) = \text{MIN}(0.4,\, 0.2) = 0.2$

   $H_9 = \text{MIN}\bigl(\mu_{x_1\,positiv}(0.4),\, \mu_{x_2\,positiv}(0.8)\bigr) = \text{MIN}(0.4,\, 0.8) = 0.4$

   Alle anderen Regeln liefern keinen Beitrag zum Inferenzergebnis.

3. Ermittlung der einzelnen Ergebnis-Fuzzy-Mengen
   Die einzelnen Ergebnis-Fuzzy-Mengen lauten:

$$\mu_{B_5'}(y) = \text{MIN}(0.2, \mu_{y\,null}(y))$$

$$\mu_{B_6'}(y) = \text{MIN}(0.6, \mu_{y\,positiv}(y))$$

$$\mu_{B_8'}(y) = \text{MIN}(0.2, \mu_{y\,positiv}(y))$$

$$\mu_{B_9'}(y) = \text{MIN}(0.4, \mu_{y\,positiv}(y))$$

Die Fuzzy-Mengen $\mu_{B_8'}$ und $\mu_{B_9'}$ sind in $\mu_{B_6'}$ vollständig "enthalten" (man spricht in diesem Fall von *Fuzzy-Teilmengen*). Die resultierende Fuzzy-Menge μ_{res} ergibt sich also als Vereinigung von $\mu_{B_5'}$ und $\mu_{B_6'}$:

$$\mu_{res}(y) = \text{MAX}(\mu_{B_5'}(y), \mu_{B_6'}(y), \mu_{B_8'}(y), \mu_{B_9'}(y))$$

$$= \text{MAX}(\mu_{B_5'}(y), \mu_{B_6'}(y))$$

$$= \text{MAX}(\text{MIN}(0.2, \mu_{y\,null}(y)), \text{MIN}(0.6, \mu_{y\,positiv}(y)))$$

Bild 2.32 zeigt den Inferenzvorgang grafisch.

2.3.3 Alternative Inferenzmechanismen: SUM-MIN- und SUM-PROD-Inferenz

Neben der im vorangegangenen Abschnitt besprochenen MAX-MIN- bzw. MAX-PROD-Inferenz findet man im Bereich Fuzzy Control vereinzelt auch die sogenannte SUM-MIN- oder SUM-PROD-Inferenz (siehe dazu auch später Abschnitt 2.4.3). Diese Inferenzarten basieren auf der Grundidee, daß mehrere aktive Regeln mit derselben Schlußfolgerung auch verstärkt in das Inferenzergebnis einfließen sollen und nicht nur - wie im Falle der MAX-...-Inferenzen - die jeweilige Regel mit dem maximalen Erfüllungsgrad berücksichtigt werden soll. Daher werden in diesem Fall die Inferenzbeiträge aller aktiven Einzelregeln (also die in der jeweiligen Höhe H_j abgeschnittenen bzw. mit H_j multiplizierten Konklusions-Fuzzy-Mengen) nicht mittels des MAX-Operators überlagert, sondern *aufsummiert*. Durch die Aufsummation kann natürlich eine resultierende Ergebnis-Fuzzy-Menge entstehen, die eine Höhe größer als eins besitzt. Dies spielt aber für die nachfolgende Defuzzifizierung keine Rolle; gegebenenfalls kann die resultierende Fuzzy-Menge auch einfach auf die Höhe eins umnormiert werden. Bild 2.33 stellt alle Inferenzarten noch einmal anhand des bereits in Bild 2.29 dargestellten Beispiels gegenüber.

2.3 Fuzzy-Inferenz

R_5: WENN $x_1 = null$ UND $x_2 = null$ DANN $y = null$

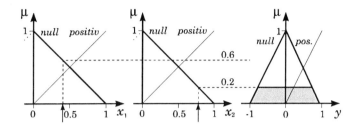

R_6: WENN $x_1 = null$ UND $x_2 = positiv$ DANN $y = positiv$

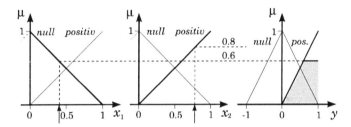

R_8: WENN $x_1 = positiv$ UND $x_2 = null$ DANN $y = positiv$

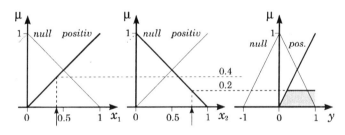

R_9: WENN $x_1 = positiv$ UND $x_2 = positiv$ DANN $y = positiv$

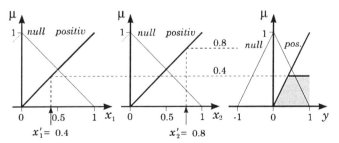

Bild 2.32. MAX-MIN-Inferenzvorgang bei vier aktiven Regeln.

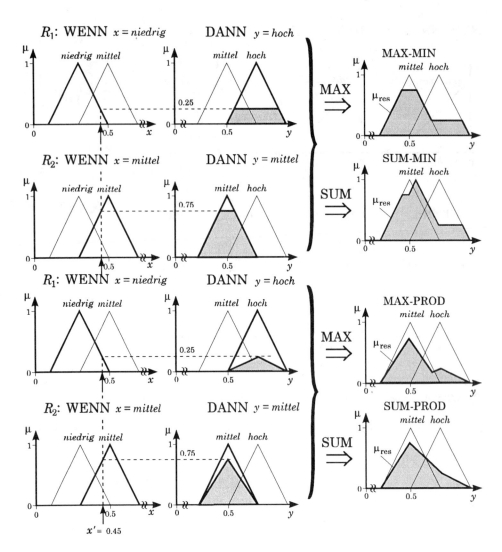

Bild 2.33. Vergleich der verschiedenen Inferenzmechanismen.

2.4 Defuzzifizierung

Ergebnis des Inferenzvorgangs ist zunächst eine resultierende Fuzzy-Menge mit der Zugehörigkeitsfunktion $\mu_{res}(y)$. Aufgabe der nachfolgenden Defuzzifizierung ist es, aus dieser Fuzzy-Menge einen möglichst "sinnvollen" scharfen Ausgangswert y' zu generieren. Bevor wir uns den verschiedenen Defuzzifizierungsmethoden zuwenden, wollen wir zunächst noch einmal das abschließende Beispiel aus Abschnitt 2.3.2 aufgreifen, um daraus einige

2.4 Defuzzifizierung

grundlegende Überlegungen abzuleiten. Wir ändern es allerdings insofern ab, daß wir annehmen wollen, die linguistischen Terme *negativ*, *null* und *positiv* der Ausgangsgröße y seien nicht über dreieckförmige Fuzzy-Mengen, sondern als Singletons mit den Modalwerten -1, 0 und 1 definiert. Für den von uns betrachteten Fall

$$x_1' = 0.4, \ x_2' = 0.8$$

erhalten wir dann als resultierende Ergebnis-Fuzzy-Menge das in der Höhe 0.2 abgeschnittene Singleton bei 0 und das in der Höhe 0.6 abgeschnittene Singleton bei 1 (Bild 2.34).

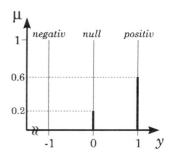

Bild 2.34. Ergebnis-Fuzzy-Menge bei Singletons auf der Ausgangsgröße y.

Wie könnte ein "sinnvoller" Wert bei dieser Ergebnis-Fuzzy-Menge aussehen? In jedem Fall sollte er wohl zwischen 0 und 1 liegen. Wir könnten es uns beispielsweise sehr einfach machen und nur die Regel mit dem höchsten Erfüllungsgrad berücksichtigen. Dies ist gerade Regel R_6, die die Schlußfolgerung $y = positiv$ mit einem Erfüllungsgrad von 0.6 liefert. Da die zugehörige Fuzzy-Menge ein Singleton bei 1 ist, wählen wir diesen Wert naheliegenderweise als scharfen Ausgangswert y'. Wir erkennen unmittelbar, daß bei dieser Vorgehensweise das Ergebnis weder abhängig ist vom Erfüllungsgrad dieser "passendsten" Regel noch von den anderen aktiven Regeln. Dafür ist zu seiner Ermittlung jedoch keinerlei Rechenaufwand notwendig.

Sicherlich plausibler ist es, *alle* aktiven Regeln in den Defuzzifizierungsprozeß einzubeziehen und die entsprechenden Schlußfolgerungen über den jeweiligen Erfüllungsgrad der Regeln zu gewichten. In diesem Fall erhalten wir einen scharfen Wert zwischen 0 und 1, der um einiges näher bei 1 als bei 0 liegt. Rechnerisch ergibt er sich beispielsweise in Form des arithmetischen Mittels zu

$$y' = \frac{0.2 \cdot 0 + 0.6 \cdot 1}{0.2 + 0.6} = 0.75.$$

Die Abstände des auf diese Weise ermittelten scharfen Werts zu den beiden Singletons verhalten sich gerade umgekehrt proportional wie die Erfüllungsgrade der beiden Regeln.

Diese Art der "Mittelung" aller einzelnen Inferenzergebnisse zum scharfen Wert hat natürlich ihren Preis. Dieser liegt im wesentlichen im erhöhten Rechenaufwand. Beide Philosophien - die Beschränkung auf die Defuzzifizierung anhand der Regel mit maximalem Erfüllungsgrad und die Defuzzifizierung anhand irgendeiner Form der Mittelung - lassen sich direkt verallgemeinern auf den Fall beliebiger Ausgangs-Fuzzy-Mengen etwa mit dreieck- oder trapezförmigen Zugehörigkeitsfunktionen. Durch verschiedene Modifikationen ergibt sich dabei eine ganze Palette von Defuzzifizierungsmethoden, deren spezifische Vor- und Nachteile wir im folgenden eingehend diskutieren wollen. Dabei werden wir beginnen mit den Verfahren der ersten Kategorie und im Anschluß daran die mittelnden Methoden vorstellen. Wir beschränken uns bei der Darstellung der Verfahren auf den MAX-MIN-Inferenzmechanismus; die Vorgehensweise im Falle der MAX-PROD-Inferenz erfolgt jeweils sinngemäß.

2.4.1 Maximum-Methoden

Diese Kategorie umfaßt alle Defuzzifizierungsmethoden, bei denen zur Ermittlung des scharfen Ausgangswerts y' lediglich die Regel mit maximalem Erfüllungsgrad herangezogen, von den einzelnen Ergebnis-Fuzzy-Mengen also nur diejenige mit der maximalen Höhe berücksichtigt wird. Der ermittelte Wert liegt bei diesen Verfahren in dem Bereich $[y_1, y_2]$, für den die resultierende Ergebnis-Fuzzy-Menge den maximalen Zugehörigkeitswert aufweist. Letzterer entspricht gerade dem Erfüllungsgrad H_{max} der maßgeblichen Regel (Bild 2.35).

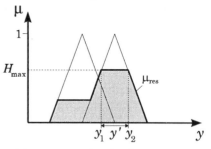

Bild 2.35. Bereich scharfer Ausgangswerte bei Maximum-Methoden.

Die verschiedenen Varianten unterscheiden sich in der Art und Weise, wie der scharfe Ausgangswert aus diesem Intervall gewählt wird. Im wesentlichen existieren drei Varianten.

Variante 1: Wahl des Mittelwertes

Bei dieser Variante ergibt sich der scharfe Wert als Mittelwert der Intervallgrenzen y_1 und y_2 zu

$$y' = \frac{y_1 + y_2}{2}.$$

Besitzen die Ausgangs-Fuzzy-Mengen symmetrische dreieck- oder trapezförmige Zugehörigkeitsfunktionen bzw. Singletons, so entspricht der scharfe Ausgangswert gerade dem Modalwert der entsprechenden Zugehörigkeitsfunktion (siehe Kapitel 2.2.1). Der ermittelte Wert ist in diesen Fällen unabhängig vom Erfüllungsgrad der maßgeblichen Regel.

Dieses ist die gebräuchlichste aller Varianten der Maximum-Methode. Ist in der Literatur von "Defuzzifizierung nach maximaler Höhe" oder auch "Maximum-Methode" die Rede, so ist im allgemeinen diese Variante gemeint.

Variante 2: Wahl des linken Randpunktes

Diese Variante ist u. a. unter den Bezeichnungen "First-of-Maxima" (siehe z. B. [DRI93]) oder "Lineare linksseitige Defuzzifizierung" (siehe z. B. [FRL92, KAH93]) bekannt. Als scharfer Ausgangswert wird die untere Intervallgrenze y_1 gewählt. Damit ist der ermittelte Wert bei dreieck- und trapezförmigen Zugehörigkeitsfunktionen *linear* vom Erfüllungsgrad der maßgeblichen Regel abhängig.

Variante 3: Wahl des rechten Randpunktes

Diese Variante entspricht der vorhergehenden, als scharfer Ausgangswert wird jedoch die obere Intervallgrenze y_2 gewählt. Die Methode wird daher auch als "Last-of-Maxima" oder "Lineare rechtsseitige Defuzzifizierung" bezeichnet.

Bild 2.36 zeigt den ermittelten Ausgangswert für die vorgestellten Verfahren anhand eines Beispiels. Alle Varianten zeichnen sich durch ihren geringen Rechenaufwand aus. Sie haben jedoch gemeinsam, daß der scharfe Ausgangswert grundsätzlich immer nur aus einer einzigen Regel - nämlich der mit dem höchsten Erfüllungsgrad - ermittelt wird. Bei der ersten Variante kommt hinzu, daß der ermittelte Wert i. allg. auch unabhängig vom Erfüllungsgrad der entscheidenden Regel ist.

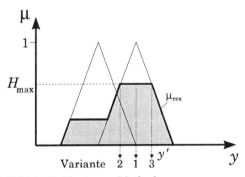
Bild 2.36. Maximum-Methoden.

Bei bestimmten Eingangswerten kann es passieren, daß mehrere Regeln mit dem gleichen maximalen Erfüllungsgrad, aber unterschiedlichen Schlußfolgerungen auftreten (Bild 2.37). In diesen Fällen muß eine Priorität der Regeln festgelegt oder zwischen den jeweils erhaltenen Ergebnissen gemittelt werden. Wird die Maximum-Methode bei MAX-PROD-Inferenz und dreieckförmigen Zugehörigkeitsfunktionen verwendet, besteht auch die resultierende Ergebnis-Fuzzy-

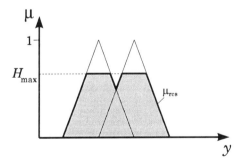
Bild 2.37. Inferenzergebnis bei zwei Regeln mit gleichem maximalem Erfüllungsgrad, aber unterschiedlichen Schlußfolgerungen.

Menge aus überlagerten dreieckförmigen Fuzzy-Mengen. In diesem Fall ist also $y_1 = y_2$ und alle Varianten liefern den gleichen scharfen Wert y'.

2.4.2 Schwerpunktmethode

Die Schwerpunktmethode ("Center of Gravity" oder "Center of Area"-Methode) mit ihren diversen Varianten und Näherungen ist - zumindest im Bereich Fuzzy Control - das gebräuchlichste Defuzzifizierungsverfahren. Der scharfe Ausgangswert wird ermittelt als Abszissenwert des Schwerpunktes S der Fläche unterhalb der resultierenden Ausgangs-Fuzzy-Menge μ_{res}. Dieser ergibt sich als Quotient aus Moment und Fläche zu

$$y' = \frac{\int y \mu_{res}(y) \, dy}{\int \mu_{res}(y) \, dy}$$

Zu integrieren ist über die Grundmenge Y der Ausgangsgröße y. Rechentechnisch erfolgt die Berechnung durch numerische Integration auf der Basis diskreter Stützstellen y_i. Die Genauigkeit - aber auch der Rechenaufwand - steigt dabei mit der Stützstellendichte.

Bei der Schwerpunktmethode wird im Gegensatz zu den Maximum-Methoden die resultierende Fuzzy-Menge μ_{res} als ganzes betrachtet, es findet also eine Mittelung statt, in die alle oder zumindest mehrere aktive Regeln mit ihren Erfüllungsgraden eingehen.[9] Bild 2.38 verdeutlicht das Verfahren grafisch.

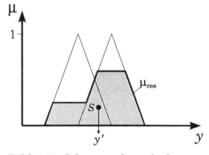

Bild 2.38. Schwerpunktmethode.

Durch die Schwerpunktbildung kann der Fall auftreten, daß der ermittelte scharfe Ausgangswert y' einen sehr geringen oder sogar verschwindenden Zugehörigkeitsgrad zur resultierenden Ausgangs-Fuzzy-Menge hat. Dieser Umstand wird gerne als Nachteil der Schwerpunktmethode aufgeführt. Bild 2.39 zeigt einen derartig konstruierten Fall. Der ermittelte Ausgangswert liegt hier "zwischen den Stühlen". Ob die dargestellte Situation allerdings praxisrelevant ist, mag stark angezweifelt werden. Beim skizzierten Beispiel müßten nämlich zwei Regeln mit den Konklusionen $y = niedrig$ bzw. y

---

[9] Es fließen nur dann wirklich *alle* aktiven Regeln in die Berechnung ein, wenn diese alle eine unterschiedliche Schlußfolgerung aufweisen. Weisen jedoch mehrere aktive Regeln dieselbe Schlußfolgerung (z. B. $y = hoch$) auf, so geht wegen des MAX-Operators nur diejenige mit dem höchsten Erfüllungsgrad in die resultierende Ausgangs-Fuzzy-Menge und damit in die Schwerpunktberechnung ein. Dies gilt allerdings nicht bei SUM-MIN- bzw. SUM-PROD-Inferenz (siehe Abschnitt 2.3.3); dort fließen wegen des SUM-Operators in jedem Fall alle aktiven Regeln ein.

2.4 Defuzzifizierung

= *hoch* vorliegen, die einen sehr hohen Erfüllungsgrad aufweisen, während keine Regel mit der Schlußfolgerung *y* = *mittel* aktiv ist. Dieser Fall dürfte bei einer "intelligent" gewählten Regelbasis äußerst unwahrscheinlich sein.

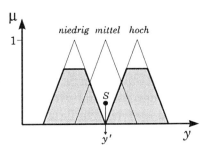

Bild 2.39. Zur Schwerpunktmethode.

Sofern nur eine einzige Regel aktiv ist bzw. nur Regeln mit der gleichen Konklusion, besteht die resultierende Ausgangs-Fuzzy-Menge nur aus einer einzigen abgeschnittenen Fuzzy-Menge. In diesem Fall liefert die Schwerpunktmethode - Symmetrie der Zugehörigkeitsfunktionen der Ausgangsgröße vorausgesetzt - unabhängig vom maximalen Erfüllungsgrad stets den Modalwert der abgeschnittenen Fuzzy-Menge als scharfe Ausgangsgröße (Bild 2.40).

Eine weitere, speziell für Fuzzy Control wesentliche Charakteristik der Schwerpunktmethode liegt in der Ausschöpfung des Wertebereichs. Betrachten wir Bild 2.41 (linkes Teilbild), so erkennen wir, daß die minimal bzw. maximal erreichbaren scharfen Ausgangswerte y'_{min} bzw. y'_{max} nicht mit dem Wertebereich $[y_{min}, y_{max}]$ der Ausgangsgröße *y* übereinstimmen. Der

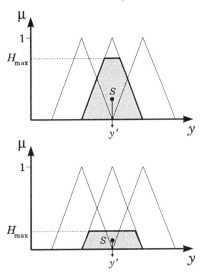

Bild 2.40. Schwerpunktmethode bei nur einer aktiven Regel.

kleinstmögliche erreichbare Wert ist vielmehr gegeben, wenn nur eine Regel mit der Schlußfolgerung *y* = *negativ* aktiv ist, und zwar mit dem Erfüllungsgrad 1. Er ergibt sich dann als Abszissenwert des Schwerpunktes S_{min} der linken Fuzzy-Menge. Analog dazu ergibt sich der maximal erreichbare Wert aus S_{max}.

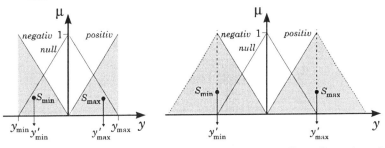

Bild 2.41. Randerweiterte Schwerpunktmethode (rechts) zur vollständigen Ausschöpfung des Wertebereichs der Ausgangsgröße.

Abhilfe schafft hier eine "fiktive" symmetrische Erweiterung der Randmengen über den Wertebereich der Ausgangsgröße hinaus, wie sie das rechte Teilbild zeigt. Durch diese Modifikation wird nunmehr der volle Wertebereich ausgeschöpft. Man spricht in diesem Fall von der *modifizierten* oder auch *randerweiterten Schwerpunktmethode*. Natürlich kann man die Randmengen der Ausgangsgröße auch bereits bei ihrer Definition symmetrisch ansetzen und dann auf diese Modifikation der Defuzzifizierung verzichten.

Der wesentliche Nachteil der Schwerpunktmethode liegt im hohen Rechenaufwand bei der numerischen Auswertung der Schwerpunktbeziehung. Aus diesem Grund gibt es einige Näherungsverfahren, die mit teilweise erheblich vermindertem Aufwand in vielen Fällen nahezu identische Ergebnisse liefern wie die originale Schwerpunktmethode. Die beiden wichtigsten dieser Verfahren werden wir in den folgenden Abschnitten besprechen.

2.4.3 Schwerpunktmethode mit SUM-MIN-Inferenz

Das nachfolgend vorgestellte Verfahren ist strenggenommen keine Modifikation der Schwerpunktmethode selbst, sondern weist vielmehr einen modifizierten Inferenzmechanismus auf. Die Schwerpunktberechnung bei der originalen Schwerpunktmethode war deshalb so aufwendig, weil die Fläche unterhalb der resultierenden Ausgangs-Fuzzy-Menge durch die MAX-Operation bei der Überlagerung der Ergebnis-Fuzzy-Mengen der einzelnen Regeln eine beliebig komplexe Struktur annehmen kann und die Berechnung aus diesem Grunde numerisch erfolgen muß. Überlagert man die Einzelmengen jedoch statt über den MAX-Operator

$$\mu_{\text{res}}(y) = \operatorname*{MAX}_{j=1,m} \mu_{B'_j}(y)$$

durch *Aufsummation*

$$\mu_{\text{res}}(y) = \sum_{j=1}^{m} \mu_{B'_j}(y)$$

so ergibt sich für den Abszissenwert des Schwerpunktes die Beziehung

$$y' = \frac{\int y \mu_{\text{res}}(y)\,dy}{\int \mu_{\text{res}}(y)\,dy} = \frac{\int y \sum_{j=1}^{m} \mu_{B'_j}(y)\,dy}{\int \sum_{j=1}^{m} \mu_{B'_j}(y)\,dy}.$$

Damit ist uns ein entscheidender Schritt nach vorn gelungen: Integration und Summation lassen sich nämlich vertauschen, so daß wir die letzte Gleichung umformen können gemäß

2.4 Defuzzifizierung

$$y' = \frac{\int y \sum_{j=1}^{m} \mu_{B'_j}(y) \, dy}{\int y \sum_{j=1}^{m} \mu_{B'_j}(y) \, dy} = \frac{\sum_{j=1}^{m} \int y \mu_{B'_j}(y) \, dy}{\sum_{j=1}^{m} \int \mu_{B'_j}(y) \, dy}.$$

Die im Zähler dieses Ausdrucks auftretenden Integrale sind aber nichts anderes als die Momente M_j der einzelnen Ergebnis-Fuzzy-Mengen, die Integrale im Nenner stellen die Flächen A_j dieser Fuzzy-Mengen dar. Der Abszissenwert des Schwerpunkts der durch Aufsummation entstehenden resultierenden Fuzzy-Menge kann also direkt in Form eines geschlossenen Ausdrucks aus den Momenten bzw. Flächen der einzelnen Fuzzy-Mengen ermittelt werden:

$$y' = \frac{\sum_{j=1}^{m} M_j}{\sum_{j=1}^{m} A_j}$$

Für dreieck- bzw. trapezförmige Zugehörigkeitsfunktionen - auf die wir uns ja beschränken wollen - können Moment und Fläche der abgeschnittenen Fuzzy-Menge anhand einfacher Formeln ermittelt werden (Bild 2.42). Für das Moment ergibt sich

$$M = \frac{H}{6}\left(3m_2^2 - 3m_1^2 + \beta^2 - \alpha^2 + 3m_2\beta + 3m_1\alpha\right)$$

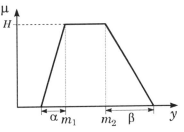

Bild 2.42. Trapezförmige Fuzzy-Menge der Höhe H.

und für die Fläche

$$A = \frac{H}{2}(2m_2 - 2m_1 + \alpha + \beta).$$

Da der MAX-Operator bei der Überlagerung der einzelnen abgeschnittenen Ausgangs-Fuzzy-Mengen bei dieser Vorgehensweise durch die Aufsummation ersetzt wird, liegt hier keine MAX-MIN- bzw. MAX-PROD-Inferenz vor, sondern man spricht von SUM-MIN- bzw. SUM-PROD-Inferenz (siehe Abschnitt 2.3.3). Durch die Aufsummation der Einzelergebnisse wird bewirkt, daß der Einfluß mehrerer aktiver Regeln mit *gleicher* Schlußfolgerung verstärkt wird, während bei MAX-MIN- bzw. MAX-PROD-Inferenz in diesem Fall nur die jeweilige Regel mit maximalem Erfüllungsgrad berücksichtigt wird. Um diesen Effekt zu unterbinden, kann man bei mehreren aktiven Regeln mit der gleichen Schlußfolgerung bei der Aufsummation der Flächen und Momente immer nur die Regel mit dem jeweils höchsten Erfüllungsgrad, d. h. die abgeschnittene Ausgangs-Fuzzy-Menge mit der größten Höhe, berücksichtigen, wie dies auch bei der MAX-MIN-Inferenz der Fall ist. Die angegebene Summenformel stellt dann eine recht brauchbare Näherung für den Schwerpunkt bei MAX-MIN-Inferenz dar. Abweichungen kommen nur noch dadurch zustande, daß die Überlappungsbereiche benachbarter Ergebnis-Fuzzy-Mengen bei der Summenbildung im Gegensatz zur MAX-Operation doppelt in die Berechnung eingehen (Bild 2.43). Die Abweichungen sind in der Regel allerdings vernachlässigbar. Treten keine Überlappungen auf, so ergibt sich nach obiger Summenformel exakt der Schwerpunkt der MAX-MIN-Inferenz-Fläche.

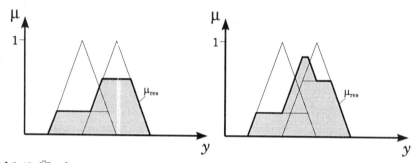

Bild 2.43. Überlagerung zweier abgeschnittener Fuzzy-Mengen durch Maximumbildung (MAX-MIN-Inferenz, links) bzw. Summenbildung (SUM-MIN-Inferenz, rechts).

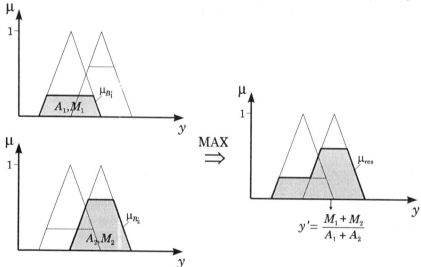

Bild 2.44. Anwendung der Flächen-/Momenten-Näherung zur Schwerpunktberechnung.

Betrachten wir zur Verdeutlichung das in Bild 2.44 skizzierte Beispiel für den Fall zweier aktiver Regeln. Die erste Regel möge die abgeschnittene Fuzzy-Menge $\mu_{B_1'}$ mit der Fläche A_1 und dem Moment M_1 liefern, die zweite die Menge $\mu_{B'_2}$ mit der Fläche A_2 und dem Moment M_2. Dann erhalten wir als Näherungswert für den Abszissenwert des Schwerpunktes der durch MAX-MIN-Inferenz gebildeten resultierenden Ausgangs-Fuzzy-Menge μ_{res}

$$y' = \frac{M_1 + M_2}{A_1 + A_2}.$$

2.4.4 Höhenmethode (Schwerpunktmethode für Singletons)

Sind die linguistischen Terme der Ausgangsgröße y als Singletons definiert, so geht die Schwerpunktberechnung über in eine gewichtete Mittelwertbildung, wie wir sie bereits im einführenden Beispiel dieses Kapitels kennengelernt haben. Die entsprechende Berechnungsformel lautet

$$y' = \frac{\sum_{j=1}^{m} y_j H_j}{\sum_{j=1}^{m} H_j}.$$

Darin ist y_j der Modalwert des zur j-ten Regel gehörigen Ausgangs-Singletons und H_j der Erfüllungsgrad der Regel. Diese Beziehung stellt somit den Spezialfall der im vorigen Abschnitt hergeleiteten Flächen-/Momentenformel für den Fall dar, daß die linguistischen Terme der Ausgangsgröße als Singletons gegeben sind. Da in die Rechenformel direkt die Erfüllungsgrade der Regeln, d. h. die Höhen der entsprechenden abgeschnittenen Ausgangs-Fuzzy-Mengen eingehen, wird diese Defuzzifizierungsmethode als Höhenmethode bezeichnet. Wird die Höhenmethode zusammen mit MAX-MIN- bzw. MAX-PROD-Inferenz benutzt, sollte auch hier bei mehreren aktiven Regeln mit der gleichen Konklusion

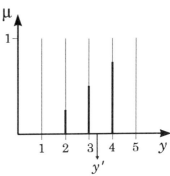

Bild 2.45. Schwerpunktmethode für Singletons.

jeweils nur die Regel mit dem höchsten Erfüllungsgrad in die Summenformel eingehen. Wir betrachten als Beispiel die resultierende Fuzzy-Menge nach Bild 2.45. Wir erhalten für den scharfen Ausgangswert

$$y' = \frac{0.25 \cdot 2 + 0.5 \cdot 3 + 0.75 \cdot 4}{0.25 + 0.5 + 0.75} = 3.33.$$

Sind die Ausgangs-Fuzzy-Mengen keine Singletons, so kann obige Gleichung als Näherungsformel benutzt werden, indem die einzelnen Ergebnis-

Fuzzy-Mengen durch Singletons an ihren Modalwerten ersetzt werden. Dazu betrachten wir Bild 2.46, das eine durch Überlagerung von zwei abgeschnittenen Ausgangs-Fuzzy-Mengen gewonnene resultierende Ausgangs-Fuzzy-Menge zeigt. Die Anwendung der Höhenmethode liefert für den scharfen Ausgangswert

$$y' = \frac{y_1 H_1 + y_2 H_2}{H_1 + H_2} = \frac{2.5 \cdot 0.25 + 4 \cdot 0.75}{0.25 + 0.75} = 3.625.$$

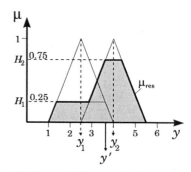

Bild 2.46. Höhenmethode.

2.4.5 Vergleichendes Beispiel

Bevor wir unsere Untersuchungen zum Thema Defuzzifizierung abschließen, wollen wir anhand eines letzten Beispiels die nach den verschiedenen Defuzzifizierungsmethoden generierten scharfen Ausgangswerte vergleichen. Dazu sei die resultierende Ausgangs-Fuzzy-Menge nach Bild 2.47 gegeben.

Wir erhalten zunächst für die Maximum-Methoden:

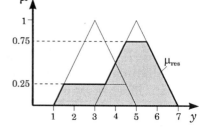

Linker Randwert: $y' = 4.5$

Rechter Randwert: $y' = 5.5$

Mittelwert: $y' = 5$

Bild 2.47. Resultierende Fuzzy-Menge für Beispielrechnung.

Die originale Schwerpunktmethode liefert als Abszissenwert des exakten Schwerpunktes

$$y' = 4.421.$$

Zur Anwendung der Flächen-/Momentennäherung müssen wir zunächst die Flächen und Momente der beiden überlagerten Fuzzy-Mengen ermitteln. Für die linke Menge erhalten wir $m_1 = 1.5, m_2 = 4.5, \alpha = \beta = 0.5, H = 0.25$ und damit

$$M_1 = 2.625$$
$$A_1 = 0.875.$$

Für die rechte Menge ergibt sich $m_1 = 4.5, m_2 = 5.5, \alpha = \beta = 1.5, H = 0.75$ und damit

2.4 Defuzzifizierung

$M_2 = 9.735$

$A_2 = 1.875$.

Somit erhalten wir den scharfen Ausgangswert

$$y' = \frac{M_1 + M_2}{A_1 + A_2} = 4.495.$$

Die Defuzzifizierung nach der Höhenmethode liefert schließlich

$$y' = \frac{y_1 H_1 + y_2 H_2}{H_1 + H_2} = \frac{3 \cdot 0.25 + 5 \cdot 0.75}{0.25 + 0.75} = 4.5.$$

Welche Schlußfolgerungen können wir diesem Beispiel entnehmen? Maximum-Methoden und Schwerpunktverfahren liefern im allgemeinen relativ stark differierende Werte. Je geringer der maximale Erfüllungsgrad ist, um so größer ist die Toleranz der für die Maximum-Methoden maßgeblichen abgeschnittenen Fuzzy-Menge und um so stärker unterscheiden sich demzufolge die nach den unterschiedlichen Maximum-Methoden ermittelten Werte. In unserem Beispiel betrug der maximale Erfüllungsgrad 0.75, so daß die ermittelten Werte noch relativ nah beieinander lagen.

Für regelungstechnische Anwendungen wird man - sofern der Rechenaufwand nicht aus irgendwelchen Gründen dagegen spricht - in der Regel Schwerpunktmethoden einsetzen. Dies hängt insbesondere mit dem Übertragungsverhalten der resultierenden Fuzzy Controller zusammen, das wir in den nachfolgenden Kapiteln noch im Detail studieren werden.

Wie das Beispiel zeigt, liefern die Näherungsverfahren bei erheblich geringerem Aufwand nahezu die gleichen Ergebnisse wie die numerische Integration. Insbesondere die Höhenmethode ist daher für Anwendungen im Bereich Fuzzy Control prädestiniert. Zusätzlich spricht für dieses Verfahren, daß für seine Anwendung die linguistischen Terme der Ausgangsgröße als Singletons definiert werden können - eine Tatsache, die insbesondere auch dann von Bedeutung ist, wenn es um speicherplatzsparende Parametrierung von Fuzzy Controllern geht.

3 Der Fuzzy Controller als nichtlinearer Regler

3.1 Einführung: Lineare Systeme - Theorie und Realität

Betrachten wir die konventionelle Regelungstechnik, so spielen dort *lineare* Systeme eine ausgesprochen dominante Rolle. Die Gründe dafür sind vielschichtig:

- Die Modellierung linearer Systeme führt auf lineare Gleichungen bzw. Differentialgleichungen, für deren Behandlung die Mathematik eine Reihe von mächtigen Werkzeugen - beispielsweise die Laplace-Transformation - zur Verfügung stellt. Auch für die Modellbildung selbst existiert eine Vielzahl von Verfahren, beginnend bei einfachen Modellansätzen (z. B. von Küpfmüller), deren Parameter per Hand mit Papier und Bleistift ermittelt werden können, bis hin zu aufwendigen, numerischen Parameterschätzverfahren, mit deren Hilfe auch Modelle hoher Ordnung bestimmt werden können. Wegen des Superpositionsprinzips reicht es dabei aus, das Systemverhalten bezüglich eines einzigen Arbeitspunktes zu betrachten.

- Für die Synthese linearer Regelkreise steht eine umfangreiche Sammlung von Entwurfsverfahren zur Verfügung. Diese umfassen nahezu alle Regelkreisstrukturen, beginnend beim einschleifigen Standardregelkreis über Kaskadenregelungen bis hin zu Zustandsregelkreisen mit oder ohne Beobachter. Auch hier reicht die Palette von einfachen Einstellregeln (sogenannten *Faustformelverfahren*) über Verfahren im Frequenzbereich bis zu Zustandsraummethoden wie dem Riccati-Entwurf.

- Die Frage nach der Stabilität eines linearen Regelkreises, sei es in Form der Eingangs-Ausgangs-Stabilität oder im Sinne des asymptotischen Abklingens aller Eigenbewegungen, kann anhand verschiedener numerischer oder grafischer Kriterien, wie sie beispielsweise von Routh oder Nyquist angegeben wurden, eindeutig und in der Regel auch ohne allzu großen Aufwand geklärt werden.

Demgegenüber existiert für *nichtlineare* Systeme keine derartige geschlossene Theorie. Der Grund dafür liegt im wesentlichen darin, daß die Nichtlinearitäten sehr unterschiedlicher Natur sein können, so daß mathematische Modelle, Entwurfsverfahren oder Stabilitätsaussagen immer nur für eine begrenzte Klasse von speziellen Nichtlinearitäten brauchbar sind. Innerhalb eines Regelungssystems können Nichtlinearitäten an nahezu allen Stellen auftreten: in der Regelstrecke selbst, in den Sensoren, im Regler oder auch im Stellglied. Nichtlinearitäten sind zumeist unerwünscht, da sie die Systemdynamik in der Regel verschlechtern. Man kann sie jedoch - wie wir gleich sehen werden - auch gezielt einsetzen, um beispielsweise durch Kompensation anderer Nichtlinearitäten das gewünschte Verhalten des Regelkreises herbeizuführen. Kein reales System ist wirklich *exakt* linear, die Frage ist nur, "wie genau" man hinsehen muß, um die Nichtlinearitäten zu entdecken. Die allgemein als linear bezeichneten Systeme sind also genaugenommen nichts anderes als nichtlineare Systeme mit - in bezug auf das zu lösende Problem - vernachlässigbaren Nichtlinearitäten.

Leider lassen sich reale Systeme von den Errungenschaften der linearen Regelungstheorie nur wenig beeindrucken. Nicht nur, daß sie mehr oder weniger gravierende Nichtlinearitäten aufweisen - häufig sind sie auch zeitvariant und/oder weisen verteilte Parameter auf. Treten im realen Betrieb nur geringe Abweichungen vom Arbeitspunkt einer Regelstrecke auf, kann man sich oftmals durch eine Linearisierung um den Arbeitspunkt helfen - sofern überhaupt ein mathematisches Modell der Strecke vorliegt. Letzteres dürfte bei den erwähnten Prozessen nämlich eher die Ausnahme als die Regel sein. Bei hochgradig nichtlinearen Systemen oder Parametervariationen im Betrieb wird jedoch ein für einen bestimmten Arbeitspunkt entworfener linearer Regler nur eine ungenügende Regelgüte liefern. In solchen Fällen kommt man um eine Parameteradaption oder den Einsatz eines nichtlinearen Reglers nicht umhin. Hier schlägt die Stunde des Fuzzy Controllers: Er stellt einen äußerst flexiblen, in linguistischer Form parametrierbaren nichtlinearen Regler dar, der optimal an die Prozeßdynamik angepaßt ist (oder besser: angepaßt werden kann). In Kombination mit konventionellen Reglern ergeben sich darüber hinaus vielfältige Möglichkeiten zum Aufbau hybrider und adaptiver Regelungssysteme. Dies zu zeigen wird die Aufgabe der nachfolgenden Kapitel sein.

3.2 Struktur des Fuzzy Controllers

Ein Fuzzy Controller kann zunächst einmal ganz unabhängig von seiner Wirkungsweise interpretiert werden als ein Übertragungssystem mit Eingängen und Ausgängen. Die Wirkungsweise des Controllers wird dann charakterisiert durch sein Übertragungsverhalten, das den Einfluß der Eingangsgröße(n) auf die Ausgangsgröße(n) beschreibt. Dieses Übertragungsverhalten ist beim Fuzzy Controller zunächst primär in linguistischer, qualitativer Form gegeben; erst durch die Festlegung von Fuzzy-Mengen, Operatoren und Inferenz- bzw. Defuzzifizierungsmechanismen wird das quantitative Übertragungsverhalten festgelegt, welches dann letztendlich bei der Realisierung des Controllers umgesetzt wird. Bild 3.1 zeigt einen derarti-

3.2 Struktur des Fuzzy Controllers

gen, als Übertragungssystem mit n Eingängen $e_1, e_2, \ldots, e_n$ und einem Ausgang u interpretierten Fuzzy Controller. Wie bei Reglern üblich, wird die Ausgangsgröße im allgemeinen als *Stellgröße* bezeichnet. Dabei bedeutet die Beschränkung auf eine Stellgröße keine grundsätzliche Einschränkung, da sich ein Fuzzy Controller mit mehreren Ausgängen jederzeit als Parallelschaltung mehrerer Fuzzy Controller mit jeweils einem Ausgang realisieren läßt.

Bild 3.1. Fuzzy Controller als Übertragungssystem mit n Eingangsgrößen und einer Ausgangsgröße.

Sowohl die Eingangsgrößen des Fuzzy Controllers als auch seine Ausgangsgröße weisen *scharfe* Werte auf. Von außen als "Black Box" betrachtet, unterscheidet er sich zunächst also in keinster Weise von üblichen Übertragungsgliedern, wie sie konventionelle Regelstrecken, Regler oder auch Stellglieder repräsentieren. Erst beim Eindringen in sein "Innenleben" tritt seine Unschärfe zutage. Dies erkennen wir sofort, wenn wir Bild 3.2 betrachten. Es zeigt den strukturellen Aufbau unseres Fuzzy Controllers, in dem wir alle aus Kapitel 2 wohlbekannten Komponenten eines Fuzzy-Systems wiederfinden:

- Die *Fuzzifizierung* der scharfen Eingangsgrößen, d. h. die Überführung der scharfen Eingangswerte in die Zugehörigkeitsgrade bezüglich der linguistischen Terme der entsprechenden Eingangsgröße
- Den *Inferenzvorgang*, d. h. die Auswertung der Regelbasis für die aktuell vorliegenden fuzzifizierten Eingangsgrößen und die Überlagerung der einzelnen Ergebnis-Fuzzy-Mengen zur resultierenden Ausgangs-Fuzzy-Menge
- Die *Defuzzifizierung* der resultierenden Ausgangs-Fuzzy-Menge, d. h. die Rückwandlung in einen scharfen Wert der Stellgröße.

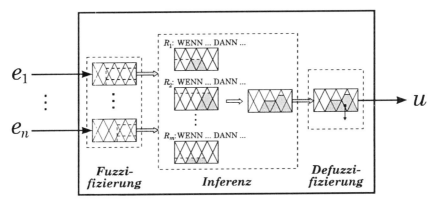

Bild 3.2. Innenleben eines Fuzzy Controllers.

Zur Beeinflussung des Übertragungsverhaltens des Fuzzy Controllers stehen uns also folgende Freiheitsgrade zur Verfügung:

- Die *Zugehörigkeitsfunktionen* für die linguistischen Terme der Eingangsgrößen und der Stellgröße. Dazu gehören jeweils der *Typ* der Zugehörigkeitsfunktion und die entsprechenden *Parameter*.
- Die Operatoren für die logische UND- bzw. ODER-Verknüpfung der Regel-Teilprämissen.
- Die Regelbasis.
- Der Inferenzmechanismus, bestehend aus:
  - Dem Operator für die Fuzzy-Implikation, d. h. die Modellierung einer einzelnen WENN... DANN...-Regel.
  - Dem Operator für die Überlagerung der Ergebnis-Fuzzy-Mengen der einzelnen Regeln.
- Das Defuzzifizierungsverfahren.

In der Regel sind nicht alle Möglichkeiten, die die Fuzzy-Logik bietet, für Fuzzy Control-Anwendungen sinnvoll; wir sind darauf in Kapitel 2 bereits an einigen Stellen eingegangen. Wir wollen daher für die folgenden Betrachtungen folgende Einschränkungen bezüglich der oben angesprochenen Freiheitsgrade machen:

- Für die linguistischen Terme der Eingangsgrößen werden dreieck- bzw. trapezförmige Zugehörigkeitsfunktionen gewählt; für die Stellgrößen können je nach Defuzzifizierungsart auch Singletons sinnvoll sein.
- Für die logische UND-Verknüpfung wird grundsätzlich der MIN-Operator, für die logische ODER-Verknüpfung der MAX-Operator gewählt.
- Es werden nur MAX-MIN- und MAX-PROD-Inferenz betrachtet.

3.3 Übertragungsverhalten des Fuzzy Controllers

Die Charakterisierung technischer - aber auch andersartiger - Systeme erfolgt in der Regel anhand ihres *Übertragungsverhaltens*, d. h. des Zusammenhangs zwischen dem zeitlichen Verlauf der Ausgangsgröße(n) des Systems und den zeitlichen Verläufen der Eingangsgröße(n). Der Typ des entsprechenden mathematischen Modells zur Beschreibung des Übertragungsverhaltens hängt dabei vom Vorhandensein oder Nichtvorhandensein bestimmter Systemeigenschaften wie Linearität, Zeitinvarianz usw. ab. Tabelle 3.1 gibt einen Überblick über die wichtigsten Systemeigenschaften.

3.3 Übertragungsverhalten des Fuzzy Controllers

statisch	↔	dynamisch
linear	↔	nichtlinear
zeitinvariant	↔	zeitvariant
kontinuierlich	↔	zeitdiskret
konzentriert-parametrig	↔	verteilt-parametrig
deterministisch	↔	stochastisch
kausal	↔	nichtkausal
stabil	↔	instabil

Tabelle 3.1. Eigenschaften technischer Systeme.

Wie läßt sich ein Fuzzy Controller in dieses Schema einordnen? Betrachten wir noch einmal den Ablauf im Inneren des Fuzzy Controllers mit den Schritten Fuzzifizierung, Inferenz und Defuzzifizierung, so wird schnell klar, daß der Stellgrößenwert u zum Zeitpunkt t vollständig und eindeutig bestimmt ist durch die Eingangsgrößenwerte zu diesem Zeitpunkt; zeitlich weiter zurückliegende Eingangsgrößenwerte werden zu seiner Berechnung nicht benötigt.[10] Der Fuzzy Controller besitzt also keinerlei *Erinnerung* und stellt damit ein rein *statisches Übertragungsglied* dar. Er gehört somit der Gruppe der Kennlinien- bzw. Kennfeldregler an, deren einfachste Formen wie Zwei- oder Dreipunktregler seit langem zum regelungstechnischen Repertoire gehören. Möchte man einem Fuzzy Controller dagegen z. B. PID-ähnliches Verhalten geben, so muß die Nachbildung des dynamischen Verhaltens *außerhalb* des eigentlichen Controllers in einer Art *Meßwertaufbereitung* vonstatten gehen (Bild 3.3). Die Gesamtstruktur - bestehend aus Meßgrößenaufbereitung und Fuzzy Controller-Kern - stellt dann wiederum einen dynamischen Regler dar. Auf ähnliche Weise ist auch eine Stellgrößennachbereitung - etwa durch einen nachgeschalteten Integrierer - möglich (siehe dazu z. B. auch [JOH94]).

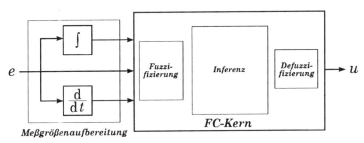

Bild 3.3. Erzeugung einer dynamischen Reglercharakteristik durch eine vorgeschaltete Meßgrößenaufbereitung.

---

[10] In bestimmten Fällen ist diese Aussage nicht mehr ganz korrekt. Wir werden darauf an späterer Stelle noch einmal eingehen.

Das Übertragungsverhalten eines Fuzzy Controllers wird im allgemeinen mehr oder weniger nichtlinear sein, wobei Art und Ausprägung der Nichtlinearität durch die Freiheitsgrade des Reglers, im wesentlichen also durch Zugehörigkeitsfunktionen und Regelbasis bestimmt werden. Durch geeignete Modifikationen kann dem Fuzzy Controller im Prinzip beliebiges Übertragungsverhalten verliehen werden. Wir wollen zu diesem Punkt im folgenden einige grundsätzliche Untersuchungen durchführen. Zur leichteren Veranschaulichung werden wir uns dabei zunächst auf Fuzzy Controller mit nur einem Eingang beschränken, so daß sich das Übertragungsverhalten durch eine statische Kennlinie beschreiben läßt. Die meisten unserer Erkenntnisse lassen sich anschließend völlig analog auf den Fall mehrerer Eingänge übertragen.

Die zeitveränderlichen Größen innerhalb eines Regelkreises können meist sowohl positive als auch negative Werte annehmen. Wir wollen daher als Wertebereich für die Ein- und Ausgangsgrößen des Fuzzy Controllers das normierte Intervall [-1, 1] wählen. Als Bezeichner für die linguistischen Terme haben sich folgende Begriffe eingebürgert, die wir ab sofort übernehmen wollen:

Negative_Big (NB) → "stark negativ"

Negative_Medium (NM) → "mittel negativ"

Negative_Small (NS) → "schwach negativ"

Zero (ZO) → "null"

Positive_Small (PS) → "schwach positiv"

Positive_Medium (PM) → "mittel positiv"

Positive_Big (PB) → "stark positiv"

Wir wollen für Eingangs- und Stellgröße zunächst jeweils nur drei linguistische Terme definieren, die mit *Negative_Big*, *Zero* und *Positive_Big* bezeichnet werden sollen. Die Regelbasis möge aus den Regeln

R_1: WENN $e = NB$ DANN $u = NB$

R_2: WENN $e = ZO$ DANN $u = ZO$

R_3: WENN $e = PB$ DANN $u = PB$

Diese Regelbasis bewirkt also qualitativ, daß die Stellgröße mit zunehmender Eingangsgröße - also beispielsweise Regelabweichung - wächst. Als Inferenzmechanismus wählen wir zunächst MAX-MIN-Inferenz und zur Defuzzifizierung die (randerweiterte) Schwerpunktmethode.

Unser erstes Augenmerk soll dem Einfluß des Überlappungsgrades der Eingangsgrößen-Fuzzy-Mengen gelten. Daher wählen wir drei verschiedene Konstellationen für die Verteilung der Prämissen-Terme; die Stellgrößen-

Fuzzy-Mengen bleiben jedesmal gleich. Bild 3.4 zeigt die entsprechenden Verteilungen sowie die daraus resultierenden Regler-Kennlinien.

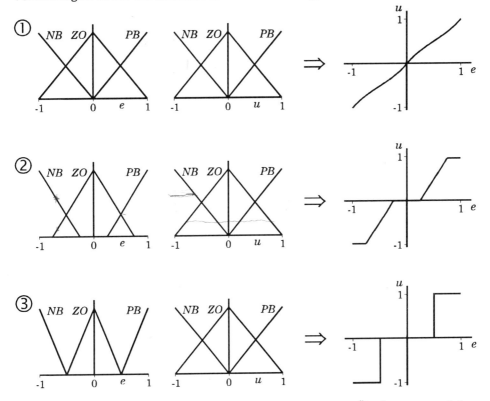

Bild 3.4. Resultierende Regler-Kennlinien bei unterschiedlichem Überlappungsgrad der Eingangsgrößen-Fuzzy-Mengen.

Wir wollen uns die Entstehung der Übertragungskennlinie ausgehend vom zweiten Fall (Kennlinie ②) verdeutlichen (Bild 3.5). Betrachten wir zunächst einen Eingangswert von $e' = -0.8$ (oberstes Teilbild). Für diesen Eingangswert ist nur Regel R_1 aktiv. Der scharfe Ausgangswert u' ergibt sich also als Abszissenwert des Schwerpunktes der (symmetrisch erweiterten) abgeschnittenen Randmenge NB der Stellgröße. Wir erhalten damit unabhängig vom Erfüllungsgrad der Regel eine scharfe Stellgröße von -1.

Für die scharfen Eingangswerte $e' = -0.6$ bzw. $e' = -0.4$ sind zwei Regeln, nämlich R_1 und R_2, aktiv. Während für den ersten Eingangswert R_1 den höheren Erfüllungsgrad aufweist, erhält man im zweiten Fall für R_2 einen höheren Wert. Die scharfe Stellgröße ergibt sich aus dem Schwerpunkt der beiden abgeschnittenen Fuzzy-Mengen NB und ZO je nach Erfüllungsgrad der beiden Regeln.

Erhöhen wir die Eingangsgröße weiter, erreicht bei einem Wert von $e' = -0.25$ der Erfüllungsgrad der ersten Regel den Wert Null, es ist also nur noch die zweite Regel aktiv. Wir erhalten jetzt also solange einen konstanten Stellgrößenwert von null, bis die Eingangsgröße den Wert 0.25 erreicht. Dann wird nämlich Regel R_3 aktiv, und wir erreichen die zweite ansteigende Flanke der Regler-Kennlinie.

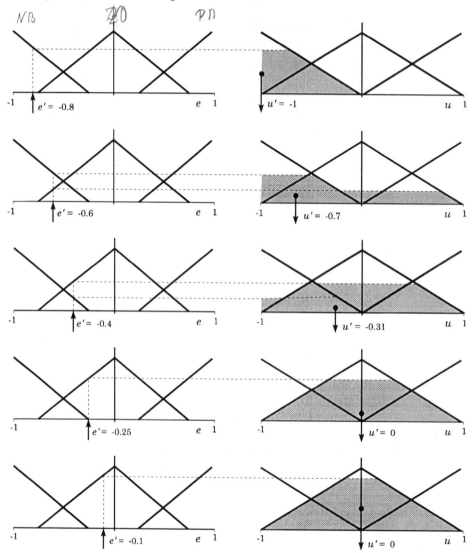

Bild 3.5. Entstehung der Übertragungskennlinie für Fall ②.[11]

---

[11] Die symmetrische Erweiterung der Randmengen ist aus Gründen der Übersichtlichkeit nicht eingetragen.

3.3 Übertragungsverhalten des Fuzzy Controllers

Wir erkennen unschwer, daß die Überlappungsbereiche der Eingangsgrößen-Fuzzy-Mengen dafür verantwortlich sind, daß jeweils mehrere (hier zwei) Regeln aktiv sind. Die resultierende Stellgrößen-Fuzzy-Menge setzt sich dann aus mehreren abgeschnittenen Fuzzy-Mengen zusammen, und der scharfe Stellgrößenwert ist abhängig vom Erfüllungsgrad der einzelnen aktiven Regeln. Für scharfe Eingangswerte außerhalb des Überlappungsbereiches ist immer nur genau eine Regel aktiv, so daß wir dort unabhängig von ihrem Erfüllungsgrad immer einen konstanten Stellgrößenwert erreichen. Bild 3.6 verdeutlicht diesen Tatbestand noch einmal.

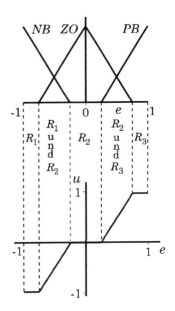

Bild 3.6. Aktivitätsbereiche der einzelnen Regeln.

Damit ist auch klar, wie die Fälle ① und ③ in Bild 3.4 entstehen: Erhöhen wir den Überlappungsgrad solange, bis die Stellgrößen-Fuzzy-Mengen NB und PB aneinanderstoßen, so wird der Bereich konstanter Stellgrößenwerte immer kleiner, bis schließlich im Grenzfall ① für jeden scharfen Eingangswert immer genau zwei Regeln aktiv sind und die entsprechende kontinuierlich ansteigende Kennlinie entsteht. Lassen wir demgegenüber, wie in Fall ③ skizziert, den Überlappungsgrad gegen null laufen, so ist immer nur genau eine Regel aktiv, und wir erhalten eine stufenförmige Kennlinie.

Betrachten wir Fall ① noch etwas genauer, so erkennen wir, daß die Kennlinie eine leichte Wellenform aufweist und nicht - wie man vielleicht hätte vermuten können - exakt linear ist. Auch die beiden ansteigenden Flanken der Kennlinie im Fall ② sind nicht exakt linear, wie sich durch eine entsprechende Ausschnittvergrößerung leicht nachweisen läßt. Dieses Phänomen hängt damit zusammen, daß wir *dreieckförmige*, sich *überlappende* Fuzzy-Mengen für die Stellgröße gewählt haben. Bei einer aus zwei abgeschnittenen, sich überlappenden dreieckförmigen Fuzzy-Mengen zusammengesetzten resultierenden Fuzzy-Menge verschiebt sich der Abszissenwert des Schwerpunkts nämlich *nicht* linear, wenn die Abschneidehöhe der einen Fuzzy-Menge linear erhöht und die der zweiten Fuzzy-Menge entsprechend linear erniedrigt wird. Um die Linearität zu erzwingen, müssen wir dafür sorgen, daß sich Fläche und Moment der abgeschnittenen Fuzzy-Mengen linear mit der Abschneidehöhe ändern und außerdem keine Verzerrung durch Überlappung auftritt. Dies ist z. B. dann der Fall, wenn die Stellgrößen-Fuzzy-Mengen *rechteckförmige* Zugehörigkeitsfunktionen aufweisen, die Mengen also scharfe Mengen sind. Wir können eine exakt lineare Kennlinie also beispielsweise dadurch erreichen, daß wir als Stellgrößen-Fuzzy-Mengen *Singletons* wählen, da diese ja nichts anderes als rechteckförmige Zugehörigkeitsfunktionen mit unendlich kleiner Breite sind. In Kombination mit der Schwerpunktmethode für Singletons (Höhenmethode, s. Abschnitt 2.4.4) zur Defuzzifizierung erhalten wir in diesem Fall bei voller Überlappung der Eingangsgrößen-Fuzzy-Mengen eine lineare Kennlinie (Bild 3.7). Exakt die gleiche Kennlinie ergibt sich natürlich auch dann, wenn wir für die Stellgröße die ursprünglichen, sich überlappenden dreieckförmigen Fuzzy-Mengen beibehalten, aber zur Defuzzifizierung nicht die exakte (randerweiterte) Schwerpunktmethode, sondern die Höhenmethode anwenden, da diese die dreieckförmigen Stellgrößen-Fuzzy-Mengen ja durch entsprechende Singletons ersetzt.

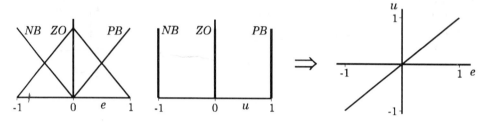

Bild 3.7. Übertragungsverhalten bei voller Überlappung der Eingangsgrößen-Fuzzy-Mengen und Singletons auf der Stellgröße.

Wir wollen anhand eines einfachen Beispiels überprüfen, inwieweit sich die unterschiedlichen Kennlinien auf das dynamische Verhalten des geschlossenen Regelkreises auswirken. Dazu wählen wir einen einfachen einschleifigen Regelkreis nach Bild 3.8, wobei die Regelstrecke eine Reihenschaltung eines nicht schwingfähigen PT_2-Glieds (mit einer doppelten Zeitkonstanten von 1 s und einer Verstärkung von 1) und einer Totzeit von 0.1 s sein soll. Die Führungsgröße sei ein Einheitssprung.

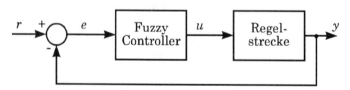

Bild 3.8. Regelkreisstruktur für Kennlinienvergleich.

Bild 3.9 zeigt die zugehörigen Simulationsergebnisse für die Stellgröße u und die Regelgröße y des Regelkreises. Die Kurvenbezeichnungen entsprechen den Fällen ① bis ③ aus Bild 3.4, Kurve ④ entspricht der linearen Kennlinie nach Bild 3.7. Wir erkennen, daß sich für die "fast" lineare Wellenlinie (Fall ①) und den exakt linearen Regler (Fall ④) nahezu identische Ergebnisse einstellen. Der Fuzzy Controller mit nur teilweiser Überlappung (Fall ②) führt bei der gewählten Regelstrecke zu einem etwas steileren Anstieg der Regelgröße, was aber mit einem erhöhten Überschwingen verbunden ist. Die Stufenkennlinie (Fall ③) schließlich resultiert in einer für Mehrpunktregler typischen ungedämpften Dauerschwingung, die durch das

3.3 Übertragungsverhalten des Fuzzy Controllers

ständige Hin- und Herschalten zwischen den beiden Stellgrößenwerten 0 und 1 bewirkt wird.

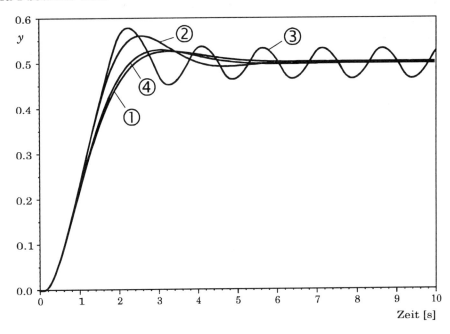

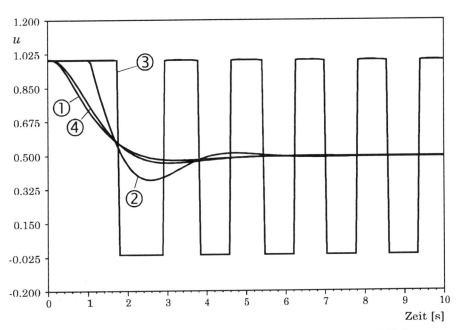

Bild 3.9. Simulationsergebnisse für Regelgrößenverlauf (oberes Teilbild) bzw. Stellgrößenverlauf (unteres Teilbild).

Kehren wir zurück zur Untersuchung des Übertragungsverhaltens des Fuzzy Controllers selbst. Da sich der Abszissenwert des Schwerpunktes einer abgeschnittenen Fuzzy-Menge nicht (bei symmetrischen Fuzzy-Mengen) oder nur unwesentlich ändert, wenn die Breite der Fuzzy-Menge modifiziert wird, ist unmittelbar klar, daß der Einfluß des Überlappungsgrades der *Stellgrößen*-Fuzzy-Mengen auf das Übertragungsverhalten von untergeordneter Bedeutung ist, solange alle Stellgrößen-Fuzzy-Mengen die gleiche Breite aufweisen. Lediglich die *Lage* der Fuzzy-Menge, d. h. ihr Modalwert, ist dann entscheidend. Zum Nachweis wiederholen wir die Betrachtungen aus Bild 3.4, wobei jetzt jedoch die Eingangsgrößen-Terme in allen drei Fällen volle Überlappung aufweisen sollen, während der Überlappungsgrad der Stellgrößen-Fuzzy-Mengen variiert wird. Bild 3.10 zeigt die entsprechenden Ergebnisse. Die erhaltenen Kennlinien sind nahezu identisch. Daher reicht es im Bereich Fuzzy Control häufig aus, wenn auf dreieckförmige Stellgrößen-Terme gänzlich verzichtet wird und statt dessen Singletons zum Einsatz kommen.

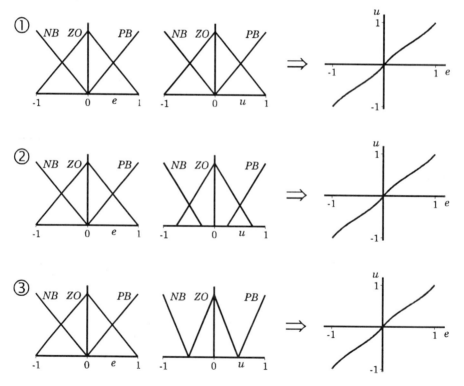

Bild 3.10. Einfluß des Überlappungsgrades der Stellgrößen-Fuzzy-Mengen.

Anders stehen die Verhältnisse natürlich, wenn die Einflußbreiten der Stellgrößen-Fuzzy-Mengen - weiterhin äquidistante Verteilung der Modalwerte wie bisher vorausgesetzt - unterschiedlich gewählt werden. In diesen

Fällen besitzen diejenigen Fuzzy-Mengen mit einer größeren Einflußbreite eine größere Fläche und damit ein höheres Moment als diejenigen geringerer Breite, so daß die entsprechenden Regeln "mehr Gewicht erhalten". Die Kennlinie wird dementsprechend deformiert. Bild 3.11 zeigt dies an zwei Beispielen: Wählt man die Einflußbreite des Stellgrößenterms ZO geringer (Fall ②), so erhöht sich die Steigung der Kennlinie im Gültigkeitsbereich der zweiten Regel, setzt man dagegen die Breite herauf (Fall ③), verläuft die Kennlinie in diesem Bereich deutlich flacher.

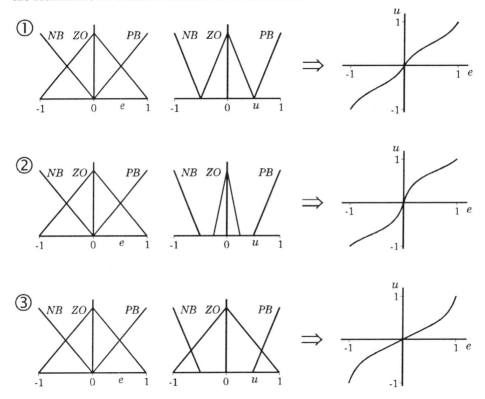

Bild 3.11. Modifikation der Einflußbreite einzelner Terme der Stellgröße.

Bei Verwendung einer der Schwerpunktmethoden zur Defuzzifizierung erhalten wir also in denjenigen Bereichen der Eingangsgrößen, wo mehrere Regeln aktiv sind, durch den Mittelungscharakter dieser Defuzzifizierungsverfahren kontinuierliche Verläufe der Übertragungskennlinien. Defuzzifizieren wir dagegen nach der Maximum-Methode mit Wahl des Mittelwerts (s. Abschnitt 2.4.1), so ist nur die Regel mit dem jeweils höchsten Erfüllungsgrad entscheidend für die Bestimmung des scharfen Stellgrößenwertes. Wir erhalten daher beim Wechsel der maßgebenden Regel im allgemeinen *sprungförmige* Änderungen der Stellgröße - die Übertragungskennlinien sind somit stufenförmig und entsprechen denen eines Mehrpunktreglers, häufig auch als *Multirelaischarakteristik* bezeichnet. Der Überlappungsgrad der Eingangsgrößenterme ist in diesem Fall unerheblich (Bild 3.12).

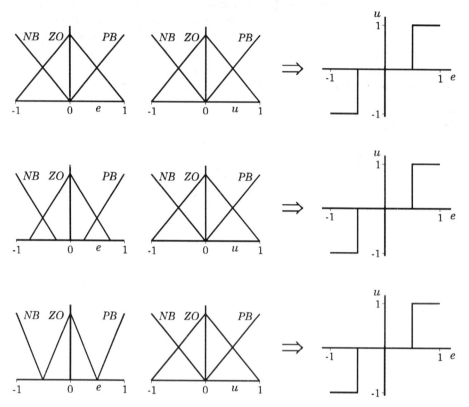

Bild 3.12. Erzeugung von Mehrpunktreglern unabhängig vom Überlappungsgrad der Eingangsgrößenterme durch Defuzzifizierung nach der Methode der maximalen Höhe.

Kehren wir zurück zur Defuzzifizierung nach der (randerweiterten) Schwerpunktmethode, wechseln wir aber den Inferenzmechanismus zur MAX-PROD-Inferenz. Wir wollen hier lediglich Fall ① aus Bild 3.4 betrachten (volle Überlappung der Eingangsgrößenterme). Bild 3.13 zeigt die resultierende Kennlinie im Vergleich zur entsprechenden Charakteristik bei MAX-MIN-Inferenz. Für diejenigen Eingangswerte, bei denen nur *eine* aktive Regel mit dem Erfüllungsgrad eins auftritt - dies sind die Eingangswerte -1, 0, und 1 - liefern beide Inferenzmechanismen die gleichen Werte, da das "Abschneiden" der Stellgrößen-Fuzzy-Menge bei der

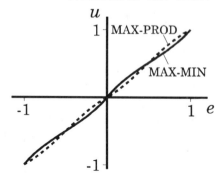

Bild 3.13. Vergleich von MAX-MIN- und MAX-PROD-Inferenz für Fall ①.

MAX-MIN-Inferenz hier mit dem "Umskalieren" der MAX-PROD-Inferenz identisch ist. Zwei weitere Schnittpunkte der Kennlinien ergeben sich für $e = -0.5$ bzw. $e = 0.5$, da hier jeweils zwei Regeln mit dem gleichen Erfüllungsgrad (nämlich 0.5) aktiv sind. In den dazwischenliegenden Bereichen weisen die Kennlinien nur geringfügige Unterschiede auf. Wir können daher davon ausgehen, daß MAX-MIN- und MAX-PROD-Inferenz in der Regel zu qualitativ sehr ähnlichen Ergebnissen führen. Da bei MAX-PROD-Inferenz durch die Multiplikation der Stellgrößen-Fuzzy-Menge aktiver Regeln mit dem Erfüllungsgrad jedoch im Gegensatz zum Abschneiden bei MAX-MIN-Inferenz ein linearer Zusammenhang zwischen Erfüllungsgrad und Fläche bzw. Moment der modifizierten Fuzzy-Menge entsteht - und zwar unabhängig von der Form der Stellgrößen-Fuzzy-Mengen, also auch bei dreieckförmigen Mengen - erhalten wir hier bei sich nicht überlappenden Stellgrößentermen auch dann einen exakt linearen Zusammenhang, wenn die Stellgrößen-Fuzzy-Mengen dreieck- oder trapezförmig sind, und nicht nur - wie bei MAX-MIN-Inferenz gezeigt - im Falle von Singletons bzw. rechteckförmigen Stellgrößentermen (Bild 3.14).

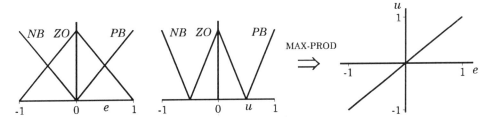

Bild 3.14. Lineare Kennliniencharakteristik bei MAX-PROD-Inferenz und keiner Überlappung der Stellgrößen-Fuzzy-Mengen (vgl. Bild 3.10, Fall ③!).

Die bisherigen Untersuchungen lassen bereits erkennen, daß sich Fuzzy Controller im Prinzip zur Realisierung *beliebiger* Kennlinienverläufe (bzw. Kennfelder) heranziehen lassen. Welcher Aufwand - sprich, welche Anzahl von linguistischen Ein- und Ausgangstermen - dazu notwendig ist, hängt von der Art der gewünschten Kennlinie und der erforderlichen Genauigkeit der Approximation ab. So lassen sich, wie wir bereits gesehen haben, beispielsweise für stückweise lineare Kennlinien auf einfache Weise die entsprechenden Fuzzy-Mengen für Eingangs- und Stellgröße ermitteln. Nehmen wir etwa die Kennlinie nach Bild 3.15, die aus fünf linearen Abschnitten besteht. Wir wollen die Auslegung des entsprechenden Fuzzy Controllers zur Realisierung dieser Kennlinie schrittweise durchführen. Die

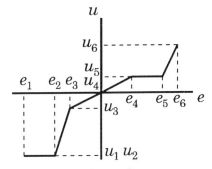

Bild 3.15. Stückweise lineare Kennlinie.

angestrebte Kennlinie beruht auf sechs Stützpunkten (e_i, u_i), so daß wir zur Nachbildung jeweils sechs linguistische Terme der Eingangs- bzw. Stellgröße benötigen. Diese wollen wir der Einfachheit halber mit *1, 2, 3, 4, 5* und *6* bezeichnen. Um die stückweise linearen Übergänge zwischen den Stützpunkten zu erzeugen, müssen wir dafür sorgen, daß immer genau zwei Regeln aktiv sind, zwischen deren Prämissen dann gemittelt wird. Daher wählen wir auf der Eingangsseite dreieckförmige Zugehörigkeitsfunktionen, von denen eine jede ihren Modalwert an einer Stützstelle e_i besitzt und die sich vollständig überlappen. Zum Erreichen eines exakt linearen Zwischenverlaufs wählen wir auf der Stellgrößenseite Singletons, deren Modalwerte an den Stützstellen u_i liegen. Bild 3.16 zeigt die entsprechenden Verteilungen. Als Inferenzmechanismus können wir MAX-MIN-Inferenz wählen, zur Defuzzifizierung die Schwerpunktmethode für Singletons (Höhenmethode).

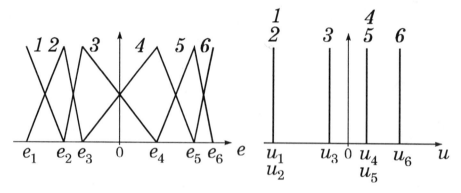

Bild 3.16. Mögliche Kombination von Eingangs- und Stellgrößentermen zur Erzeugung der Kennlinie nach Bild 3.15.

Die "passende" Regelbasis lautet dann logischerweise

R_1: WENN $e = 1$ DANN $u = 1$

R_2: WENN $e = 2$ DANN $u = 2$

R_3: WENN $e = 3$ DANN $u = 3$

R_4: WENN $e = 4$ DANN $u = 4$

R_5: WENN $e = 5$ DANN $u = 5$

R_6: WENN $e = 6$ DANN $u = 6$

Da die Steigung der Kennlinie zwischen e_1 und e_2 bzw. zwischen e_4 und e_5 null ist, sind die entsprechenden Singletons identisch. Wir könnten hier also jeweils einen der beiden Stellgrößenterme streichen und die Regelbasis entsprechend modifizieren.

3.3 Übertragungsverhalten des Fuzzy Controllers

Im Gegensatz zu den bisherigen Beispielen sind die Fuzzy-Mengen für die Eingangsgrößen hier nicht mehr symmetrisch um ihren Modalwert. Die Unsymmetrie folgt daraus, daß die Stützstellenwerte e_i nicht äquidistant verteilt sind, sondern die einzelnen Abschnitte der Kennlinie eine unterschiedliche Länge bezüglich e besitzen.

Nach diesem Schema lassen sich die verschiedensten Kennlinienformen durch eine stückweise lineare Kennlinie nachbilden. Je höher die Zahl der Stützpunkte - also der linguistischen Terme auf der Ein- und Ausgangsseite - gewählt wird, um so genauer wird die Approximation. Im Grenzfall (z. B. zur Nachbildung einer sinusförmigen Kennlinie) sind für eine exakte Approximation unendlich viele Terme notwendig.

Alle bisher betrachteten Beispiele wiesen eine wesentliche Gemeinsamkeit auf: Für jeden scharfen Eingangsgrößenwert war immer *mindestens eine Regel* der Regelbasis aktiv. Diese Voraussetzung ist natürlich nicht zwingend. Tritt beispielsweise bei der Überdeckung des physikalischen Wertebereichs einer Eingangsgröße mit linguistischen Termen eine "Lücke" auf (Bild 3.17), so ist innerhalb dieser Lücke zwangsläufig keine Regel aktiv.

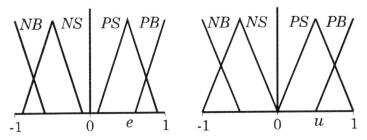

Bild 3.17. Fuzzy Controller mit lückenhafter Überdeckung des Eingangsgrößen-Wertebereichs: Für Werte $-0.1 < e < 0.1$ ist keine Regel aktiv.

An dieser Stelle wird vermutlich der Einwand "Das macht doch so keiner!" kommen - und der ist natürlich berechtigt. Derartige Definitionslücken lassen sich bei der Festlegung der linguistischen Terme leicht erkennen und damit auch vermeiden. Sie stellen jedoch nicht die einzige Möglichkeit dar, eine "regelfreie" Eingangsgrößenkombination herbeizuführen. Gerade bei komplexeren Fuzzy Controllern mit einer Vielzahl von Eingängen und linguistischen Termen wird man häufig nämlich nur einen Teil des (sehr großen) Regelraumes vollständig mit Regeln belegen, während man in Bereichen fernab vom Arbeitspunkt des Systems eine mehr oder weniger spärliche Belegung vornehmen wird, da sich das System dort "normalerweise" nicht aufhält (siehe auch Abschnitt 3.4.5). Natürlich muß der Fuzzy Controller in solchen Fällen eine Vorschrift erhalten, welchen Stellgrößenwert er zu generieren hat für den Fall, daß keine Regel aktiv ist. Hier sind verschiedene Möglichkeiten denkbar. Die üblichsten Vorgehensweisen sind folgende:

- Der Fuzzy Controller gibt unabhängig von den aktuellen Eingangsgrößen einen *festen Vorgabewert*, z. B. 0, aus.
- Der Fuzzy Controller behält den *letzten gültigen Stellgrößenwert* bei, bis wieder eine "gültige" Eingangsgrößenkombination auftritt. Sofern unmittelbar nach der Initialisierung des Controllers bereits eine ungültige Eingangsgrößenkombination auftreten kann, muß hierfür zusätzlich ein Vorgabewert zur Verfügung stehen.

Fall 2 verdient unsere besondere Beachtung: Die Formulierung "letzter gültiger Stellgrößenwert" besagt nämlich, daß der aktuelle Stellgrößenwert nicht mehr allein von den aktuellen Eingangswerten, sondern auch von *zeitlich zurückliegenden* Werten abhängt, nämlich gerade von der letzten gültigen Eingangsgrößenkombination. Der Controller besitzt bei dieser Vorgehensweise also ein "Gedächtnis" und ist somit kein rein statisches System mehr.

Bezogen auf die Kennlinie bzw. das Kennfeld des Controllers bedeutet dies, daß in der Regel mehrdeutige Verläufe vergleichbar denen eines Reglers mit Hysterese auftreten können. Wir wollen dazu ein kurzes Beispiel betrachten. Dazu wählen wir die Fuzzy-Mengen für Eingangs- und Stellgröße gemäß Bild 3.18 und die Regelbasis zu

R_1: WENN e = NB   DANN u = NB

R_2: WENN e = NS   DANN u = NS

R_3: WENN e = PS   DANN u = PS

R_4: WENN e = PB   DANN u = PB

Hier existiert zwar keine Lücke im Definitionsbereich der Eingangsgröße, da der Term ZO vorhanden ist. Eine entsprechende Regel dazu existiert jedoch nicht, so daß wir es in diesem Fall mit einer Lücke in der Regelbasis zu tun haben (die Zugehörigkeitsfunktion zu ZO ist daher in Bild 3.18 nur dünn eingezeichnet). Der Effekt ist der gleiche wie oben: Für Eingangswerte zwischen -0.1 und 0.1 ist keine Regel aktiv.

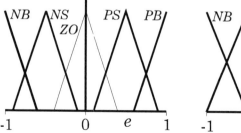 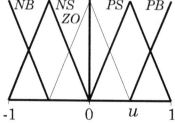

Bild 3.18. Linguistische Terme für Beispiel.

3.3 Übertragungsverhalten des Fuzzy Controllers

Legen wir also fest, daß unser Controller in einem solchen Fall den letzten gültigen Wert beibehalten soll. Starten wir nun mit einem Eingangswert von -1 und erhöhen diesen allmählich stetig. Sobald wir den Wert -0.1 erreichen, treffen wir auf die Lücke der Regelbasis. Unser Controller behält also den letzten gültigen Stellgrößenwert bei, d. h. den Wert, den er bei einem Eingangswert etwas kleiner als -0.1 liefert. Dieser ist bestimmt durch die zur Regel R_2 gehörende Stellgrößen-Fuzzy-Menge, also NS. Erhöhen wir den Eingangswert nun weiter, ändert sich der Stellgrößenwert nicht, bis wir einen Wert knapp oberhalb von 0.1 erreichen. Nun wird Regel R_3 aktiv, und wir erhalten den durch PS gelieferten Stellgrößenwert. Verringern wir jetzt wiederum die Eingangsgröße, treten wir wieder in den regelfreien Bereich ein, so daß jetzt der aus PS ermittelte Stellgrößenwert beibehalten wird. Innerhalb dieses regelfreien Bereichs ist der Stellgrößenwert also abhängig davon, ob wir "von links" oder "von rechts" in den Bereich eingetreten sind - wir erhalten (MAX-MIN-Inferenz und Defuzzifizierung nach der randerweiterten Schwerpunktmethode vorausgesetzt) bei einer kontinuierlichen Änderung der Eingangsgröße die in Bild 3.19 skizzierte Kennlinie mit Hysterese.

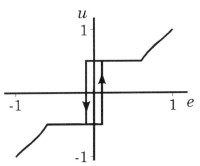

Bild 3.19. Resultierende Kennlinie.

Gehen wir über zu Fuzzy Controllern mit mehreren Eingängen, so behalten unsere bisherigen Untersuchungsergebnisse im Prinzip weiterhin Gültigkeit. Allerdings tritt jetzt durch die UND-Verknüpfung der Teilprämissen, die in der Regel über den MIN-Operator nachgebildet wird, eine zusätzliche Nichtlinearität in Erscheinung. Erweitern wir z. B. die Konstellation aus Bild 3.7, die zu einem linearen Übertragungsverhalten geführt hatte, auf den Fall zweier Eingangsgrößen e_1 und e_2, so erhalten wir die in Bild 3.20 dargestellte Konstellation von Eingangsgrößen- und Stellgrößentermen.

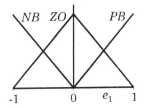 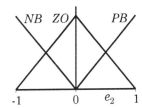 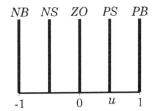

Bild 3.20. Linguistische Terme für Eingangsgrößen und Stellgröße.

Die zugehörige Regelbasis läßt sich in diesem Fall zweckmäßigerweise in Matrixform darstellen und hat dann die folgende Struktur:

	e_2		
	NB	ZO	PB
	NB	NB	NS	ZO
e_1	ZO	NS	ZO	PS
	PB	ZO	PS	PB

Das Kennfeld dieses Fuzzy Controllers ist jetzt nicht mehr exakt linear. Wie Bild 3.21 zeigt, weist es eine gewisse Welligkeit auf, die allerdings für regelungstechnische Anwendungen in den meisten Fällen völlig unerheblich sein dürfte. Die Abweichungen vom linearen Fall werden insbesondere in der Höhenliniendarstellung (unteres Teilbild) deutlich. Möchte man auch bei mehreren Eingangsgrößen exakt lineares Verhalten erreichen, muß daher vom üblichen MAX-MIN-Schema abgewichen werden (siehe z. B. [SIL89]).

Wechseln wir von der Schwerpunktmethode (für Singletons) zum Defuzzifizierungsverfahren nach der maximalen Höhe, so spielt diese Nichtlinearität bei der Verknüpfung der Teilprämissen keine Rolle, da nur die Regel mit maximalem Erfüllungsgrad berücksichtigt wird. Wir erhalten in diesem Fall daher als direkte Verallgemeinerung der stufenförmigen Kennlinien aus Bild 3.12 ein Kennfeld mit abschnittsweise konstanten Stellgrößenwerten (Bild 3.22).

3.4 Entwurfsschritte

Fuzzy Controller weisen eine derart breite Palette an möglichen Übertragungscharakteristika auf, daß sich generelle, also allgemeingültige Entwurfsschemata nicht aufstellen lassen. Der Entwurfsvorgang ist also in extrem hohem Maße anwendungsspezifisch. Dies gilt zumindest dann, wenn der Fuzzy Controller nicht in eine der speziellen Klassen von Fuzzy Controllern fällt, auf die wir in Abschnitt 3.5 eingehen werden. Nichtsdestotrotz gibt es gewisse Richtlinien, nach denen ein Entwurf zweckmäßigerweise ablaufen sollte. Diese Richtlinien sollen Gegenstand der nachfolgenden Abschnitte sein.

3.4 Entwurfsschritte

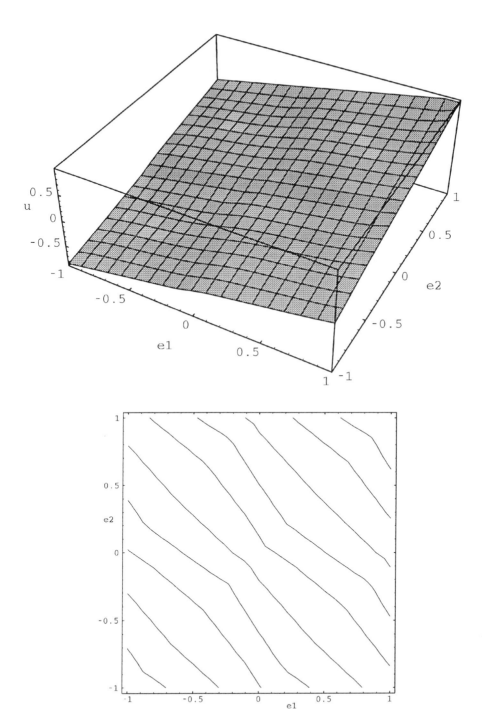

Bild 3.21. Kennfeld (oben) und Linien gleicher Stellgröße (unten) des Fuzzy Controllers nach Bild 3.20 mit Defuzzifizierung nach der Höhenmethode.

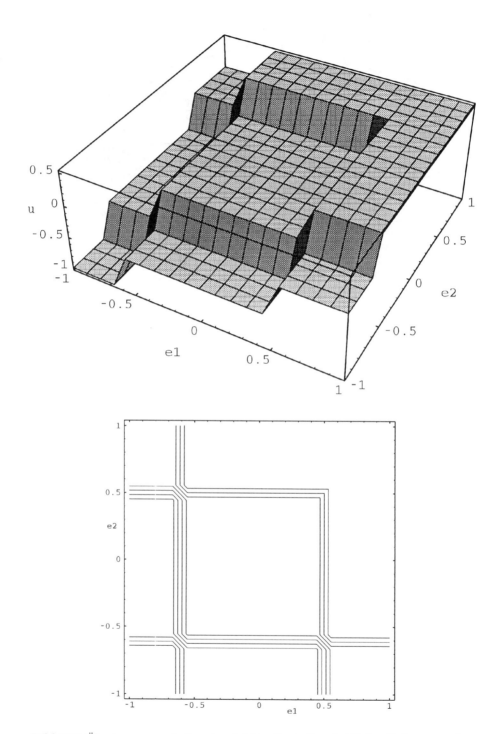

Bild 3.22. Übertragungsverhalten des gleichen Controllers bei Defuzzifizierung nach maximaler Höhe.

3.4 Entwurfsschritte

3.4.1 Konzepte zum Wissenserwerb

Das Übertragungsverhalten des Fuzzy Controllers und damit die Dynamik des Regelkreises insgesamt wird festgelegt durch die Wissensbasis des Controllers, bestehend aus

- den linguistischen Termen (Zugehörigkeitsfunktionen) der Ein- und Ausgangsgrößen des Controllers,
- der Regelbasis,
- den Operatoren für UND- und ODER-Verknüpfung und
- dem Inferenz- und Defuzzifizierungsmechanismus.

Der eigentliche Reglerentwurf besteht also in der Erstellung dieser Wissensbasis, dem Wissenserwerb oder - moderner - *Knowledge-Engineering*. Hierzu stehen verschiedene Möglichkeiten zur Auswahl, die sich im wesentlichen dadurch unterscheiden, ob bereits ein menschlicher Prozeßbediener existiert, der den Prozeß hinreichend beherrscht und sein Wissen über den zu regelnden Prozeß zur Verfügung stellt und, wenn dies der Fall ist, in welcher Form das Wissen in den Entwurfsvorgang integriert wird:

- Experteninterview

  Hierunter versteht man die in der Theorie sehr simpel erscheinende, in der Praxis aber meist ausgesprochen komplizierte und langwierige Befragung des Prozeßbedieners mit dem Ziel, das in seinem "neuronalen Netz" abgelegte Erfahrungswissen über die Prozeßbeherrschung in die für Fuzzy Control geeignete Ansammlung von Fuzzy-Mengen, WENN... DANN...-Regeln und Operatoren zu bringen. Die Schwierigkeiten sind auf verschiedene Ursachen zurückzuführen:

    - Ein Großteil menschlicher Erfahrung liegt nur unbewußt vor und wird vom Menschen intuitiv ausgenutzt. An derartiges Wissen ist über eine Expertenbefragung nur äußerst schwer heranzukommen.

    - Menschen sind zeitvariante Systeme, deren Handlungsweise häufig von äußeren Faktoren (z. B. Stimmungen) abhängt (man denke an eigene Erfahrungen beim Autofahren!). Die an einem Tag geäußerten Verhaltensweisen können daher am darauffolgenden Tag schon anders artikuliert werden.

    - Der Prozeßbediener hat in der Regel gar kein Interesse daran, sich aktiv am Wissenserwerb zu beteiligen und auf diese Weise seine Ablösung durch einen Fuzzy Controller zu forcieren.

- Identifikation des Bedienerverhaltens

  Bei dieser Vorgehensweise wird - in Anlehnung an Verfahren zur Systemidentifikation in der klassischen Regelungstechnik - versucht, das Verhalten des Prozeßbedieners durch Beobachten seines Verhaltens in typischen Prozeßsituationen nachzubilden. Dazu werden zweckmäßigerweise die von ihm (im allgemeinen optisch) aufgenommenen Prozeßgrößen und die daraufhin von ihm ausgeübten Stellsignale aufgezeichnet und durch geeignete mathematische Verfahren analysiert. Das Ergebnis dieses Identifikationsvorgangs ist dann ein Soll-Übertragungsverhalten, das im Anschluß daran durch einen entsprechend parametrierten Fuzzy Controller nachgebildet wird. Mit der eigentlichen Intention von Fuzzy Control hat diese Vorgehensweise allerdings nur noch reichlich wenig zu tun; es gibt jedoch spezielle Typen von Fuzzy Controllern, die für diese Methodik prädestiniert sind (siehe Abschnitt 3.5).

- Ingenieurmäßige Prozeßanalyse

  Sofern der Prozeß derart geartet ist, daß sich auf der Basis einer längeren Prozeßbeobachtung oder existierender Prozeßdokumentation zumindest ein grobes, qualitatives Prozeßmodell mit den grundsätzlichen Zusammenhängen zwischen den interessierenden Prozeßgrößen und den Wirkungsrichtungen einzelner Prozeßparameter formulieren läßt, kann versucht werden, aufbauend auf diesem Wissen zumindest einen prinzipiell funktionstüchtigen Fuzzy Controller zu entwerfen. Dieser kann dann interaktiv am realen Prozeß optimiert werden.

- Entwurf spezieller Typen von Fuzzy Controllern

  Für eine Reihe von speziellen Fuzzy Controller-Typen (wir werden darauf in Abschnitt 3.5 noch näher eingehen) lassen sich generelle Entwurfskriterien angeben. Diese Controller-Typen können jedoch der eigentlichen Intention von Fuzzy Control - der transparenten Abbildung von umgangssprachlich formuliertem Expertenwissen in einen Rechenalgorithmus - nur noch mit erheblichen Abstrichen entsprechen; zudem sind sie meist nur für bestimmte Typen von Prozessen geeignet.

- Verallgemeinerung klassischer Reglertypen

  Auch diese Entwurfsmethodik hat mit dem eigentlichen Sinn von Fuzzy Control wenig zu tun, ist aber in der Praxis (erschreckend?) stark verbreitet. Das Grundprinzip liegt dabei darin, zunächst einen Fuzzy Controller zu entwerfen, der einem bereits in Betrieb befindlichen oder vorab entworfenen klassischen Regler - meist vom PID-Typ - soweit wie möglich entspricht. Die zusätzlichen Freiheitsgrade des Fuzzy Controllers werden dann anschließend genutzt, um eine Optimierung der Regelkreisdynamik bezüglich irgendwie gearteter Gütekriterien vorzunehmen. Diese Optimierung kann je nach Aufgabenstellung per Hand (meist nach dem "Trial and error"-Prinzip) oder mit geeigneten numerischen Verfahren erfolgen (siehe auch Kapitel 6).

Die Trennung zwischen den einzelnen Arten des Wissenserwerbs ist natürlich fließend; so ist es nur natürlich, daß in der Praxis meist eine kombinierte Vorgehensweise beim Entwurf Verwendung findet.

3.4.2 Wahl der Ein- und Ausgangsgrößen

Die Wahl der Ein- und Ausgangsgrößen des Controllers, also der Meßgrößen bzw. der daraus abgeleiteten Größen und der Stellgrößen, wird wie im konventionellen Fall primär durch die zur Verfügung stehende Sensorik und Aktorik bestimmt. Jede zusätzliche Meßgröße stellt im Prinzip ein Mehr an Informationen über den Prozeßzustand dar und ermöglicht damit eine verbesserte Regelung - parallel dazu erhöhen sich aber der Aufwand und damit verbunden die Kosten. Wesentlich dabei ist beim Fuzzy Controller jedoch, daß die Sensorik in der Regel nicht hochpräzise sein muß; es ist daher im Einzelfall immer zu überlegen, inwieweit statt der sehr exakten Messung einiger weniger Meßgrößen mit entsprechend teurer Sensorik nicht besser eine größere Anzahl von Meßgrößen weniger genau und damit kostengünstiger erfaßt werden kann. In vielen Fällen kann es auch sinnvoll sein, statt auf direkte Prozeßgrößen auf sekundäre Größen zurückzugreifen, die zwar nur einen groben Aufschluß über den Prozeßzustand geben, dafür aber sehr leicht (und vielleicht auch erheblich schneller als die eigentlich interessierenden Größen) ermittelt werden können. Aus den eigentlichen Meßgrößen lassen sich - beispielsweise durch Differentiation oder Integration - weitere Größen ableiten, die insbesondere dann von Bedeutung sind, wenn man dem Fuzzy Controller eine Dynamik aufprägen möchte (vgl. Bild 3.3).

Bei der Wahl der Meßgrößen bzw. der daraus abgeleiteten Größen sollte man jedoch eines nicht aus dem Auge verlieren: Mit jeder zusätzlichen Eingangsgröße erhöht sich der Regelraum um eine Dimension. Man erhält so sehr schnell eine exponentiell ansteigende Zahl möglicher Regeln, die beim späteren Entwurf der Regelbasis festzulegen sind, und damit verbunden insbesondere Probleme bezüglich ihrer Konsistenz und Vollständigkeit. Wir werden darauf in Abschnitt 3.4.5 eingehen.

Auch der spätere Realisierungsaufwand für den Fuzzy Controller sollte bereits in dieser Phase des Entwurfs Berücksichtigung finden. Der Schaltungsaufwand bei einer Hardwarerealisierung bzw. der Rechenzeitbedarf bei einer Softwarerealisierung des Controllers steigt ebenfalls erheblich mit der Anzahl der zu verarbeitenden Eingänge.

3.4.3 Skalierung der Ein- und Ausgangsgrößen

Um während des Entwurfs ein schnelles "Grobtuning" des Controllers zu erreichen, ohne ständig eine Umnormierung der verschiedenen linguistischen Variablen vornehmen zu müssen, ist es im allgemeinen angebracht, von einem normierten Fuzzy Controller auszugehen, bei dem alle Variablen einen Wertebereich von [-1, 1] besitzen, und die Ein- und Ausgänge mit zusätzlichen Skalierungsfaktoren zu versehen (Bild 3.23). Einem Skalierungsfaktor k_{e_i} für die Eingangsgröße e_i entspricht dann ein tatsächlicher Wertebereich der linguistischen Variablen von $[-1/k_{e_i}, 1/k_{e_i}]$. Entsprechend weist die vom Fuzzy Controller generierte Stellgröße einen Bereich von $[-k_u, k_u]$ auf.

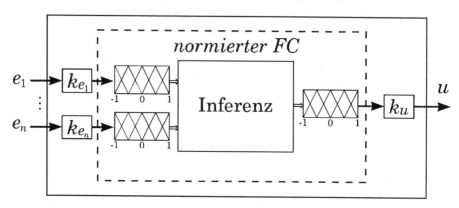

Bild 3.23. Normierter Fuzzy Controller mit Skalierungsfaktoren für Ein- und Ausgänge.

Diese Skalierungsfaktoren sind vergleichbar mit den Verstärkungsfaktoren konventioneller Regler; ihre Einstellung wird wesentlich mitbestimmt von der in Verbindung mit dem Regler eingesetzten Sensorik und Aktorik. Die Faktoren auf der Eingangsseite legen die "Empfindlichkeit" der einzelnen Eingänge fest. Sie sollten so gewählt werden, daß bei den im Betrieb zu erwartenden Signalamplituden die Wertebereiche der entsprechenden Variablen möglichst gut ausgeschöpft werden (Bild 3.24, siehe auch Abschnitt 4.2). Der Skalierungsfaktor für die Stellgröße charakterisiert entsprechend die Gesamtverstärkung des Controllers; eine Verdopplung von k_u beispielsweise bewirkt eine Verdopplung der Stellgröße für jede beliebige Kombination von Eingangsgrößen. Die Skalierungsfaktoren beeinflussen damit das Übertragungsverhalten des Controllers *global*. Im ersten Entwurfsschritt wird man daher versuchen, zunächst geeignete Werte für diese Faktoren zu finden, während das "Feintuning" des Controllers dann in geeigneten Modifikationen der verschiedenen Zugehörigkeitsfunktionen besteht (siehe auch [PAL94]).

3.4 Entwurfsschritte 91

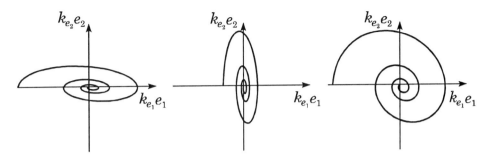

Bild 3.24. Zur Wahl der Skalierungsfaktoren. Linkes Bild: Skalierungsfaktor für e_2 zu klein gewählt. Mittleres Bild: Skalierungsfaktor für e_1 zu klein gewählt. Rechtes Bild: Günstige Wahl beider Faktoren.

3.4.4 Tuning der Zugehörigkeitsfunktionen

Die Zugehörigkeitsfunktionen für die linguistischen Terme der Ein- und Ausgangsgrößen repräsentieren die quantitative Bedeutung der unscharfen Begriffe wie *klein, niedrig* oder *heiß*. Prinzipiell kann eine linguistische Variable beliebig viele linguistische Terme besitzen; die Anzahl der Terme spiegelt die Auflösung der entsprechenden Variablen und damit umgekehrt die Unschärfe des Controllers wider. Je größer die Anzahl, um so feiner kann die Abstufung des Regelverhaltens erfolgen, um so größer ist aber auch der Realisierungsaufwand und die Anzahl zu formulierender Regeln. Übliche Werte liegen daher bei zwei (z. B. für linguistische Variablen, die Schaltgrößen mit Termen wie *ein* und *aus* repräsentieren) bis sieben; mehr Terme findet man in der Praxis eher selten. Ein Verfahren zur automatischen Bestimmung einer geeigneten Anzahl auf der Basis einer Clusteranalyse wird beispielsweise in [KLO93] beschrieben.

Als Typen von Zugehörigkeitsfunktionen kommen im Bereich Fuzzy Control aus realisierungstechnischen Gründen in der Regel nur dreieck- bzw. trapezförmige Mengen (häufig benutzt am Rand des Wertebereichs) in Betracht, für die Stellgröße können in den meisten Fällen ohne Verlust an Flexibilität auch Singletons verwendet werden (siehe z. B. [MEY93]).

Existieren keinerlei Vorkenntnisse über geeignete Zugehörigkeitsfunktionen - beispielsweise aus einer Expertenbefragung -, so beginnt man nach der im vorangegangenen Abschnitt besprochenen Skalierung der Ein- und Ausgänge zweckmäßigerweise mit einer Verteilung der Terme in Standardform (äquidistante Verteilung, volle Überlappung; siehe z. B. Bild 3.20) und versucht, davon ausgehend die Regelkreisdynamik schrittweise zu verbessern. Dabei können die bereits in Abschnitt 3.3 gewonnenen Erkenntnisse über den Einfluß der einzelnen Freiheitsgrade auf das Übertragungsverhalten des Fuzzy Controllers herangezogen werden. Häufig trifft man etwa Konstellationen an, bei denen in der Nähe der erwünschten Ruhelage des Systems - also z. B. bei kleinen Werten der Regelabweichung - eine größere

Anzahl linguistischer Terme plaziert wird, die dann nur jeweils eine geringe Einflußbreite besitzen, während in größerer Entfernung eine geringere Auflösung und damit weniger Fuzzy-Mengen mit größerer Einflußbreite ausreichen. Auch Störeinflüsse wie z. B. Rauschen spielen hierbei eine Rolle; generell ist es wenig sinnvoll, Fuzzy-Mengen mit einer Einflußbreite zu definieren, die kleiner ist als die zu erwartenden Rauschamplituden des entsprechenden Signals.

Im Gegensatz zu Änderungen der Skalierungsfaktoren haben Modifikationen einzelner Zugehörigkeitsfunktionen nur *lokale* Auswirkung auf das Übertragungsverhalten des Fuzzy Controller, beschränken sich also nur auf bestimmte Bereiche im Raum der Eingangsgrößen. Geringe Änderungen an den Zugehörigkeitsfunktionen bewirken dabei im allgemeinen auch nur geringe Änderungen des Übertragungsverhaltens.

3.4.5 Die Regelbasis

Die Regelbasis stellt den entscheidenden Part der Wissensbasis dar; sie liefert die eigentlichen "Handlungsanweisungen" für den Fuzzy Controller und verkörpert damit im wesentlichen seine "Intelligenz". Ebenso wie Modifikationen einzelner Zugehörigkeitsfunktionen haben Änderungen einzelner Regeln der Regelbasis immer nur lokalen Charakter; mit ihnen läßt sich also das Verhalten des Fuzzy Controllers ganz gezielt in bestimmten Bereichen (d. h. für bestimmte Eingangssituationen) verändern. Dabei hat allerdings die Änderung einer Regel im allgemeinen stärkere Auswirkungen als die Modifikation einer Zugehörigkeitsfunktion, da sie nur in diskreten Schritten - nämlich durch Abänderung eines linguistischen Terms im Schlußfolgerungsteil der Regel - erfolgen kann.[12]

Die Anzahl der Freiheitsgrade der Regelbasis ist - insbesondere bei Controllern mit vielen Ein- und Ausgängen - immens. Während die Parameterzahl der Zugehörigkeitsfunktionen lediglich linear mit der Zahl der Eingangsgrößen wächst, steigt die Zahl potentieller Regeln exponentiell. Wir wollen dazu ein kleines Rechenexempel durchführen. Wir gehen aus von einem Fuzzy Controller mit m Eingangsgrößen, wobei wir der Einfachheit halber annehmen wollen, daß jede Eingangsgröße durch die gleiche Anzahl - nämlich p - linguistische Terme charakterisiert wird (in der Praxis ist das ohnehin meist der Fall). Damit beträgt die Anzahl möglicher Teilprämissen-Kombinationen und somit die Anzahl möglicher Regeln

$$r = p^m.$$

---

[12] Abhilfe hiervon kann gegebenenfalls die Verwendung von Gewichtungsfaktoren für einzelne Regeln schaffen, die dann beliebig fein gestuft werden können, um den Einfluß einzelner Regeln zu verstärken oder abzuschwächen. Davon wird allerdings im regelungstechnischen Bereich nur selten Gebrauch gemacht.

3.4 Entwurfsschritte

Werten wir diesen Ausdruck für einige Zahlenwerte aus, so erhalten wir beispielsweise

$p = 5, m = 2 \Rightarrow r = 25$

$p = 5, m = 3 \Rightarrow r = 125$

$p = 7, m = 5 \Rightarrow r = 16807$ usw.

Diese große Zahl an Freiheitsgraden ist Fluch und Segen zugleich: Einerseits verschafft sie dem Entwickler eine außerordentliche Flexibilität; andererseits wird bei komplexeren Controllern eine vollständige Belegung des Regelraums kaum noch möglich sein. Diese ist aber generell auch gar nicht erforderlich. Vielmehr wird man primär denjenigen Bereich des Regelraums belegen, der den Normalbetrieb des Prozesses abdeckt (Bild 3.25). Für diejenigen Eingangssituationen, in denen keine Regel aktiv ist, muß der Fuzzy Controller dann natürlich eine Vorschrift erhalten, wie er zu reagieren hat; wir haben diesen Fall bereits in Abschnitt 3.3 diskutiert.

		\multicolumn{5}{c}{e_2}			
		NB	NS	ZO	PS	PB
e_1	NB				NS	ZO
	NS		NB	NS	ZO	PS
	ZO		NS	ZO	PS	
	PS	NS	ZO	PS	PB	
	PB	ZO	PS			

Bild 3.25. Unvollständig belegte Regelbasis.

Eine Regelbasis, die für jede mögliche Kombination von scharfen Eingangswerten mindestens eine aktive Regel liefert, wird als *vollständig* bezeichnet. Dabei ist zu beachten, daß wegen der gewöhnlicherweise vorliegenden Überlappung der Zugehörigkeitsfunktionen eine "Lücke" in der Regelbasis nicht zwangsläufig bedeuten muß, daß für bestimmte Eingangsgrößenkombinationen keine Regel aktiv ist, die Regelbasis also unvollständig ist. Betrachten wir zum Beispiel den Controller nach Bild 3.26 mit der Regelbasis

R_1: WENN $e = NB$
DANN $u = NB$

R_2: WENN $e = PB$
DANN $u = PB$

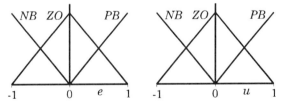

Bild 3.26. Controller mit einem Ein- und Ausgang.

Hier liegt keine Regel für den Fall $e = ZO$ vor; dennoch ist wegen der vollständigen Überlappung der Eingangsgrößenterme immer eine Regel aktiv. Eine nach allgemeinem Verständnis "lückenhafte" Regelbasis kann also gemäß obiger Definition dennoch vollständig sein; dies hängt ab vom Überlappungsgrad der Zugehörigkeitsfunktionen für die linguistischen Terme der Eingangsgrößen. Umgekehrt ist eine mit allen möglichen Regeln belegte

Regelbasis in jedem Fall vollständig, sofern keine Lücken bei der Definition der Zugehörigkeitsfunktionen der Eingangsgrößen gelassen wurden.

Neben der Vollständigkeit eines Regelsatzes gibt es einige weitere Punkte, die speziell bei größeren Regelbasen zu beachten sind:

- Sich widersprechende Regeln, also Regeln mit der gleichen Prämisse aber unterschiedlichen Konklusionen wie

    R_1: WENN $e = NB$ DANN $u = NB$

    R_2: WENN $e = NB$ DANN $u = ZO$

sind im allgemeinen unlogisch und unerwünscht. Bleiben sie unentdeckt, so wird der Inferenz- und Defuzzifizierungsvorgang irgendeine Form der Mittelung der unterschiedlichen Schlußfolgerungen vornehmen. Die Auswirkungen auf das Übertragungsverhalten werden sich daher gewöhnlich in Grenzen halten. Eine Regelbasis, die frei von sich widersprechenden Regeln ist, wird als *konsistent* bezeichnet.

Sofern alle definierten Regeln auch alle möglichen Teilprämissen enthalten (dies ist z. B. immer dann gewährleistet, wenn die Regelbasis in Matrixform vorliegt), ist ein Aufspüren von Inkonsistenzen i. a. gänzlich unproblematisch. Anders sieht dies jedoch aus, wenn eine Vielzahl von Regeln jeweils nur einige der Eingangsgrößen berücksichtigt. In der Praxis wird man beim Entwurf komplexer Regelbasen häufig gerade so vorgehen, daß man zunächst mit einigen wenigen Regeln startet, die jeweils nur wenige Eingangsgrößen miteinander verknüpfen und dann interaktiv schrittweise weitere Regeln hinzunimmt bzw. zu bereits existierenden Regeln neue Teilprämissen hinzufügt. In diesem Fall ist es ungleich schwieriger, etwaige Inkonsistenzen aufzudecken, da sich die Prämissen der Regeln nicht ohne weiteres miteinander vergleichen lassen. Betrachten wir als einfaches Beispiel einen Fuzzy Controller mit zwei Eingängen und folgender Regelbasis

R_1: WENN $e_1 = NB$ DANN $u = NB$

R_2: WENN $e_1 = ZO$ UND $e_2 = NB$ DANN $u = NS$

R_3: WENN $e_1 = ZO$ UND $e_2 = ZO$ DANN $u = ZO$

R_4: WENN $e_1 = ZO$ UND $e_2 = PB$ DANN $u = PS$

R_5: WENN $e_1 = PB$ DANN $u = PB$

In den Regeln R_1 und R_5 tritt die Eingangsgröße e_2 nicht auf. Man könnte zunächst vermuten, die Regel R_1 zum Beispiel ließe sich adäquat ersetzen durch die drei Regeln

R_{11}: WENN $e_1 = NB$ UND $e_2 = NB$ DANN $u = NB$

R_{12}: WENN $e_1 = NB$ UND $e_2 = ZO$ DANN $u = NB$

R_{13}: WENN $e_1 = NB$ UND $e_2 = PB$ DANN $u = NB$,

und man könne in analoger Weise auch die Regel R_5 aufsplitten. Danach ließe sich dann anhand der nunmehr neun Regeln die Konsistenzprüfung wie zuvor beschrieben vornehmen. Dies stimmt jedoch nur bedingt. Der auf diese Weise gewonnene Fuzzy Controller hat nämlich *nicht* das gleiche Übertragungsverhalten wie der Originalregler, sondern weicht (wenn auch nur geringfügig) davon ab! Dies sehen wir unmittelbar, wenn wir z. B. den scharfen Eingangswert für e_1 so wählen, daß die Teilprämisse $e_1 = NB$ den Erfüllungsgrad 1 besitzt. Die Originalregel R_1 liefert dann die unversehrte Fuzzy-Menge $u = NB$ als Beitrag zum Inferenzergebnis. Betrachten wir nun die drei "Ersatzregeln" R_{11} bis R_{13} und nehmen an, der scharfe Eingangswert für e_2 sei so geartet, daß die Teilprämisse $e_2 = NB$ von R_{11} zu 0.7 und die Teilprämisse $e_2 = ZO$ von R_{12} zu 0.3 erfüllt ist. Damit besitzt R_{11} einen Gesamterfüllungsgrad von 0.7 und R_{12} einen Gesamterfüllungsgrad von 0.3. Beide Regeln haben dieselbe Schlußfolgerung, so daß nur R_{11} entscheidend ist. Die drei Ersatzregeln liefern also im Gegensatz zur Originalregel R_1 eine in der Höhe 0.7 abgeschnittene Fuzzy-Menge $u = NB$!

In derartigen Fällen kann die Konsistenzfrage also nicht so ohne weiteres eindeutig geklärt werden; man benötigt andere "Konsistenzmaße", die Hinweise auf Widersprüchlichkeiten innerhalb der Regelbasis geben. Ansätze dazu findet man beispielsweise in [KÖN94].

- Zumindest bei Fuzzy Controllern mit lediglich ein oder zwei Eingangsgrößen läßt sich durch bloße Betrachtung der Regelbasis bereits recht genau das qualitative Übertragungsverhalten des Controllers abschätzen. So deuten beispielsweise in einer Regelmatrix nebeneinanderliegende Terme, die sich stark unterscheiden (z. B. *Positive_Big* und *Negative_Small*), auf steile Flanken im Kennfeld hin - ein Umstand, der in der Praxis normalerweise unerwünscht sein wird. Man spricht in diesem Zusammenhang von der *Kontinuität* einer Regelbasis. Diese Kontinuität ist dann gegeben, wenn zu nebeneinanderliegenden Regeln auch Konklusions-Fuzzy-Mengen gehören, die entweder identisch sind oder zumindest "nebeneinanderliegen". Die Regelbasis nach Bild 3.25 ist in diesem Sinne kontinuierlich.

- Bei sehr großen Regelbasen kann der Fall auftreten, daß ein- und dieselbe Regel mehrfach definiert wird. In diesem Fall enthält die Regelbasis *Redundanz*. Auf den Inferenzvorgang hat dies zumindest bei MAX-MIN- bzw. MAX-PROD-Inferenz keinerlei Einfluß; das Inferenzergebnis ist mit und ohne Redundanz dasselbe. Bei SUM-MIN- bzw. SUM-PROD-Inferenz hingegen fließen mehrfache Regeln auch mehrfach in das Inferenzergebnis ein (siehe Abschnitt 2.3.3). In jedem Fall können aber in bezug auf die Abarbeitungsgeschwindigkeit der Regelbasis bei einer softwaremäßigen Realisierung des Fuzzy Controllers Nachteile auftreten.

3.4.6 Operatoren, Inferenzmechanismus und Defuzzifizierung

Ebenso wie die Skalierungsfaktoren haben die verschiedenen Operatoren bzw. Mechanismen für die UND- bzw. ODER-Verknüpfung, die Inferenz oder die Defuzzifizierung globale Auswirkungen auf das Übertragungsverhalten des Fuzzy Controllers. Für die UND- bzw. ODER-Verknüpfung von Teilprämissen werden im Bereich Fuzzy Control nahezu ausschließlich MIN- bzw. MAX-Operatoren eingesetzt; lediglich zur Erzielung "ganz besonderer Effekte" kann es unter Umständen sinnvoll sein, auf andere Operatoren auszuweichen. Die Frage, ob MAX-MIN-Inferenz oder MAX-PROD-Inferenz vorzuziehen ist, ist sekundär; wie wir bereits an früherer Stelle gesehen hatten, sind die Unterschiede im Übertragungsverhalten der resultierenden Controller marginal (vgl. Bild 3.13). In manchen Fällen - beispielsweise bei der Realisierung des Fuzzy Controllers auf Microcontrollerbasis - können allerdings realisierungstechnische Gründe für die eine oder andere Vorgehensweise sprechen (siehe z. B. [KER94]). In seltenen Sonderfällen können bestimmte Aspekte auch die Nutzung der SUM-MIN- oder SUM-PROD-Inferenz nahelegen.

Keinesfalls eindeutig oder gleichbedeutend ist jedoch die Wahl der Defuzzifizierungsmethode. Wie wir in Abschnitt 2.4 gesehen hatten, gibt es eine ganze Reihe verschiedener Verfahren mit teilweise recht unterschiedlichen Charakteristika. Häufig ist die Defuzzifizierung der rechen- und damit zeitaufwendigste Teil des Fuzzy Controllers, so daß gerade bei diesem letzten Arbeitsschritt auch dieser Aspekt eine wesentliche Rolle spielt. Außerdem muß die für diesen Vorgang ins Auge gefaßte Methode auch bereits bei früheren Entwurfsschritten - im wesentlichen bei der Wahl der Zugehörigkeitsfunktionen - Berücksichtigung finden. Unter Umständen kann die Defuzzifizierung nämlich beispielsweise dafür sorgen, daß gewisse Modifikationen einzelner Fuzzy-Mengen "verschluckt" werden und sich somit überhaupt nicht in der Stellgröße bemerkbar machen oder aber im umgekehrten Fall Ergebnisse produzieren, die man in dieser Form nicht erwartet (und auch nicht erwünscht) hatte. Wir wollen die bereits in Abschnitt 2.4 im Detail diskutierten Vor- und Nachteile der verschiedenen Verfahren hier noch einmal stichpunktartig gegenüberstellen:

- Die Schwerpunktmethode (Abschnitt 2.4.2) auf der Basis einer (numerischen) Integration der Ergebnis-Fuzzy-Menge ist im allgemeinen nur bei zeitunkritischen Anwendungen empfehlenswert, da die Integration einen hohen Rechenzeitaufwand mit sich bringt. In den allermeisten Fällen kann stattdessen die Schwerpunktmethode für Singletons benutzt werden, die nahezu gleichwertige Ergebnisse bei erheblich verringertem Aufwand liefert. Ansonsten sollte darauf geachtet werden, daß der gewünschte Stellgrößenbereich vom Fuzzy Controller voll ausgeschöpft werden kann; gegebenenfalls muß die randerweiterte Schwerpunktmethode benutzt werden.

- Die Schwerpunktmethode für Singletons (Höhenmethode, Abschnitt 2.4.4) oder alternativ auch die Flächen-/Momentennäherung (Abschnitt 2.4.3) stellt die in vielen Fällen günstigste Wahl dar; sie liefert hinreichend "glattes" Übertragungsverhalten bei akzeptablem Rechenaufwand. Wird erstere Methode benutzt, so reicht es außerdem aus, die Stellgrößen-Fuzzy-Mengen auch wirklich als Singletons zu modellieren.

- Die Maximum-Methoden (Abschnitt 2.4.1) benötigen die geringste Rechenzeit aller Defuzzifizierungsmethoden. Sie sind daher prädestiniert für extrem zeitkritische Anwendungen - allerdings auch nur dafür. Die bei der Maximum-Methode mit Mittelwertwahl resultierenden Multirelaischarakteristiken sind in der Regel unerwünscht, während die First of Maxima- bzw. Last of Maxima-Methoden ein meist recht intransparentes Übertragungsverhalten bewirken, das nur durch eine spezielle Auslegung der Zugehörigkeitsfunktionen für die Controller-Eingangsgrößen kompensiert werden kann.

3.5 Spezielle Typen von Fuzzy Controllern

In den folgenden Abschnitten wollen wir einige spezielle Typen von Fuzzy Controllern besprechen. Diese sind dadurch gekennzeichnet, daß sie Verallgemeinerungen konventioneller Regler darstellen bzw. eine besondere Struktur aufweisen, die einen Entwurf dieser Regler nach einem festen Entwurfsschema ermöglichen.

3.5.1 Fuzzy-PID-Regler

Fuzzy-PID-Regler stellen eine direkte Verallgemeinerung des klassischen PID-Regelkonzeptes dar mit dem Ziel, durch die Einführung zusätzlicher Freiheitsgrade eine verbesserte Dynamik verglichen mit dem konventionellen linearen PID-Regler zu erzielen. Fuzzy-PID-Regler sind in der Praxis außerordentlich stark verbreitet (was Fuzzy-Regelkreise betrifft!); ein Großteil der eingesetzten Fuzzy Controller weist bei genauerer Betrachtung nichts anderes als eine "fuzzifizierte" PID-Charakteristik (bzw. Spezialfälle davon wie PI- oder PD-Verhalten) auf. Ein wesentlicher Grund dafür liegt sicher darin, daß diese Regler häufig das Ergebnis einer Weiterentwicklung eines zuvor bereits etablierten PID-Konzeptes sind.

Wir wollen zur Charakterisierung des Fuzzy-PID-Reglers zunächst den linearen PID-Regler betrachten. Er wird beschrieben durch das Reglerfunktional

$$u = K_R\left(e + \frac{1}{T_N}\int_0^t e\,d\tau + T_V \dot{e}\right),$$

welches eine Parallelschaltung eines Proportional-, Integral- und Differentialanteils beschreibt. K_R ist der Verstärkungsfaktor des Reglers, T_N die Nachstellzeit des I-Anteils und T_V die Vorhaltezeit des D-Anteils. In der Praxis wird der D-Anteil zur Unterdrückung von Störungen meist als verzögerte Differentiation ausgelegt; der I-Anteil weist zudem in der Regel eine Anti-Windup-Komponente auf, die ein Hochlaufen des Integrierers verhindert, wenn der Regler in die Begrenzung läuft. Beide Komponenten wollen wir im folgenden vernachlässigen, ihre Existenzberechtigung behalten sie aber auch beim Fuzzy-PID-Regler selbstverständlich bei (siehe auch [JOH94]).

Leiten wir beide Seiten obiger Gleichung nach der Zeit ab, so erhalten wir eine analoge Beziehung für den PID-Regler, die in zeitdiskreter Form als Geschwindigkeitsalgorithmus bekannt ist und lautet

$$\dot{u} = K_R\left(\dot{e} + \frac{1}{T_N}e + T_V \ddot{e}\right).$$

In der Praxis fällt häufig einer der Anteile - je nach Streckentyp der D- oder I-Anteil - weg, so daß ein PI- bzw. PD-Regler entsteht mit dem Reglerfunktional

$$u = K_R\left(e + \frac{1}{T_N}\int_0^t e\,d\tau\right) \quad \text{bzw.} \quad \dot{u} = K_R\left(\dot{e} + \frac{1}{T_N}e\right)$$

für den PI-Regler bzw.

$$u = K_R(e + T_V \dot{e}) \quad \text{bzw.} \quad \dot{u} = K_R(\dot{e} + T_V \ddot{e})$$

für den PD-Regler.

Diese Regler lassen sich nun "fuzzifizieren", indem wir auch nichtlineare Beziehungen zwischen der Regelabweichung e bzw. ihren Ableitungen oder Integralen sowie der Stellgröße u zulassen. Ein Fuzzy-PI-Regler beispielsweise ist also zunächst dadurch gekennzeichnet, daß er (ausgehend vom PI-Geschwindigkeitsalgorithmus) als Eingangsgrößen die Regelabweichung e selbst und ihre Ableitung $\dot{e}$ erhält und als Ausgangsgröße die Stellgrößenänderung $\dot{u}$ generiert. Da der Fuzzy Controller selbst keinerlei Dynamik besitzt - wie wir bereits hinreichend oft betont haben - muß die Ableitung der Regelabweichung also extern über einen entsprechenden Differenzierer erfolgen. Analoges gilt für den Fuzzy-PD-Regler. Bei der zeitdiskreten Realisierung gehen statt der zeitlichen Ableitungen die Differenzen $\Delta e_i = e_i - e_{i-1}$

3.5 Spezielle Typen von Fuzzy Controllern 99

bzw. $\Delta u_i = u_i - u_{i-1}$ und statt der Integrale die Summen $\sum_{k=1}^{i} e_k$ in die Funktionale ein (Bild 3.27). Fuzzy-PID-Regler ergeben sich völlig analog. Bei den Realisierungsvarianten, die als Ausgangsgröße die Stellgrößenänderung $\dot{u}$ bzw. Δu besitzen, muß die eigentliche Stellgröße dann jeweils durch einen nachgeschalteten Integrierer (bzw. Summierer im zeitdiskreten Fall) erzeugt werden.

Häufig werden in der Literatur *alle* Fuzzy-Regler, die das "passende" Ein-/Ausgangsschema besitzen, als Fuzzy-PI- oder Fuzzy-PD-Regler bezeichnet. Dies ist natürlich unsinnig; es lassen sich nämlich durch entsprechende Auslegung der Regelbasis durchaus Fuzzy Controller entwerfen, die zwar die gleichen Eingangsgrößen besitzen wie beispielsweise ein linearer PI-Regler, deren Übertragungsverhalten aber ganz und gar nicht "PI-mäßig" ist. Bezeichnungen wie "Fuzzy-PI" sollten daher nur dann gewählt werden, wenn das Übertragungsverhalten zumindest grob dem eines konventionellen PI-Reglers ähnelt; eine geeignete Definition findet man z. B. in [KAH94d].

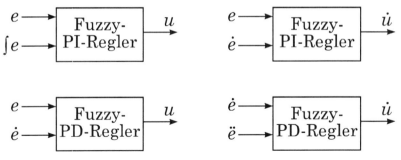

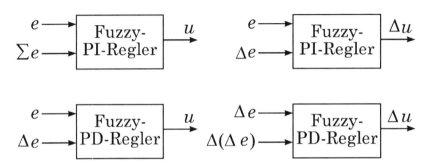

Bild 3.27. Kontinuierliche und zeitdiskrete Fuzzy-PI- und Fuzzy-PD-Regler.

Wie hoch der Ähnlichkeitsgrad zwischen dem Fuzzy-PID-Regler und seinem linearen Pendant ist, hängt im Einzelfall natürlich von der Festlegung der Freiheitsgrade - also insbesondere der Zugehörigkeitsfunktionen und der Regelbasis - ab (siehe z. B. [HAM94]). Betrachten wir z. B. den Fuzzy-PI-Regler gemäß Bild 3.28. Die Zugehörigkeitsfunktionen weisen hier Standardform auf, die Regelbasis ist so ausgelegt, daß wir bei steigenden Werten für e oder $\dot{e}$ auch steigende Werte für $\dot{u}$ erhalten. Wir erwarten also - bei MAX-MIN-Inferenz und Defuzzifizierung z. B. nach der randerweiterten Schwerpunktmethode - ein Übertragungsverhalten ähnlich dem des linearen PI-Reglers. Bild 3.29 bestätigt unsere Erwartung (vgl. dazu auch Abschnitt 3.3). Es zeigt die Übertragungscharakteristik des Fuzzy Controllers als Kennfeld bzw. in Höhenliniendarstellung über der e-$\dot{e}$-Ebene. Vergleichen wir den Controller mit dem entsprechenden linearen PI-Regler (Bild 3.30), so erkennen wir ein nahezu identisches Übertragungsverhalten, sieht man von der typischen "Restwelligkeit" des Fuzzy Controllers - besonders schön zu erkennen in der Höhenliniendarstellung - einmal ab (es lassen sich auch exakt lineare Fuzzy-PI-Regler entwerfen; dazu können dann allerdings nicht mehr MAX- bzw. MIN-Operatoren für die Verknüpfung der Teilprämissen benutzt werden, es sei denn, wir benutzen unendlich viele linguistische Terme für die Ein- und Ausgangsgrößen; siehe dazu z. B. [BUC89, SIL89]).

Ausgehend von dieser Anfangskonfiguration können wir nun durch jeweils problemspezifische Modifikationen einzelner Zugehörigkeitsfunktionen oder Regeln den Fuzzy-PI-Regler in einzelnen Bereichen der e-$\dot{e}$-Ebene derart modifizieren, daß ein günstigeres Regelverhalten erzielt wird. "Wunder" sollte man sich allerdings von derartigen Fuzzy Controllern nicht erwarten: Da ihnen auch nur die gleichen Eingangsinformationen wie einem konventionellen PI(D)-Regler zur Verfügung stehen, wird auch kein *grundsätzlich* anderes und damit grundsätzlich besseres Regelverhalten möglich sein.

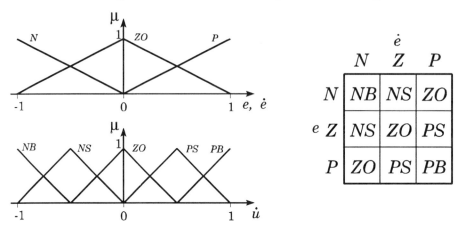

Bild 3.28. Zugehörigkeitsfunktionen und Regelbasis für Fuzzy-PI-Regler

3.5 Spezielle Typen von Fuzzy Controllern

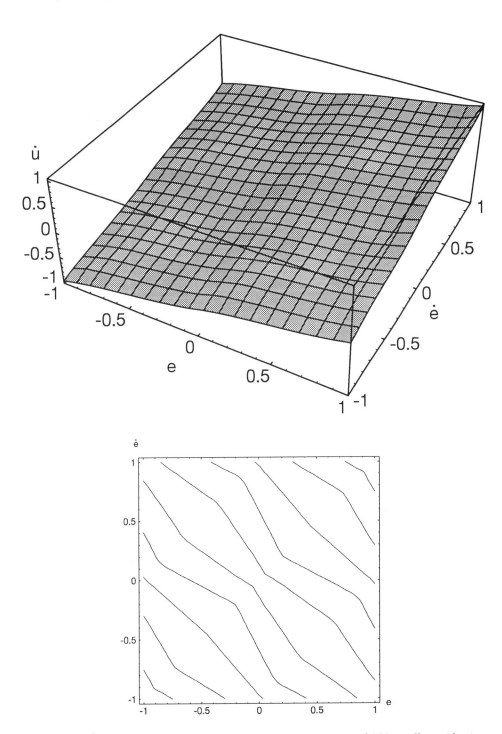

Bild 3.29. Übertragungsverhalten des Fuzzy-PI-Reglers in Kennfelddarstellung (oben) und Höhenliniendarstellung (unten).

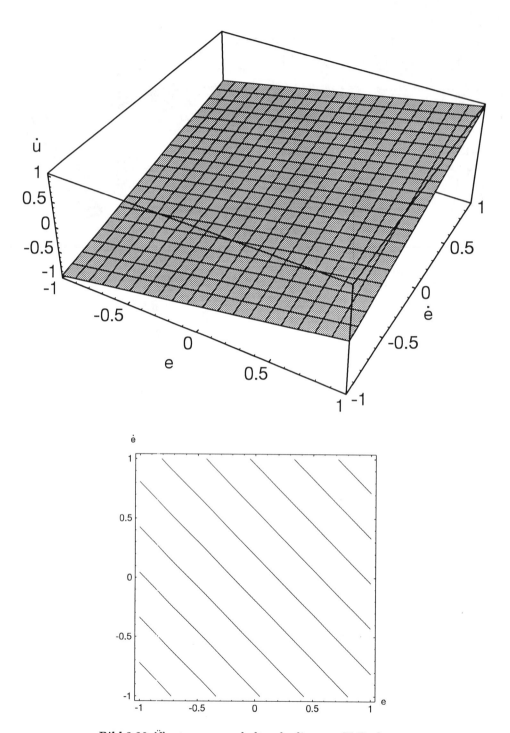

Bild 3.30. Übertragungsverhalten des linearen PI-Reglers.

3.5 Spezielle Typen von Fuzzy Controllern

3.5.2 Sliding-Mode-Fuzzy Controller

Konventionelle Sliding-Mode-Regler sind Schaltregler mit einer geneigten Schaltgeraden in der e-$\dot{e}$-Ebene, die speziell für Strecken zweiter Ordnung geeignet sind und sich durch ihre hohe Robustheit gegenüber Parametervariationen auszeichnen. Ersetzt man die "harte" Umschaltung an der Schaltgeraden durch einen mehr oder weniger gleitenden Übergang, so erhält man einen Reglertyp, der allgemein als Sliding-Mode-Fuzzy Controller bezeichnet wird.

Bevor wir auf diesen Typ des Fuzzy Controllers und seine speziellen Eigenschaften näher eingehen, wollen wir kurz das Sliding-Mode-Prinzip selbst beschreiben. Den konventionellen Sliding-Mode-Regler können wir uns zusammengesetzt denken aus einem linearen PD-Regler mit einer nachgeschalteten Zweipunktkennlinie (Bild 3.31). Für die Stellgröße gilt dann die Beziehung

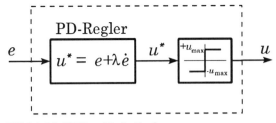

Bild 3.31. Sliding-Mode-Regler.

$$u = \begin{cases} -u_{max} & \text{für } e + \lambda\dot{e} < 0 \\ +u_{max} & \text{für } e + \lambda\dot{e} \geq 0 \end{cases} \quad \lambda > 0.$$

Der Parameter λ ist ein Entwurfsparameter, der die Steigung der Schaltgeraden festlegt (Bild 3.32). Oberhalb der Schaltgeraden wird die Stellgröße u_{max}, unterhalb die Stellgröße $-u_{max}$ generiert.

Betrachten wir nunmehr einen Regelkreis bestehend aus einem derartigen Sliding-Mode-Regler und einer Strecke zweiter Ordnung, beispielsweise einem Doppelintegrierer

$$G(s) = \frac{1}{s^2}.$$

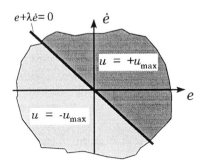

Bild 3.32. Schaltgerade des Sliding-Mode-Reglers.

Bild 3.33 zeigt die entsprechende Struktur. Wir wollen zunächst das Verhalten der Strecke allein untersuchen. Während des Ausregelvorgangs erhält die Strecke entweder die Stellgröße $-u_{max}$ oder aber die Stellgröße u_{max}. Für diese beiden Fälle ergeben sich die in Bild 3.34 skizzierten Streckentrajektorien in der e-$\dot{e}$-Ebene. Da die Regelstrecke linear ist, verlaufen beide Trajektorienscharen gerade spiegelbildlich bezüglich des Ursprungs $e = \dot{e} = 0$.

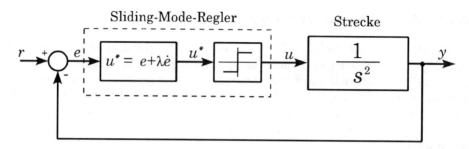

Bild 3.33. Regelkreis bestehend aus Sliding-Mode-Regler und Doppelintegrierer.

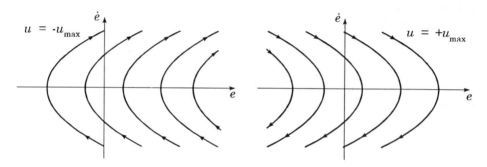

Bild 3.34. Trajektorien der Regelstrecke für $u = -u_{max}$ (links) bzw. $u = +u_{max}$ (rechts) und unterschiedliche Anfangswerte.

Betrachten wir jetzt den geschlossenen Regelkreis und schalten beispielsweise einen Führungsgrößensprung auf, so passiert folgendes (Bild 3.35): Nehmen wir an, der zugehörige Anfangszustand des Systems liege oberhalb der Schaltgeraden (Punkt P_0). Dann bewegt sich der Systemzustand zunächst auf der zugehörigen Trajektorie für $u = +u_{max}$, bis diese auf die Schaltgerade trifft (Punkt P_1). Jetzt wechselt der Regler auf die Stellgröße $u = -u_{max}$, und das System legt seinen Weg auf der durch P_1 laufenden Trajektorie für $u = -u_{max}$ fort. Beim nächsten Treffen mit der Schaltgeraden (Punkt P_2) läuft der umgekehrte Vorgang ab.

Diese Art der Annäherung an den Nullpunkt setzt sich solange fort, bis der Systemzustand in einem Bereich in der Nähe des

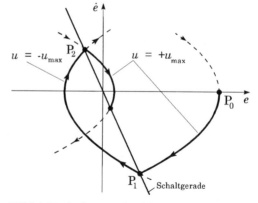

Bild 3.35. Anfangsverlauf der Trajektorie.

Ursprungs auf die Schaltgerade trifft, wo die "neue" Trajektorie, auf die er eigentlich wechseln müßte, auf *derselben Seite der Schaltgeraden* verläuft

3.5 Spezielle Typen von Fuzzy Controllern

wie die Trajektorie, auf der er sich gerade befindet. Dieser Bereich ist gegeben durch die Berührungspunkte der Schaltgeraden mit den beiden Trajektorienscharen für $u = -u_{max}$ bzw. $u = +u_{max}$ (Punkte A und A' in Bild 3.36). Bewegt sich der Systemzustand etwa auf der Trajektorie T_1, so erreicht er die Schaltgerade im Punkt A. Hier wechselt das System zunächst auf die Trajektorie T_2. Da diese jedoch ebenfalls oberhalb der Schaltgeraden verläuft, d. h. in dem Bereich $u = +u_{max}$, schaltet der Regler sofort wieder um. Wir erkennen, daß das System die Schaltgerade innerhalb dieses Bereiches nicht mehr verlassen kann, sondern unter ständigem, hochfrequentem Umschalten des Reglers in unmittelbarer Umgebung der Schaltgeraden - im Idealfall unendlich schnellen Umschaltens sogar exakt auf der Geraden -

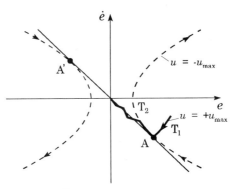

Bild 3.36. Übergang in den Sliding-Mode.

in den Nullpunkt "gleitet". Dieser Gleitzustand, der sogenannte Sliding-Mode, setzt ein, sobald eine Systemtrajektorie innerhalb des Bereiches $\overline{AA'}$ auf die Schaltgerade trifft und sorgt für stationäre Genauigkeit des Reglers. Der Reglerparameter λ bestimmt somit die Ausdehnung des Bereiches $\overline{AA'}$ und damit den Zeitpunkt, in dem der Sliding-Mode einsetzt: Je größer λ gewählt wird, um so stärker ist die Schaltgerade geneigt und um so schneller setzt der Sliding-Mode ein. Andererseits gilt auf der Schaltgeraden die Beziehung

$$e(t) + \lambda \dot{e}(t) = 0,$$

die eine lineare Differentialgleichung erster Ordnung mit der Lösung

$$e(t) = const \, e^{-t/\lambda}$$

darstellt. Der Parameter λ gibt also die Zeitkonstante an, mit der die Trajektorie im Sliding-Mode in den Ursprung strebt; ein größerer Wert von λ, der wie eben gesehen ein schnelleres Eintreten des Sliding-Mode bewirkt, bedeutet im Gegenzug also eine verringerte Kriechgeschwindigkeit auf der Schaltgeraden. Bild 3.37 zeigt den Trajektorienverlauf sowie den Verlauf der Stellgröße für verschiedene Neigungen der Schaltgeraden.

Da der grundsätzliche Verlauf der Systemtrajektorie bei einem solchen Regelkreis mit Sliding-Mode-Regler unabhängig ist vom Parameter λ sowie eventuellen Variationen der Streckenparameter, sind Sliding-Mode-Regler außerordentlich robust. Nachteilig macht sich jedoch die große Belastung des Stellglieds durch das "Rattern" des Reglers auf der Schaltgeraden bemerkbar. Eine Möglichkeit zur Abhilfe besteht darin, die harte Umschaltschwelle "aufzuweichen" durch einen linearen Übergang zwischen $-u_{max}$ und u_{max}, indem man das Zweipunktglied ersetzt durch eine gewöhnliche Begrenzer- oder Sättigungskennlinie; man spricht in diesem Fall vom *Sliding-Mode mit Boundary-Layer*. Eine weitergehende Möglichkeit, - und hier setzt der Grundgedanke des Sliding-Mode-Fuzzy Controllers an -, stellt die Unterteilung der beiden Halbebenen unter- bzw. oberhalb der Schaltgeraden in mehrere sich überlappende, unscharfe Gebiete dar. Hierdurch erreicht man einen weicheren, abgestuften Verlauf der Stellgröße. Dabei wird, wie im konventionellen Fall, auf beiden Seiten der Schaltgeraden eine bis auf das Vorzeichen gleiche Stellgrößenverteilung angesetzt.

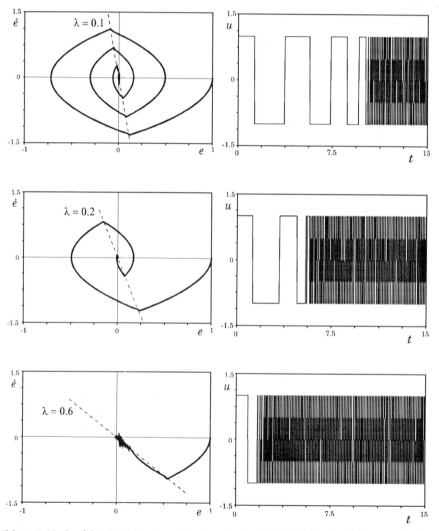

Bild 3.37. Verlauf der Trajektorien (links) sowie der Stellgröße (rechts) für verschiedene Werte des Parameters λ (Simulationsergebnisse).

3.5 Spezielle Typen von Fuzzy Controllern

Bild 3.38 zeigt typische Zugehörigkeitsfunktionen für die Eingangsgrößen e und $\dot{e}$ dieses Controller-Typs. Insbesondere fällt daran auf, daß sich jeweils nur die beiden äußeren Zugehörigkeitsfunktionen überlappen. Die Stellgrößen-Fuzzy Sets können in der Regel in Standardform dreieckförmig oder als Singletons angesetzt werden. Die Regelbasis weist für beide Halbebenen symmetrische Regeln auf, die sich zusammenfassen lassen wie folgt:

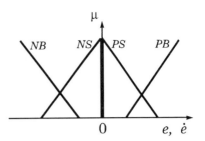

Bild 3.38. Typische Zugehörigkeitsfunktionen für die Eingangsgrößen eines Sliding-Mode-Fuzzy Controllers.

Gebiet A $(e + \lambda \dot{e} \geq 0)$:

Regel 1:   WENN   ($e = PS$ ODER $e = PB$)
              UND   ($\dot{e} = PB$ ODER $e = PB$)
              DANN $u = PB$.

Regel 2:   WENN   ($e = NS$ ODER $e = NB$)
              ODER   ($e = PS$ UND ($\dot{e} = PS$ ODER $\dot{e} = NS$))
              DANN $u = PS$.

Gebiet B $(e + \lambda \dot{e} < 0)$:

Regel 3:   WENN   ($e = NS$ ODER $e = NB$)
              UND   ($\dot{e} = NB$ ODER $e = NB$)
              DANN $u = NB$.

Regel 4:   WENN   ($e = PS$ ODER $e = PB$)
              ODER   ($e = NS$ UND ($\dot{e} = NS$ ODER $\dot{e} = PS$))
              DANN $u = NS$.

Splitten wir diese Regeln auf in Regeln unserer gewohnten Standardform

     WENN $e = \ldots$ UND $\dot{e} = \ldots$ DANN $u = \ldots$

so erhalten wir für die beiden Gebiete folgende Regelmatrizen:

Gebiet A:

		\multicolumn{4}{c}{e}			
		NB	NS	PS	PB
$\dot{e}$	PB	PS	PS	PB	PB
	PS	PS	PS	PS	PB
	NS	PS	PS	PS	
	NB	PS	PS		

Gebiet B:

		\multicolumn{4}{c}{e}			
		NB	NS	PS	PB
$\dot{e}$	PB			NS	NS
	PS		NS	NS	NS
	NS	NB	NS	NS	NS
	NB	NB	NB	NS	NS

In beiden Matrizen fehlen jeweils nur solche Regeln, die in der entsprechenden Halbebene ohnehin nicht benötigt werden; der Regelraum ist somit mit obigen vier Regeln vollständig ausgeschöpft.

Um das Übertragungsverhalten des Controllers etwas genauer zu charakterisieren, tragen wir den Gültigkeitsbereich der vier Regeln in der e-$\dot{e}$-Ebene auf (Bild 3.39). Wegen der Symmetrie genügt es, den Halbraum A oberhalb der Schaltgeraden zu betrachten. Hier erkennen wir drei Bereiche. Im mit R1 bezeichneten, dunkelgrau hinterlegten Bereich ist nur Regel 1 aktiv. Wir erhalten in diesem Bereich eine konstante, aus der Schlußfolgerung $u = PB$ resultierende Stellgröße. Im Bereich R2 (hellgrau) ist nur Regel 2 aktiv; hier erhalten wir die aus $u = PS$ resultierende Stellgröße.

Der gleitende Übergang zwischen diesen beiden Stellgrößenwerten findet nun im Überlappungsbereich R12 statt, in dem sowohl Regel 1 als auch Regel 2 aktiv ist (mittelgrau hinterlegt). Der scharfe Stellgrößenwert ist hier abhängig vom Erfüllungsgrad der beiden Regeln. Die Defuzzifizierung kann beispielsweise nach der Schwerpunktmethode vorgenommen werden.

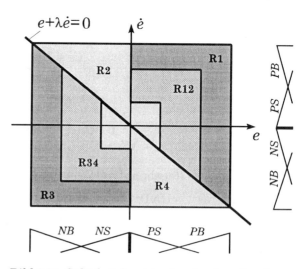

Bild 3.39. Gültigkeitsbereiche der einzelnen Regeln.

Die gleichen Verhältnisse bezüglich der Regeln 3 und 4 gelten - nur mit umgekehrtem Vorzeichen - im Halbraum B unterhalb der Schaltgeraden.

3.5 Spezielle Typen von Fuzzy Controllern   **109**

Ein primärer Anwendungsbereich von Sliding-Mode-FC liegt in der Robotik. Bild 3.40 zeigt als Beispiel eine kraftadaptive Roboterregelung. Ziel der Regelung ist es, einen Roboterarm mit konstanter Kraft auf einer vorgegebenen Bahn entlang einer Oberfläche zu führen. Dazu ermittelt ein Kraftsensor aus der Roboterdynamik F_R und der Wechselwirkungskraft F_W zwischen Roboterarm und Objekt den Istwert F_{Ist} der Kraft. Der Vergleich mit dem Sollwert F_{Soll} liefert die Regelabweichung und ihre zeitliche Änderung. Aus beiden Größen ermittelt der Fuzzy Controller als Stellgröße die Bahnkorrektur Δy_1. Der Roboterarm setzt diese Bahnkorrektur zusammen mit dem vorgegebenen Bahnverlauf um in die Positionsänderung Δy_0.

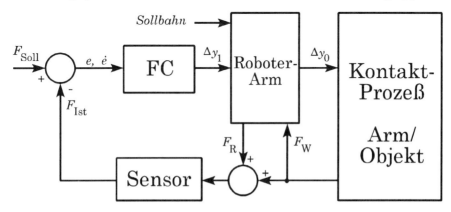

Bild 3.40. Kraftadaptive Roboterregelung mittels Sliding-Mode-Fuzzy Controller (nach [PAL91a]).

3.5.3 Fuzzy Controller vom Sugeno/Takagi-Typ

Noch mehr als der Sliding-Mode-Fuzzy Controller, der sich durch seine Schaltgerade vom konventionellen Fuzzy Controller abhob, unterscheiden sich Fuzzy Controller nach Sugeno und Takagi vom herkömmlichen Typ [SUG85a]. Dieser Unterschied besteht beim Sugeno/Takagi-Regler im wesentlichen in der Struktur der Regelbasis. Diese enthält nämlich Regeln der Form

R_i: WENN $e_1 = A_1^i$ UND $e_2 = A_2^i$ UND ... UND $e_n = A_n^i$
        DANN $u^i = p_0^i + p_1^i e_1 + p_2^i e_2 + ... + p_n^i e_n$

Darin sind

$e_1, e_2, ..., e_n$: Eingangsgrößen des Controllers
$A_1^i, A_2^i, ..., A_n^i$: Linguistische Terme für die i-te Regel.

Die Prämissen der Regeln entsprechen also der gewohnten Form, nicht jedoch die Konklusionen. Hier fällt uns auf, daß diese nicht - wie sonst - linguistische Terme für die Stellgröße u enthält, sondern sich der scharfe Stellgrößenwert u^i der i-ten Regel als Linearkombination der scharfen Eingangsgrößen, gewichtet mit festen (im allgemeinen für jede Regel unterschiedlichen) Parametern, also Zahlenwerten p_j^i ergibt. Nehmen wir als Beispiel einen Sugeno/Takagi-Controller mit zwei Eingangsgrößen e_1 und e_2. Dann könnten mögliche Regeln wie folgt definiert sein

R_1: WENN $e_1 = groß$ UND $e_2 = mittel$
DANN $u^1 = 1.5 + 2e_1 + 0.5e_2$

R_2: WENN $e_1 = mittel$ UND $e_2 = groß$
DANN $u^2 = 3.2 + 4e_1 - 1.5e_2$

usw.

Im Schlußfolgerungsteil der Regeln tritt bei diesem Controller-Typ also keinerlei Unschärfe auf, sondern jede Regel liefert direkt einen scharfen, von den aktuellen Eingangsgrößen abhängigen Stellgrößenwert. Eine Defuzzifizierung im eigentlichen Sinne gibt es damit bei diesem Reglertyp nicht. Die Berechnung des scharfen Ausgangswertes des Controllers erfolgt stattdessen folgendermaßen: Zunächst wird für den vorliegenden Satz scharfer Eingangswerte wie gewohnt der Erfüllungsgrad H_i jeder einzelnen Regel ermittelt. Dazu können wir die Erfüllungsgrade der einzelnen Teilprämissen über den MIN-Operator verknüpfen oder aber, wie von Sugeno und Takagi vorgeschlagen, den Gesamterfüllungsgrad der Regel als algebraisches Produkt der einzelnen Erfüllungsgrade berechnen. Der Stellgrößenwert u^i jeder Regel wird dann mit ihrem Erfüllungsgrad gewichtet und die resultierende Stellgröße durch Aufsummation der Beträge aller m Regeln gemäß

$$u_{\text{res}} = \frac{\sum_{i=1}^{m} H_i u^i}{\sum_{i=1}^{m} H_i}.$$

ermittelt. Qualitativ entspricht diese Berechnungsweise - wie unschwer zu erkennen ist - der Schwerpunktmethode für Singletons bei der "echten" Defuzzifizierung.

Nehmen wir als Beispiel obige beiden Regeln und die scharfen Eingangswerte $e_1' = 0.5$, $e_2' = 1$. Weiterhin sei

$\mu_{e_1\,groß}(0.5) = 0.2$

$\mu_{e_2\,mittel}(1) = 0.4$

$\mu_{e_1 \, mittel}(0.5) = 0.8$

$\mu_{e_2 \, groß}(1) = 0.6$

Damit erhalten wir für die Erfüllungsgrade der beiden Regeln

$H_1 = \text{MIN}(0.2, 0.4) = 0.2$

$H_2 = \text{MIN}(0.8, 0.6) = 0.6$

und für die beiden (ungewichteten) Stellgrößenanteile

$u^1 = 1.5 + 2 \cdot 0.5 + 0.5 \cdot 1 = 3$

$u^2 = 3.2 + 4 \cdot 0.5 - 1.5 \cdot 1 = 3.7$

Der scharfe Stellgrößenwert ergibt sich dann zu

$$u_{res} = \frac{0.2 \cdot 3 + 0.6 \cdot 3.7}{0.2 + 0.6} = 3.525$$

Einen interessanten Sonderfall erhalten wir, sofern als Eingangsgrößen e_i des Fuzzy Controllers gerade die Zustandsgrößen der Strecke gewählt werden. In diesem Fall nämlich repräsentiert jede Regel dieses Controller-Typs nichts anderes als einen *linearen Zustandsregler*, wobei die Parameter p_j^i die Verstärkungen des Zustandsreglers darstellen. Der Controller insgesamt stellt dann also einen linearen Zustandsregler mit *variablen, zustandsabhängigen Koeffizienten* dar.

Eine Frage, die sich beim Sugeno/Takagi-Regler zwangsläufig aufdrängt, ist diejenige nach der Wahl der Parameter p_j^i. Nehmen wir den Fall einer Regelbasis mit 3 Eingangsgrößen und 20 Regeln, so sind insgesamt 20 (3+1) = 80 Parameter festzulegen! Im Prinzip sind zwei Lösungsansätze denkbar:

- Berechnung geeigneter Parameter durch numerische Optimierungsverfahren oder "Lernen" der Parameter durch neuronale Netze anhand von Beispielen (siehe Kapitel 6 und 8).

- Ermittlung der Parameter durch *Identifikation* des Verhaltens eines Operators und eventuell anschließende rechnergestützte oder experimentelle Nachbesserung (siehe z. B. [KLO93]). Diese Möglichkeit besteht naturgemäß nur dann, wenn der zugrundeliegende Prozeß vom Menschen bereits einigermaßen zufriedenstellend beherrscht werden kann. Wir sind darauf bereits in Abschnitt 3.4.1 eingegangen.

Die zweite Vorgehensweise wollen wir in Ansätzen anhand eines Beispiels verdeutlichen [SUG85c]. Die Aufgabenstellung besteht dabei darin, ein (Modell-)Auto kollisionsfrei und ohne allzu heftige Lenkbewegungen über einen rechtwinkligen Kurs zu bewegen (Bild 3.41). Als Eingangsgrößen des Fuzzy Controllers dienen

e_1 = Abstand zur Abzweigung,

e_2 = Abstand zum Innenrand der Fahrbahn,

e_3 = Fahrtrichtung des Wagens,

e_4 = Abstand zum Außenrand der Fahrbahn.

Stellgröße u ist die Winkelstellung des Lenkrads.

Anhand der Beobachtung der menschlichen Fahrweise wurden definiert

- für e_1 die Terme *klein*, *mittel* und *groß*,
- für e_2 die Terme *klein* und *groß*,
- für e_3 die Terme *links*, *geradeaus* und *rechts*,
- für e_4 der Term *sehr_klein*.

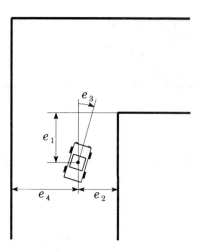

Bild 3.41. Eingangsgrößen des Sugeno/Takagi-Reglers.

Bild 3.42 zeigt qualitativ die Form der entsprechenden Zugehörigkeitsfunktionen. Ebenfalls durch Beobachtung eines menschlichen Fahrers wurde die Regelbasis mit insgesamt 20 Regeln erstellt. Dabei taucht der Abstand e_4 zum Außenrand der Fahrbahn lediglich in den ersten beiden Regeln

WENN e_3 = *links* UND e_4 = *sehr_klein*
DANN $u = 3 - 0.045 e_3 - 0.004 e_4$

WENN e_3 = *geradeaus* UND e_4 = *sehr_klein*
DANN $u = 3 - 0.030 e_3 - 0.090 e_4$

auf. Man sieht unmittelbar, daß diese beiden Regeln dazu dienen, den Wagen vom Außenrand der Fahrbahn fernzuhalten.

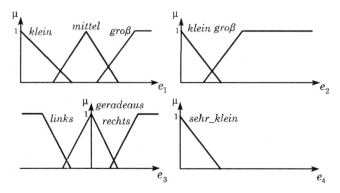

Bild 3.42. Zugehörigkeitsfunktionen für Eingangsgrößen.

Die übrigen 18 Regeln sind für das allgemeine Fahrverhalten zuständig und enthalten in ihren Prämissen alle möglichen Kombinationen der linguistischen Terme der Eingangsgrößen e_1 bis e_3. Insgesamt besitzt der Controller damit 20 (4+1) = 100 Parameter p_j^i. Zur Bestimmung dieser Parameterwerte wurden während mehrerer manueller Fahrten diskrete Eingangsgrößenwerte e_{1k}, e_{2k}, e_{3k}, e_{4k} und die zugehörigen, vom Fahrer erzeugten Stellgrößenwerte u_k aufgezeichnet. Mit Hilfe eines numerischen Optimierungsverfahrens wurden die Parameter dann so berechnet, daß die Abweichung zwischen gemessener Fahrweise und FC-geregelter Fahrt minimal wurde. Entsprechende Fahrverläufe können [SUG85c] entnommen werden.

4 Stabilität von Fuzzy-Regelungssystemen

4.1 Klassifizierung möglicher Regelkreisstrukturen

Die Forderung nach der Stabilität eines Regelkreises stellt ohne Frage die grundlegende Bedingung beim Reglerentwurf dar. Ein instabiler Regelkreis ist, sieht man von einigen wenigen, mehr akademischen Anwendungsbeispielen einmal ab, in der Praxis nicht zu akzeptieren. Bevor irgendwelche weitergehende Anforderungen an die Dynamik des Kreises gestellt werden können, muß daher in der Regel zunächst einmal seine Stabilität sichergestellt werden. Dazu bieten sich zwei grundsätzlich unterschiedliche Vorgehensweisen an:

1. Man versucht, die Stabilität mit Hilfe eines geeigneten analytischen, grafischen oder rechnergestützten Stabilitätskriteriums exakt nachzuweisen bzw. mit "hinreichender Sicherheit" sicherzustellen.
2. Scheidet die erste Möglichkeit aus, kann zur Sicherung der Stabilität eine übergeordnete "Überwachungsebene" integriert werden, die den Prozeß bei Auftreten unzulässiger Systemzustände in einen sicheren Zustand überführt (im einfachsten Fall mit einer Art "Not-Aus-Funktion").

Gegenstand dieses Kapitels soll die eigentliche Stabilitätsanalyse sein. Auf Ansätze für eine übergeordnete Prozeßüberwachung werden wir im Zusammenhang mit *Fuzzy Supervision* in Kapitel 7 eingehen.

Solange Regler und Regelstrecke als linear betrachtet und realisierungsbedingte Nichtlinearitäten wie Begrenzungen von Stellgliedern u. ä. vernachlässigt werden können, weist der resultierende Regelkreis lineares Übertragungsverhalten auf. In diesem Fall steht dem Anwender eine Vielzahl einfach anwendbarer, algebraischer oder grafischer Stabilitätskriterien zur Verfügung, um die Stabilität seines Regelungssystems und darüber hinaus auch eine gewisse "Stabilitätsgüte" nachzuweisen.

Sobald ein Fuzzy Controller ins Spiel kommt, verlieren diese Kriterien der linearen Systemtheorie schlagartig an Wert. Fuzzy Controller sind - wir haben es mittlerweile zur Genüge feststellen können - nichtlineare Regler, so daß auch der geschlossene Regelkreis nunmehr nichtlinearen Charakter aufweist. Sofern also weiterhin Interesse an einem Stabilitätsnachweis besteht, muß zu Methoden der nichtlinearen Regelungstheorie gegriffen werden. Dies ist aus verschiedenen Gründen unangenehm:

1. *Die* Stabilität eines nichtlinearen Regelkreises gibt es nicht. Vielmehr kann ein nichtlineares System *mehrere* Ruhelagen mit *unterschiedlichen* Stabilitätseigenschaften besitzen. Liegen mehrere Ruhelagen vor, bezieht sich eine Stabilitätsaussage daher immer nur auf eine dieser Ruhelagen.
2. Im Gegensatz zu linearen Systemen, wo unter Stabilität in der Regel das asymptotische Abklingen aller Eigenbewegungen des Systems bzw. das Reagieren mit begrenzter Ausgangsgröße auf eine begrenzte Eingangsgröße (BIBO-Stabilität) verstanden wird, existiert in der nichtlinearen Theorie eine ganze Reihe von Stabilitätsbegriffen mit teilweise recht unterschiedlicher Bedeutung.
3. Die Nichtlinearitäten können die verschiedenartigsten Erscheinungsformen aufweisen. Aus diesem Grunde eignen sich alle bekannten Verfahren zum Stabilitätsnachweis nichtlinearer Systeme immer nur für ganz bestimmte Arten von Nichtlinearitäten bzw. setzen Charakteristika voraus, die in der Praxis häufig nicht gegeben sind.
4. Die Anwendung nichtlinearer Stabilitätskriterien ist zumeist wesentlich komplizierter als im linearen Fall. Außerdem beschränkt sie sich häufig auf Systeme niedriger Ordnung.

Wir können die möglichen Fälle zunächst grob klassifizieren nach der Art des Fuzzy Controller-Einsatzes und des Typs der Regelstrecke bzw. des Streckenmodells. Beim Regler können wir zwei Fälle unterschieden:

1. Der Fuzzy Controller tritt als eigenständiger Regler auf, ersetzt also den konventionellen Regler vollständig.
2. Der Fuzzy Controller tritt in Kombination mit einem konventionellen Regler auf, beispielsweise zur Adaption der Parameter eines PID-Reglers. Der Gesamtregler ist dann hybrid (siehe Kapitel 5).

Bezüglich der Regelstrecke wollen wir drei Fälle betrachten:

1. Es liegt ein mathematisches Modell der Strecke vor, und dieses ist linear (z. B. in Form einer Übertragungsfunktion oder eines linearen Zustandsraummodells).
2. Es liegt ein mathematisches Modell der Strecke vor, dieses ist jedoch nichtlinear (beispielsweise ein nichtlineares Zustandsraummodell).
3. Es liegt kein mathematisches Modell der Strecke vor, sondern nur empirisches Wissen in linguistischer Form als WENN... DANN... - Regeln. Wir wollen diesen Modelltyp als linguistisches Modell oder Fuzzy-Modell bezeichnen.

Der letzte Fall ist für Fuzzy-Regelungssysteme natürlich von besonderem Interesse, stellt er doch den prädestinierten Einsatzbereich von Fuzzy Controllern dar.

Es ergeben sich somit insgesamt sechs denkbare Kombinationen von Regler und Strecke bzw. Streckenmodell, die in Tabelle 4.1 aufgeführt sind.

	Strecke		
	linear	nichtlinear	fuzzy
Regler fuzzy	①	②	③
Regler fuzzy/konventionell	④	⑤	⑥

Tabelle 4.1. Mögliche Regler-/Streckenkombinationen.

Der Schwierigkeitsgrad des Stabilitätsnachweises hängt - wie wir im folgenden noch genauer sehen werden - entscheidend von der vorliegenden Regler-/Streckenkombination ab. Der Nachweis wird sich naturgemäß in den Fällen ① und ② am einfachsten gestalten, da dort die aus der nichtlinearen Regelungstheorie bekannten Verfahren im Zeit- und Frequenzbereich Anwendung finden können, während man in den übrigen Fällen im allgemeinen auf mehr oder weniger heuristisch begründete Stabilitäts"vermutungen", nicht aber exakte Nachweise zurückgreifen muß. Speziell für die Fälle einer fuzzy-modellierten Strecke liegen praktisch noch keine wirklich praktikablen Ansätze vor. Wir wollen in den nachfolgenden Abschnitten daher im wesentlichen Verfahren für die ersten beiden Fälle betrachten und auf die weiteren Kombinationen nur am Rande eingehen. Eine Übersicht über existierende Verfahren (die allerdings auch eine Reihe höchst unpraktikabler Ansätze beinhaltet) findet man in [BRE94a] bzw. - für den mehr der englischen Sprache zugeneigten Leser - in ([BRE94b], [MAR94], [OPI93b]).

4.2 Stabilitätsanalyse in der Phasenebene

Die Analyse nichtlinearer Systeme im Zustandsraum ist eine aus der konventionellen Regelungstechnik bekannte Vorgehensweise, um sich einen Überblick über die Dynamik des Regelungssystems und seine Stabilitätseigenschaften zu verschaffen. Sie basiert auf der grafischen Darstellung der Systemdynamik in Form der *Systemtrajektorien*. Die Anwendbarkeit ist daher auf Systeme zweiter Ordnung - also die Analyse in der Zustands- oder Phasenebene - beschränkt. Die Nichtlinearität des Reglers und gegebenenfalls auch der Strecke kann im Prinzip beliebig sein; für die Strecke muß jedoch ein mathematisches Modell vorliegen.

Die Grundidee liegt dabei darin, die Systemdynamik durch (simulatorische) Ermittlung der Systemtrajektorien für eine im interessierenden Bereich der Zustandsebene "hinreichend" dicht verteilte Zahl von Anfangswerten zu charakterisieren. Die Analyse liefert somit keinen wirklich exakten Stabilitätsbeweis, gibt aber zumindest einen groben Einblick in mögliche Ruhelagen des Systems und ihr Stabilitätsverhalten bzw. ihre Einzugsgebiete.

Zur Analyse eines Fuzzy-Regelkreises wird die von den beiden linguistischen Eingangsvariablen des Fuzzy Controllers gebildete Phasenebene zunächst in sogenannte *disjunkte Zellen* eingeteilt, wobei jede Zelle einer Regel der Regelmatrix entspricht. Die Zellengrenzen werden dabei so gewählt, daß jede Zelle genau den Bereich scharfer Eingangswerte umfaßt, für den die entsprechende Regel den maximalen Erfüllungsgrad aller Regeln hat. Bild 4.1 zeigt die Zelleneinteilung für einen Fuzzy Controller mit jeweils fünf linguistischen Termen für beide Eingangsgrößen anhand einer Beispielregelmatrix. Da die Zugehörigkeitsfunktionen hier unsymmetrisch gewählt wurden, haben die Zellen unterschiedliche Ausdehnung.

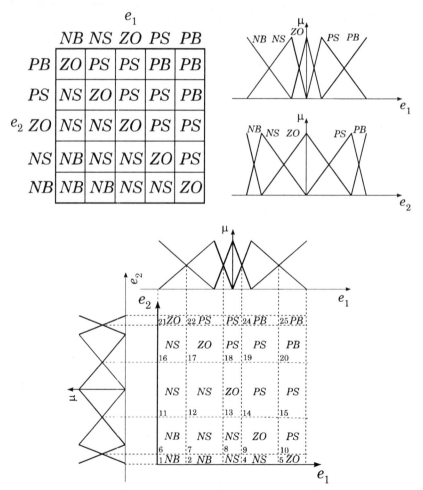

Bild 4.1. Regelbasis und linguistische Terme der Eingangsgrößen eines Fuzzy Controllers (oben) und daraus resultierende Parzellierung der e_1-e_2-Phasenebene.

Tragen wir nunmehr die Systemtrajektorie für einen bestimmten Anfangszustand (e_1^0, e_2^0) in die derart "aufbereitete" Phasenebene ein, so erhalten wir zusätzlich zur eigentlichen Trajektorie auch Informationen darüber, welche Regeln für das Systemverhalten im wesentlichen verantwortlich sind. So gehört zu jeder Trajektorie eine sogenannte *linguistische Trajektorie*, die die Nummern der durchlaufenen Zellen bzw. zugehörigen Regeln enthält. Bild 4.2 zeigt eine derartige Trajektorie.

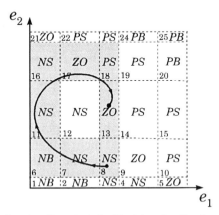

Bild 4.2. Beispiel für eine linguistische Trajektorie, die einen Anfangszustand in die Ruhelage im Ursprung überführt. Die Regeln mit jeweils maximalem Erfüllungsgrad sind grau hinterlegt.

Die simulatorische Ermittlung derartiger Trajektorien gibt dem Anwender nicht nur Aufschluß über das Stabilitätsverhalten des Regelkreises, sondern auch Hinweise bezüglich der Skalierung der Reglereingangsgrößen. Werden beispielsweise gewisse Teile der Regelbasis für eine Vielzahl von Anfangsauslenkungen nicht aktiviert oder wird die Regelbasis im Verlauf einer Trajektorie "verlassen", da eine der Eingangsgrößen den von ihren linguistischen Termen überdeckten Bereich überschreitet, so deutet dies auf eine ungeeignete Skalierung der entsprechenden Eingangsgröße hin. Bild 4.3 zeigt zwei derartige Fälle (siehe auch Abschnitt 3.4.3).

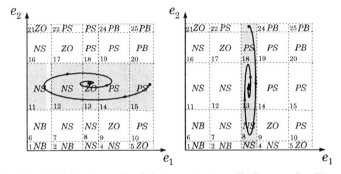

Bild 4.3. Mögliche Trajektorienverläufe bei ungünstiger Skalierung der Eingangsgrößen des Fuzzy Controllers.

4.3 Die direkte Methode von Ljapunov

Die direkte Methode von Ljapunov stellt das wichtigste Werkzeug der Ljapunovschen Stabilitätstheorie dar. Sie geht aus von der Zustandsraumdarstellung eines dynamischen Systems in der Form

$$\dot{\underline{x}} = \underline{F}(\underline{x},\underline{u}) \quad \underline{x}(t_0) = \underline{x}_0.$$

Dabei ist $\underline{x}$ der Zustandsvektor des Systems und $\underline{u}$ der Vektor der Eingangsgrößen; $\underline{F}$ ist die die Systemdynamik beschreibende lineare oder nichtlineare Vektorfunktion, die sogar zeitvariant sein darf.

Die Grundidee der direkten Methode von Ljapunov liegt darin, daß die Gesamtenergie eines physikalischen Systems in jeder Ruhelage des Systems zu null wird, außerhalb der Ruhelage immer größer oder gleich null ist und - sofern die Ruhelage stabil ist - in der Umgebung der Ruhelage zeitlich überall abnehmen muß oder zumindest nicht zunehmen darf. Um die Stabilität einer Ruhelage nachzuweisen, muß man daher eine vom Systemzustand abhängige Energiefunktion oder allgemeiner eine sog. *Ljapunovfunktion* $V(\underline{x})$ finden, die folgende Bedingungen erfüllt:

1. $V(\underline{x}) = 0$ für $\underline{x} = \underline{0}$
2. $V(\underline{x}) > 0$ für alle $\underline{x} \neq \underline{0}$
3. $\dot{V}(\underline{x}) \leq 0$

Der hier angenommene Fall, daß sich die Ruhelage in $\underline{x} = \underline{0}$ befindet, stellt keine Einschränkung der Allgemeinheit dar, da jede andere Ruhelage über eine Zustandstransformation auf einfache Weise in den Ursprung überführt werden kann. Für den Nachweis der Stabilität ist es ferner nicht erforderlich, daß die gefundene Ljapunovfunktion wirklich exakt die Energiefunktion des Systems darstellt; vielmehr ist jede beliebige skalare Funktion $V(\underline{x})$ geeignet, die obige drei Bedingungen erfüllt. Es gibt daher für jede stabile Ruhelage im allgemeinen eine ganze Reihe von geeigneten Funktionen für den Stabilitätsnachweis.

Da die Nichtlinearitäten nahezu beliebiger Natur sein können, stellt die direkte Methode nach Ljapunov ein äußerst universelles und mächtiges Werkzeug zur Stabilitätsanalyse dar. Das Hauptproblem jedoch - und daran scheitert das Vorhaben in der Regel - liegt im Finden einer geeigneten Ljapunovfunktion. In den meisten Fällen artet der Entwurf bzw. die Stabilitätsanalyse daher in einer Art "Trial and Error"-Vorgehensweise aus. Einen ersten Anhaltspunkt - das ergibt obige Motivation unmittelbar - liefern zumeist Betrachtungen der Energiebilanzen des Systems. Diese führen häufig auf quadratische Formen der Art

$$V(\underline{x}) = \underline{x}^T \underline{R} \underline{x}$$

als Ansatz für die Ljapunovfunktion. Die Matrix $\underline{R}$ muß positiv definit sein; in vielen Fällen kann sie als Diagonalmatrix angesetzt werden. Wir wollen dazu ein Beispiel betrachten.

Unsere Regelstrecke sei ein auf einem beweglichen Wagen montiertes inverses Pendel gemäß Bild 4.4. Der Wagen besitze die Masse m_W, das Pendel die auf seiner Länge $2l$ homogen verteilte Masse m_P. Die Regelungsaufgabe bestehe darin, den Wagen durch Einwirkung einer Kraft u in eine vorgegebene Sollposition zu fahren, wobei das Pendel seine Sollauslenkung $\varphi = 0$ möglichst exakt beibehalten soll. Der Entwurf eines dafür geeigneten Fuzzy Controllers soll uns hier nicht interessieren, er ist bereits Gegenstand einer nahezu unendlich großen Zahl von Veröffentlichungen (z. B. [YAM89]). Wir wollen vielmehr versuchen, mit Hilfe der direkten Methode von Ljapunov eine Stabilitätsaussage zu treffen.

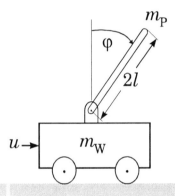

Bild 4.4. Wagen mit inversem Pendel.

Zunächst müssen wir das mathematische Modell des Wagen-Pendel-Systems ermitteln. Dazu stellen wir das Kräfte- und Momentengleichgewicht im Pendeldrehpunkt auf und setzen die auf diese Weise erhaltenen Gleichungen ineinander ein. Dies führt uns auf ein nichtlineares Zustandsraummodell der Form

$$\dot{x}_1 = x_2$$

$$\dot{x}_2 = \frac{g \sin x_1 - \dfrac{m_W l}{m_W + m_P} \sin x_1 \cos(x_1 x_2^2) - \dfrac{1}{m_W + m_P} u \cos x_1}{\dfrac{4}{3} l - \dfrac{m_W l}{m_W + m_P} \cos^2 x_1}$$

mit den Zustandsgrößen

$$x_1 \hat{=} \varphi, \quad x_2 \hat{=} \dot{\varphi}.$$

Als Ljapunovfunktion wählen wir gemäß vorangegangenen Überlegungen die Funktion

$$V(\underline{x}) = \frac{1}{2}(x_1^2 + x_2^2).$$

Die Bedingungen (1) und (2) sind damit automatisch erfüllt; zu überprüfen bleibt noch Bedingung (3), also

$$\dot{V}(\underline{x}) \leq 0.$$

Die Ableitung der Ljapunovfunktion nach der Zeit ergibt sich aus ihrem Gradienten bezüglich des Zustandsvektors $\underline{x}$ sowie der zeitlichen Ableitung des Zustandsvektors gemäß

$$\dot{V}(\underline{x}) = [\nabla V(\underline{x})]^T \dot{\underline{x}},$$

in unserem Beispiel also zu

$$\dot{V}(\underline{x}) = \frac{\partial V}{\partial x_1}\dot{x}_1 + \frac{\partial V}{\partial x_2}\dot{x}_2.$$

Setzen wir die oben ermittelten Modellgleichungen ein, so erhalten wir [13]

$$\dot{V}(\underline{x}) = x_1 x_2 + x_2 \frac{g \sin x_1 - \dfrac{m_W l}{m_W + m_P}\sin x_1 \cos(x_1 x_2^2) - \dfrac{1}{m_W + m_P} u \cos x_1}{\dfrac{4}{3}l - \dfrac{m_W l}{m_W + m_P}\cos^2 x_1} =$$

$$= x_2 \left(\frac{x_1 \dfrac{4}{3}l - x_1 \dfrac{m_W l}{m_W + m_P}\cos^2 x_1 + g \sin x_1 - \dfrac{m_W l}{m_W + m_P}\sin x_1 \cos(x_1 x_2^2) - \dfrac{1}{m_W + m_P} u \cos x_1}{\dfrac{4}{3}l - \dfrac{m_W l}{m_W + m_P}\cos^2 x_1} \right)$$

Der Nenner des Klammerausdrucks ist immer positiv, so daß wir nur den Zähler betrachten müssen. Ist x_2 positiv, so muß der Zähler negativ sein, ist x_2 negativ, so muß er positiv sein. Lösen wir den Zähler nach der Stellgröße u auf, so erhalten wir also für Stabilität folgende Bedingungen:

$$u \stackrel{!}{>} \frac{m_W + m_P}{\cos x_1}\left(x_1 \frac{4}{3}l - x_1 \frac{m_W l}{m_W + m_P}\cos^2 x_1 + g \sin x_1 - \frac{m_W l}{m_W + m_P}\sin x_1 \cos(x_1 x_2^2)\right) \text{ für } x_2 > 0$$

$$u \stackrel{!}{<} \frac{m_W + m_P}{\cos x_1}\left(x_1 \frac{4}{3}l - x_1 \frac{m_W l}{m_W + m_P}\cos^2 x_1 + g \sin x_1 - \frac{m_W l}{m_W + m_P}\sin x_1 \cos(x_1 x_2^2)\right) \text{ für } x_2 < 0$$

Mit Hilfe dieser Bedingungen kann also bei Vorliegen des Fuzzy Controller-Kennfeldes $u(x_1, x_2)$ eine Stabilitätsüberprüfung erfolgen. Jeder Fuzzy

---

[13] In Mathematikbüchern findet man an Stellen wie dieser häufig den Zusatz "...nach einigen elementaren Umformungen..." ...

4.4 Das Stabilitätskriterium von Popov

Controller, der die Bedingungen erfüllt, führt zu einer stabilen Ruhelage. Da die direkte Methode von Ljapunov in der hier beschriebenen Form nur hinreichenden, aber keinen notwendigen Charakter hat, kann sie zwar wie gezeigt zum Nachweis der Stabilität benutzt werden; ist jedoch ein Stabilitätsnachweis mit der gewählten Ljapunovfunktion nicht möglich, so bedeutet dies nicht, daß ein Nachweis mit einer anderen Funktion nicht vielleicht doch möglich wäre.

4.4 Das Stabilitätskriterium von Popov

Die direkte Methode von Ljapunov ist ein Verfahren im Zeitbereich, da sie auf der Systemdarstellung in Form eines Zustandsraummodells beruht. Im Gegensatz dazu arbeitet das Kriterium von Popov im Frequenzbereich. Es ist geeignet für einen einschleifigen Standardregelkreis mit einem in Form einer Übertragungsfunktion $G(s)$ gegebenen linearen Systemanteil und einer statischen Nichtlinearität, die im allgemeinen den Regler charakterisiert (Bild 4.5).

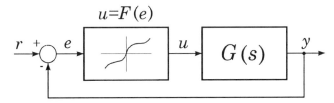

Bild 4.5. Beispiel für einschleifigen Standardregelkreis mit statischer Nichtlinearität.

Der Zählergrad der Übertragungsfunktion $G(s)$ muß kleiner als ihr Nennergrad sein; außerdem darf sie keine Pole mit positivem Realteil besitzen.

Die Besonderheit des Popov-Kriteriums liegt darin, daß die Stabilität nicht nur für eine einzelne Kennlinie $F(e)$ nachgewiesen wird, sondern für *jede* Kennlinie, die sich innerhalb eines über zwei lineare Kennlinien mit den Steigungen k_1 bzw. k_2 definierten Sektors befindet und darüber hinaus eindeutig und stückweise stetig ist (Bild 4.6). Der entsprechende Regelkreis wird dann als *absolut stabil* im Sektor $[k_1, k_2]$ bezeichnet.

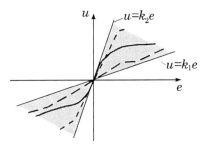

Bild 4.6. Zur Definition der absoluten Stabilität.

Dieser Sektor kann - wie sich leicht zeigen läßt (siehe dazu z. B. [UNB92]) - ohne Einschränkung der Allgemeinheit auf einen Sektor der Form $[0, k]$ transformiert werden, so daß im folgenden der Einfachheit halber nur noch dieser Fall betrachtet wird.

Zum Nachweis der absoluten Stabilität des Regelkreises im Sektor $[0, k]$ gilt es dann eine beliebige reelle Zahl q zu finden, die für alle Frequenzen $\omega \geq 0$ die sogenannte *Popov-Ungleichung*

$$\operatorname{Re}\left\{(1 + q\,\mathrm{j}\omega)G(\mathrm{j}\omega) + \frac{1}{k}\right\} > 0$$

erfüllt. Auch diese Bedingung ist - wie die direkte Methode von Ljapunov - nur hinreichender Natur. Liegt also eine Kennlinie außerhalb des auf diese Weise nachgewiesenen Stabilitätssektors, so kann diese in Einzelfällen dennoch zu einem stabilen Regelkreis führen.

Wie die Popov-Ungleichung ausgewertet wird, hängt vom Anwendungsfall ab. Soll die Stabilität nur für eine bestimmte Kennlinie nachgewiesen werden, so wird man diese durch eine Gerade mit kleinstmöglicher Steigung k einhüllen und für diesen k-Wert ein geeignetes q suchen. Ist man hingegen an der Bestimmung des größtmöglichen Sektors interessiert, in dem die nichtlineare Kennlinie liegen darf, so erfolgt die Auswertung günstigerweise grafisch auf der Basis der Ortskurve von $G(s)$. Zur Herleitung der Auswertungsvorschrift wird die Popov-Ungleichung zunächst überführt in die Beziehung

$$\operatorname{Re}\{G(\mathrm{j}\omega)\} - q\omega\operatorname{Im}\{G(\mathrm{j}\omega)\} + \frac{1}{k} > 0.$$

Führen wir nun die Bezeichnungen

$$a := \operatorname{Re}\{G(\mathrm{j}\omega)\}$$
$$b := \omega\operatorname{Im}\{G(\mathrm{j}\omega)\}$$

ein, so wird die Ungleichung durch alle Punkte in der (a, b)-Ebene erfüllt, die rechts der Geraden mit der Gleichung

$$a - qb + \frac{1}{k} = 0$$

bzw. umgeformt

$$b = \frac{1}{q}\left(a + \frac{1}{k}\right)$$

liegen. Diese Gerade - die als *Popov-Gerade* bezeichnet wird - besitzt die Steigung $1/q$ und schneidet die a-Achse bei $-1/k$. Die zugehörige Ortskurve

4.4 Das Stabilitätskriterium von Popov

$$G_\mathrm{P}(\mathrm{j}\omega) = a + \mathrm{j}b = \mathrm{Re}\{G(\mathrm{j}\omega)\} + \mathrm{j}\omega\,\mathrm{Im}\{G(\mathrm{j}\omega)\}$$

wird dementsprechend als *modifizierte Ortskurve* oder *Popov-Ortskurve* bezeichnet. Sie entsteht aus der "normalen" Ortskurve von $G(s)$, indem der Imaginärteil mit der Frequenz ω multipliziert wird.

Die grafische Auswertung läßt sich also wie folgt zusammenfassen:

- Man trägt zunächst die Popov-Ortskurve des linearen Teilsystems $G(s)$ auf.
- Möchte man die Stabilität nur für einen bestimmten k-Wert überprüfen, so legt man eine Gerade durch den Punkt $-1/k$ der reellen Achse und versucht die Geradensteigung so zu wählen, daß die Popov-Ortskurve komplett rechts der Geraden liegt. Ist dies möglich, so ist die absolute Stabilität für den entsprechenden Sektor nachgewiesen.
- Soll der größtmögliche Sektor bestimmt werden, so versucht man diejenige Gerade (mit beliebiger Steigung) zu finden, die die Popov-Ortskurve gerade tangiert und die reelle Achse möglichst weit rechts schneidet. Aus diesem Schnittpunkt ergibt sich dann unmittelbar der maximal nachweisbare k-Wert.

Bild 4.7 verdeutlicht den letztgenannten Fall anhand eines Beispiels. Insbesondere machen die letzten Ausführungen deutlich, daß für die Anwendung des Popov-Kriteriums die Übertragungsfunktion $G(s)$ nicht unbedingt explizit vorliegen muß, sondern auch ein beispielsweise experimentell ermittelter Frequenzgang ausreicht. Besitzt der lineare Systemanteil eine Totzeit, ist das Popov-Kriterium ebenfalls anwendbar, es muß für q dann allerdings ein positiver Wert ermittelt werden, und die nichtlineare Kennlinie muß zudem stetig sein (siehe dazu z. B. [BÖH93]).

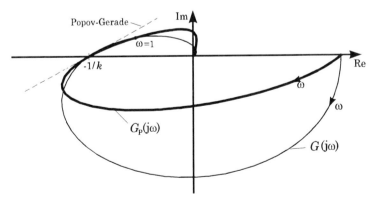

Bild 4.7. Grafische Ermittlung des Popov-Sektors.

Wir wollen auch hier wieder ein Beispiel betrachten. Dazu wählen wir für den linearen Systemanteil die Übertragungsfunktion 3. Ordnung

$$G(s) = \frac{1}{(s+1)(s^2+s+1)}.$$

Zur Ermittlung des Popov-Sektors benötigen wir also zunächst den Frequenzgang von $G(s)$, den wir durch Ersetzen von s durch $j\omega$ und Aufsplitten nach Real- und Imaginärteil erhalten. Durch Multiplikation des Imaginärteils mit ω erhalten wir dann die Popov-Ortskurve. An diese schieben wir von links kommend eine Gerade mit beliebiger Steigung so heran, daß sie die Ortskurve gerade tangiert und den kleinstmöglichen Achsenabschnitt bezüglich der reellen Achse ergibt. Dieser ist hier gerade mit dem Schnittpunkt der Popov-Ortskurve mit der reellen Achse bei

$$-\frac{1}{k} \approx -0.33$$

identisch (Bild 4.8). Daraus erhalten wir den gesuchten Popov-Sektor also zu

$$0 \leq k \leq 3.$$

Jede eindeutige und stückweise stetige Kennlinie innerhalb dieses Sektors führt also zu einem stabilen Regelkreis.

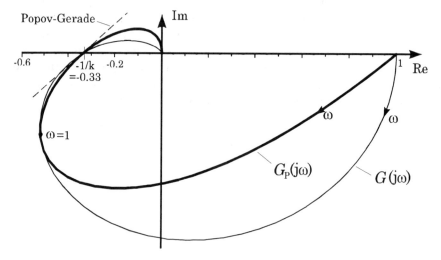

Bild 4.8. Ermittlung des Popov-Sektors für Beispiel.

4.5 Das Kreiskriterium

Das Kreiskriterium ist eng mit dem Popov-Kriterium verwandt und erlaubt ebenfalls den Nachweis absoluter Stabilität für einen Sektor $[k_1, k_2]$. Es bezieht sich jedoch nicht auf die modifizierte Ortskurve, sondern auf die

Ortskurve von $G(s)$ selbst. In diesem Fall liegt absolute Stabilität vor, wenn der Kreis mit dem Mittelpunkt

$$m = -\frac{1}{2}\left(\frac{1}{k_1} + \frac{1}{k_2}\right)$$

auf der reellen Achse und dem Radius

$$r = \frac{1}{2}\left(\frac{1}{k_1} - \frac{1}{k_2}\right)$$

von der Ortskurve $G(j\omega)$ *vollständig links liegen gelassen wird* (Bild 4.9). Die Schnittpunkte des Kreises mit der reellen Achse liegen dann also bei $-1/k_1$ bzw. $-1/k_2$.

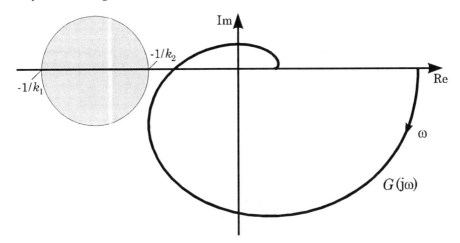

Bild 4.9. Zum Kreiskriterium.

Sowohl das Popov-Kriterium als auch das Kreiskriterium sind prinzipiell auch im Falle mehrdimensionaler Nichtlinearitäten anwendbar, liefern dort aber recht konservative Ergebnisse (siehe z. B. [OPI93]).

4.6 Methode der Harmonischen Balance

Die Harmonische Balance ermöglicht die näherungsweise Bestimmung möglicher *Grenzzyklen* eines nichtlinearen Regelkreises. Sie eignet sich insbesondere für Kreise bestehend aus einem Kennlinienregler mit symmetrischem Übertragungsverhalten (vorzugsweise stufenförmigen Kennlinien) und einer linearen Regelstrecke. Eine derartige Struktur zeigt Bild 4.10.

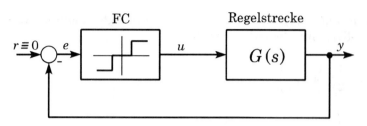

Bild 4.10. Fuzzy-Regelkreis mit linearer Regelstrecke und stufenförmiger FC-Kennlinie.

Wir wollen in diese Methode direkt mit einem Beispiel einsteigen. Die Regelstrecke soll beschrieben werden durch die Übertragungsfunktion

$$G(s) = 20 \frac{1089}{s(s^2 + 20s + 1089)} \; .$$

Der Fuzzy Controller möge die in Bild 4.11 dargestellte stufenförmige Kennlinie aufweisen.

Die Grundidee der Harmonischen Balance besteht darin, diejenigen harmonischen Funktionen der Form $e(t) = A \sin \omega t$ zu ermitteln, die den geschlossenen Regelkreis gerade mit der Verstärkung Eins und ohne Phasendrehung durchlaufen. Betrachten wir dazu zunächst das Signal beim Durchlaufen des Fuzzy Controllers (Bild 4.12). Das sinusförmige Signal wird aufgrund der nichtlinearen Kennlinie "deformiert", wobei das resultierende Ausgangssignal $u(t)$ aber wiederum periodisch mit der gleichen Frequenz ω ist wie $e(t)$. $u(t)$ läßt sich daher als Fourierreihe mit einer Grundwelle der Frequenz ω und Oberwellen der Frequenzen $2\omega, 3\omega, 4\omega$ usw. darstellen. Der entscheidende Schritt besteht nun in der Annahme, daß diese Oberwellen beim Durchlaufen der Regelstrecke aufgrund deren Tiefpaßcharakters "herausgefiltert" werden, so daß an ihrem Ausgang lediglich die Grundwelle erscheint. Besitzt diese dort die gleiche Amplitude wie am Eingang des Fuzzy Controllers und ist ihre Phasenverschiebung unter Berücksichtigung der Vorzeichenumkehr am Summierer null bzw. ein Vielfaches von 2π, so ist die Bedingung für das Entstehen einer Dauerschwingung erfüllt.

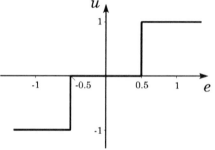

Bild 4.11. Kennlinie des Fuzzy Controllers.

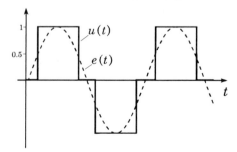

Bild 4.12. Ausgangssignal des Fuzzy Controllers bei sinusförmiger Eingangsgröße.

4.6 Methode der Harmonischen Balance

Die Amplitudenänderung und Phasenverschiebung des Signals kommt einerseits durch den Fuzzy Controller, andererseits durch die Regelstrecke zustande. Im Falle der Regelstrecke können wir beide Größen beschreiben durch den Streckenfrequenzgang $G(j\omega)$. Amplituden- und Phasenänderung sind in diesem Fall nur abhängig von der Frequenz ω.

Anders sieht es beim Fuzzy Controller aus. Das Ausgangssignal ist zunächst einmal gleichphasig zum Eingangssignal - die Phasenverschiebung ist also null.[14] Die Amplitudenverstärkung bezogen auf die Grundwelle ist jedoch hier - im Gegensatz zur linearen Regelstrecke - nicht von der Frequenz ω, sondern von der Amplitude A des Eingangssignals abhängig! So können wir an der Kennlinie des Fuzzy Controllers beispielsweise unmittelbar ablesen, daß für sinusförmige Eingangssignale mit einer Amplitude $A < 0.5$ das Ausgangssignal und damit die Amplitudenverstärkung zu null wird. Diese Abhängigkeit der Amplitudenverstärkung eines nichtlinearen Kennliniengliedes von der Amplitude des Eingangssignals selbst wird durch die sog. *Beschreibungsfunktion*

$$N(A) := \frac{A'}{A}$$

des Kennliniengliedes charakterisiert. Darin ist A' die Amplitude der Grundwelle des Ausgangssignals.

Zur Berechnung der Beschreibungsfunktion eines nichtlinearen Kennliniengliedes ist somit die Amplitude der Grundwelle des Ausgangssignals, d. h. der erste Term ihrer Fourierreihen-Entwicklung erforderlich. Obwohl diese Berechnung im Falle einer stufenförmigen Kennlinie noch relativ einfach möglich ist, wollen wir das Ergebnis für unsere Kennlinie hier ohne Herleitung angeben. Wir erhalten

$$N(A) = \begin{cases} 0 & \text{für } A \leq 0.5 \\ \frac{4}{\pi A}\sqrt{1 - \frac{1}{4A^2}} & \text{für } A > 0.5 \end{cases}.$$

Nunmehr können wir die Bedingung für das Entstehen einer Dauerschwingung aufstellen. Sie lautet

$$N(A) \cdot G(j\omega) \stackrel{!}{=} -1.$$

Die Auswertung dieser Bedingung kann grafisch erfolgen. Dazu stellen wir die Gleichung zunächst um auf die Form

---

[14] Dies gilt allgemein für *eindeutige* Kennlinien, nicht jedoch beispielsweise für Hysteresekennlinien.

$$G(j\omega) = -\frac{1}{N(A)}.$$

Diese Gleichung besagt, daß wir die *Schnittpunkte* der (komplexen) Ortskurve $G(j\omega)$ der Regelstrecke und des negativen Kehrwertes der Beschreibungsfunktion (diese ist bei eindeutigen Kennlinien rein reell) zu suchen haben. Die Frequenz der zugehörigen Dauerschwingung können wir dann der Ortskurve und ihre Amplitude der Beschreibungsfunktion entnehmen. Man spricht daher in diesem Zusammenhang häufig auch vom *Zwei-Ortskurven-Verfahren*.

Wenden wir diese Vorschrift auf unser Beispiel an, so erhalten wir qualitativ die in Bild 4.13 dargestellten Verhältnisse. Das linke Teilbild zeigt den Verlauf der Beschreibungsfunktion $N(A)$. Im rechten Teilbild sind sowohl die Ortskurve der Regelstrecke als auch die Funktion $-1/N(A)$ aufgetragen. Letztere besteht aus zwei auf der negativen reellen Achse verlaufenden Ästen, die die Ortskurve im Punkt -1 schneiden (Punkte ① und ②). Beide Schnittpunkte weisen somit dieselbe Frequenz ω, aber unterschiedliche Amplituden A_1 bzw. A_2 auf (linkes Teilbild). Beim Grenzzyklus mit der Amplitude A_1 führt eine Erhöhung der Amplitude ebenfalls zu einer Erhöhung von $N(A)$; dieser Grenzzyklus ist daher instabil. Der Grenzzyklus mit der Amplitude A_2 ist demgegenüber stabil.

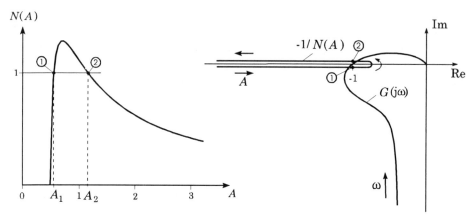

Bild 4.13. Grafische Bestimmung möglicher Dauerschwingungen.

Zur Berechnung von Amplitude und Frequenz der stabilen Dauerschwingung gehen wir zunächst vom Frequenzgang der Regelstrecke aus. Durch Einsetzen von $s = j\omega$ in die Übertragungsfunktion erhalten wir

4.6 Methode der Harmonischen Balance

$$G(j\omega) = 20\frac{1089}{j\omega(-\omega^2 + 20j\omega + 1089)}$$

$$= 20\frac{1089}{-20\omega^2 + j(1089\omega - \omega^3)}$$

$$= 20\frac{1089(-20\omega^2 - j(1089\omega - \omega^3))}{400\omega^4 + (1089 - \omega^2)^2}.$$

Aus der Bedingung $\text{Im}\{G(j\omega)\} = 0$ für den Schnittpunkt beider Kurven ermitteln wir

$$1089\omega - \omega^3 = 0$$

und damit für die Frequenz ω der gesuchten Dauerschwingung

$$\omega = \sqrt{1089} = 33.$$

Für den Realteil von $G(j\omega)$ bei dieser Frequenz ergibt sich dann

$$\text{Re}\{G(j33)\} = 20\frac{1089}{20 \cdot 33^2} = -1,$$

wie wir bereits Bild 4.13 entnommen haben. Die Amplitude der Dauerschwingung erhalten wir also aus der Forderung

$$-\frac{1}{N(A)} \stackrel{!}{=} -1$$

bzw. nach Umstellung

$$N(A) = \frac{4}{\pi A}\sqrt{1 - \frac{1}{4A^2}} = 1.$$

Die Gleichung besitzt die Lösungen

$$A_1 \cong 0.55,$$
$$A_2 \cong 1.14,$$

von denen aus den oben angesprochenen Gründen nur die zweite Amplitude zu einer stabilen Dauerschwingung gehört.

Bild 4.13 zeigt eine Simulation des betrachteten Regelkreises. Wir können unmittelbar erkennen, daß sowohl Amplitude als auch Frequenz des Grenzzyklus unserer Vorhersage entsprechen.

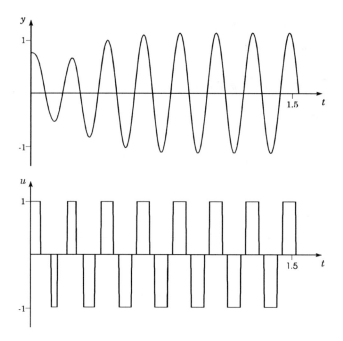

Bild 4.14. Verlauf von Ausgangsgröße $y(t)$ (oben) und Stellgröße $u(t)$ (unten) bei einem Anfangswert von $y(0) = 0.8$.

Unsere bisherigen Überlegungen lassen sich unmittelbar auf mehrstufige (symmetrische) FC-Kennlinien übertragen. Die entsprechenden Beschreibungsfunktionen ergeben sich durch Überlagerung von einstufigen Kennlinien unterschiedlicher Stufenhöhe. Dazu betrachten wir Bild 4.15, das eine zweistufige Kennlinie zeigt. Die zugehörige Beschreibungsfunktion lautet dann

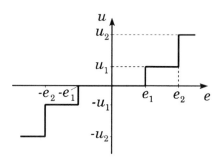

Bild 4.15. Zweistufige FC-Kennlinie.

$$N(A) = \frac{4}{\pi A}\left(u_1\sqrt{1 - \frac{e_1^2}{A^2}} + u_2\sqrt{1 - \frac{e_2^2}{A^2}}\right)$$

Für N-stufige Kennlinien ergibt sich verallgemeinert für die Beschreibungsfunktion die Beziehung

$$N(A) = \frac{4}{\pi A}\left[\sum_{i=1}^{N-1} u_i\left(\sqrt{1 - \frac{e_i^2}{A^2}} - \sqrt{1 - \frac{e_{i+1}^2}{A^2}}\right) + u_N\sqrt{1 - \frac{e_N^2}{A^2}}\right].$$ [15]

---

[15] Bei der Auswertung dieser wie auch der vorangegangenen Gleichung sind Wurzelterme mit negativem Radikanden zu null zu setzen.

4.7 Die Bifurkationstheorie

Für den Fall, daß die Kennlinie im Gegensatz zu unserem Beispiel keine tote Zone aufweist, ist $e_1 = 0$ zu setzen (s. auch [KIC78]).

Tragen wir die Beschreibungsfunktion einer solchen mehrstufigen Kennlinie grafisch auf, so erhalten wir typischerweise einen Verlauf, wie ihn Bild 4.16 zeigt. Da die Beschreibungsfunktion mehrere Minima und Maxima besitzt, können demzufolge auch mehrere Grenzzyklen gleicher Frequenz, aber unterschiedlicher Amplitude auftreten. Bei einer N-stufigen Kennlinie mit toter Zone sind insgesamt maximal $2N$ Grenzzyklen möglich; davon sind - analog zum oben betrachteten einstufigen Fall - aber nur die N Zyklen stabil, deren Schnittpunkte jeweils auf der fallenden Flanke der Beschreibungsfunktion liegen (vgl. Bild 4.13!).

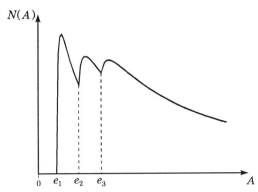

Bild 4.16. Typischer Verlauf der Beschreibungsfunktion einer mehrstufigen (hier: dreistufigen) Kennlinie mit toter Zone.

Welcher Nutzen läßt sich aus einer derartigen Analyse nun ziehen? Deutet die Harmonische Balance - wie in unserem Beispiel - auf einen Grenzzyklus oder sogar mehrere hin, so ist im Einzelfall abzuwägen, inwiefern die prognostizierten Dauerschwingungen im Hinblick auf die Anforderungen an die Regelkreisdynamik noch tragbar sind. Diese Entscheidung wird im wesentlichen von der Amplitude des jeweiligen Grenzzyklus, u. U. aber auch von seiner Frequenz abhängen. Gegebenenfalls besteht die Möglichkeit, durch Modifikation der Reglerkennlinie dafür zu sorgen, daß sich günstigere Werte einstellen oder aber überhaupt keine Dauerschwingungen mehr auftreten.

4.7 Die Bifurkationstheorie

Die Bifurkationstheorie vermittelt einen allgemeineren Zugang zur Stabilitätstheorie nichtlinearer dynamischer Systeme. Die Regelstrecke selbst kann dabei auch nichtlinear sein. Wir wollen hier nur den Grundfall erster Ordnung betrachten; eine Verallgemeinerung findet man z. B. in [DRI94].

Wir betrachten den Regelkreis nach Bild 4.17. Er besteht aus einer nichtlinearen Strecke erster Ordnung mit der Differentialgleichung

$$\dot{x} = f(x) + bu,$$

für die die Bedingungen

$$f(0) = 0, \quad \frac{df}{dx}(x) > 0$$

erfüllt sein sollen. Die Strecke soll also eine Ruhelage im Ursprung besitzen und die Funktion $f(x)$ soll streng monoton steigend sein. Der Regler werde beschrieben durch die Funktion

$$u = g(x), \quad g(0) = 0.$$

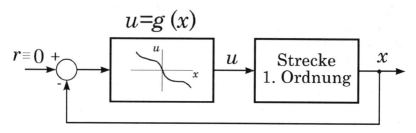

Bild 4.17. Regelkreis mit nichtlinearer Kennlinie und nichtlinearer Strecke 1. Ordnung.

Da wir die Konstante b im Streckenmodell jederzeit in den Regler einrechnen können, können wir sie auch willkürlich zu eins setzen. Wir erhalten dann für den geschlossenen Regelkreis die Beziehung (man beachte, daß x mit negativem Vorzeichen in den Regler gelangt!)

$$\dot{x} = f(x) + g(x).$$

Die Ruhelagen des geschlossenen Kreises ergeben sich aus der Bedingung

$$\dot{x} = 0$$

und damit aus der Beziehung

$$g(x) = -f(x).$$

Grafisch können wir die Ruhelage(n) einfach dadurch bestimmen, daß wir die Schnittpunkte der Reglerkennlinie und der an der x-Achse gespiegelten Streckencharakteristik $f(x)$ ermitteln. Wegen der zu Beginn formulierten Voraussetzungen ist klar, daß der geschlossene Kreis in jedem Fall eine Ruhelage bei $x = 0$ besitzt, da beide Funktionen durch den Ursprung laufen. Damit diese Ruhelage stabil ist, muß die Bedingung

$$\left. \frac{df}{dx} \right|_{x=0} + \left. \frac{dg}{dx} \right|_{x=0} < 0$$

bzw.

4.7 Die Bifurkationstheorie

$$\left.\frac{dg}{dx}\right|_{x=0} < -\left.\frac{df}{dx}\right|_{x=0}$$

erfüllt sein, was nichts anderes besagt, als daß der Eigenwert des im Ursprung linearisierten Systems negativ sein muß. Für globale Stabilität muß zudem sichergestellt sein, daß die Ruhelage im Ursprung auch die einzige ist. Es dürfen also keine weiteren Schnittpunkte von $g(x)$ und $-f(x)$ auftreten, was durch die Forderung

$$|g(x)| > |f(x)| \text{ für } x \neq 0$$

sichergestellt werden kann. Bild 4.18 zeigt einen derartigen Fall.

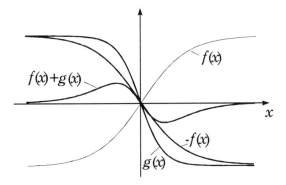

Bild 4.18. Regelkreis mit global stabiler Ruhelage im Ursprung.

Der Verlust der globalen Stabilität kann also einerseits dadurch eintreten, daß die ursprünglich global stabile Ruhelage instabil wird - dieser Vorgang wird als *Bifurkation* bezeichnet - oder aber durch "Deformation" der Kennlinien von Strecke oder Regler neue, zusätzliche Ruhelagen auftreten. Beispielsweise können wir durch Modifikation der Reglerkennlinie aus Bild 4.18 eine Reihe weiterer Ruhelagen erzeugen, die teilweise stabil, teilweise instabil sind. Die Ruhelage im Ursprung stellt in diesem Fall nicht mehr länger die einzige stabile Ruhelage des Regelkreises dar, ist also nicht mehr global stabil.

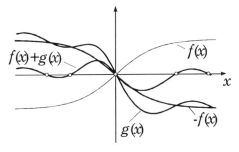

Bild 4.19. Zur Entstehung mehrerer Ruhelagen.

Wir wollen ein etwas weitergehendes Beispiel betrachten. Die freie Regelstrecke sei gegeben durch die nichtlineare Differentialgleichung 1. Ordnung

$$\dot{x} = -x^3 + 2x + 1.$$

Zur Bestimmung der Ruhelagen setzen wir zunächst die rechte Seite der Gleichung zu null. Wir erhalten drei Lösungen, nämlich

$$x^{(1)} = -1$$
$$x^{(2)} = -0.618$$
$$x^{(3)} = 1.618$$

Hier besitzt die Strecke im Gegensatz zu unseren einführenden Betrachtungen also drei Ruhelagen. Bild 4.20 zeigt den Verlauf von $f(x)$ im interessierenden Bereich; wir erkennen, daß die Ruhelagen $x^{(1)}$ und $x^{(3)}$ stabil sind, während $x^{(2)}$ instabil ist.

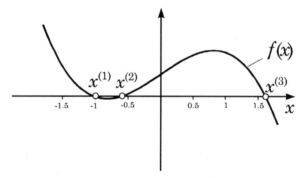

Bild 4.20. Ruhelagen der Regelstrecke.

Bevor wir fortfahren, wollen wir unser System zunächst derart transformieren, daß die instabile Ruhelage gerade im Ursprung liegt. Dies gelingt uns durch eine lineare Transformation

$$x := \tilde{x} - 0.618,$$

die auf die Gleichung

$$\dot{\tilde{x}} = -\tilde{x}^3 + 1.854\tilde{x}^2 + 0.854\tilde{x}$$

führt. Beim transformierten System sind also alle Ruhelagen um 0.618 "nach rechts" verschoben; wir bezeichnen die transformierte Zustandsgröße $\tilde{x}$ im folgenden der Einfachheit halber wieder mit x. Bild 4.21 zeigt den Verlauf der Systemtrajektorie für verschiedene Anfangswerte von x. Man erkennt deutlich die Stabilität bzw. Instabilität der verschiedenen Ruhelagen der Strecke.

4.7 Die Bifurkationstheorie   137

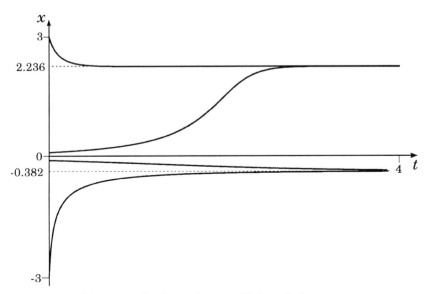

Bild 4.21. Verlauf von x für verschiedene Anfangswerte.

Um die zunächst instabile Ruhelage im Ursprung global asymptotisch stabil zu bekommen, müssen wir also einen Regler einsetzen, dessen Kennlinie einerseits die beiden stabilen Ruhelagen "zum Verschwinden" bringt, andererseits die Ruhelage im Ursprung stabilisiert. Bild 4.22 zeigt eine geeignete Kennlinie $g(x)$: Die Funktion $f(x)+g(x)$ besitzt damit nur noch einen einzigen Nulldurchgang - nämlich gerade im Ursprung - und weist dort eine negative Steigung auf - die Ruhelage ist also global asymptotisch stabil.

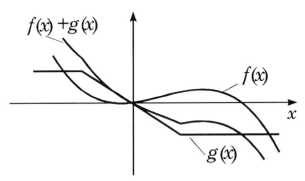

Bild 4.22. Erzwingung einer global asymptotisch stabilen Ruhelage in $x = 0$ durch den Regler $g(x)$.

Bild 4.23 zeigt die zugehörigen Trajektorienverläufe für den geschlossenen Regelkreis. Wir erkennen, daß alle Trajektorien nunmehr asymptotisch gegen $x = 0$ streben.

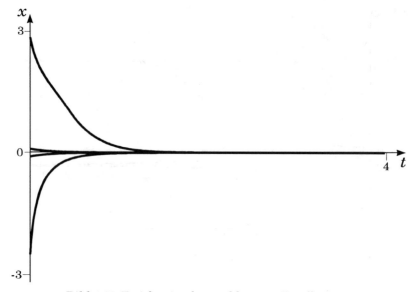

Bild 4.23. Trajektorien des geschlossenen Regelkreises.

5 Hybride und adaptive Fuzzy-Regelungssysteme

5.1 Einführung

Als *hybride* Fuzzy-Regelungssysteme werden gewöhnlich solche Systeme bezeichnet, die neben einer Fuzzy-Komponente auch einen konventionellen Part besitzen. Dabei spielt es zunächst keinerlei Rolle, wie die Aufgabenteilung zwischen den einzelnen Komponenten aussieht - welche Komponente also für die eigentliche Regelung verantwortlich ist und welche übergeordnete Aufgaben übernimmt. Werden die Parameter des Reglers selbst während des Betriebs automatisch angepaßt (beispielsweise bei Parametervariationen der Regelstrecke), so spricht man von einem *adaptiven* Regelungssystem. Derartige Regelungssysteme gelten - auch ohne daß sie Fuzzy-Komponenten aufweisen - als besonders "intelligent" und somit auch besonders leistungsfähig; verbunden damit ist jedoch in der Regel ein erhöhter (mathematischer) Aufwand für ihren Entwurf.

Hybride Regelungssysteme sind häufig adaptive Systeme - sie müssen es aber nicht sein. Bei einer Reihe von Strukturvarianten ist es ohnehin eine Interpretationssache, ob man sie bereits als adaptiv bezeichnen kann. Eine Vorstufe dazu stellen beispielsweise *selbsteinstellende* Regler dar, deren Parameter *einmal zu Beginn der Inbetriebnahme* automatisch ausgelegt werden, dann jedoch während des Betriebs festliegen. Ein anderer Sonderfall sind strukturvariable Regelungskonzepte bzw. Umschaltregler, bei denen während des Betriebs nicht die Parameter eines Reglers adaptiert werden, sondern zwischen mehreren Reglern gleichen Typs (mit unterschiedlichen Parametern) oder auch unterschiedlichen Typs umgeschaltet wird.

Die Bedeutung hybrider und adaptiver Strukturen ist keinesfalls sekundär. Vielmehr hat die Praxis gezeigt, daß einfache Fuzzy-Regelungen, bei denen lediglich der konventionelle Regler gegen einen Fuzzy Controller ausgetauscht wurde, häufig nicht die gewünschte Verbesserung bringen. Vielmehr bedarf es einer geeigneten Kombination aus Fuzzy-Komponenten und konventionellen Ansätzen, um die angestrebte Dynamik und Robustheit zu erreichen. In vielen Fällen mögen dabei auch psychologische Momente eine Rolle spielen: Einem Fuzzy Controller allein "traut man nicht so recht" (ebensowenig wie Zustandsreglern), vielmehr wünscht man sich für den "Standardbetrieb" den altbekannten und -bewährten PID-Regler und für

Ausnahmesituationen oder besondere Betriebsfälle eine zusätzliche Fuzzy Controller-Option.

Wir wollen in den nachfolgenden Abschnitten die wichtigsten hybriden und adaptiven Strukturvarianten vorstellen, ihre Einsatzmöglichkeiten besprechen und - wenn möglich - Hinweise zum Entwurf geben. Dabei werden wir zunächst mit einfachen Strukturen beginnen und uns dann an Systeme höheren Komplexitätsgrades wagen. Eine ganze Reihe weiterer Strukturvarianten ergibt sich durch die Hinzunahme von *Neuro-Komponenten*. Auf diese Neuro-Fuzzy-Strukturen werden wir jedoch erst in Kapitel 8 eingehen.

5.2 Nichtadaptive Systeme mit konventionellem Regler

Wir wollen zunächst Strukturen betrachten, bei denen die eigentliche Regelungsaufgabe einem konventionellen Regler (z. B. vom PID-Typ) zukommt und keine Adaption der Reglerparameter erfolgt.

Bild 5.1 zeigt den Einsatz einer Fuzzy-Komponente zur Sollwertgenerierung. Die Fuzzy-Komponente ermittelt dabei aus ihren aktuellen Eingangsgrößen einen geeigneten Sollwert für den nachfolgenden Regelkreis.

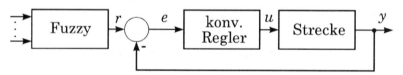

Bild 5.1. Sollwertgenerierung über eine Fuzzy-Komponente.

Die Wahl der Eingangsgrößen ist prinzipiell beliebig und hängt vom Anwendungsfall ab. Wir wollen eine Struktur etwas näher betrachten, die man als "Fuzzy-Vorfilter" bezeichnen könnte und die in Bild 5.2 skizziert ist. Die Fuzzy-Komponente generiert hier, basierend auf der Regelabweichung $\tilde{e}$ zwischen der eigentlichen Führungsgröße $\tilde{r}$ und der Regelgröße y und ihrer zeitlichen Ableitung $\dot{\tilde{e}}$, eine modifizierte Führungsgröße r durch additve Aufschaltung der Komponente Δr. Ziel des Vorfilters ist es, die Dynamik des Regelkreises bei sprungförmigen Führungsgrößenänderungen zu verbessern sowie seine Robustheit gegenüber Parametervariationen zu erhöhen. Wie dies prinzipiell machbar ist, wollen wir an einem konkreten Beispiel aufzeigen.

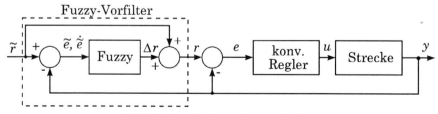

Bild 5.2. Regelkreis mit Fuzzy-Vorfilter.

5.2 Nichtadaptive Systeme mit konventionellem Regler 141

Dazu wählen wir eine Regelstrecke, die aus einem linearen Anteil, nämlich einem I-T$_1$-Glied mit der Übertragungsfunktion

$$G(s) = \frac{1}{s(1+0.02s)}$$

und einer vorgeschalteten toten Zone mit der Breite $2\Delta u$ und einer Verstärkung V besteht (Bild 5.3). Als Regler soll ein PI-Regler mit der Verstärkung $K_R = 10$ und der Nachstellzeit $T_N = 0.3$ zum Einsatz kommen.

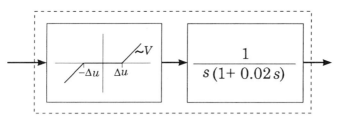

Bild 5.3. Struktur der Regelstrecke.

Wir wollen zunächst den Regelkreis ohne Fuzzy-Vorfilter betrachten. Dazu wählen wir für die tote Zone die drei Parameterkombinationen

a) $\Delta u = 0$ $V = 1$

b) $\Delta u = 1$ $V = 0.5$

c) $\Delta u = 3$ $V = 0.25$

Bild 5.4 zeigt die zugehörigen Sprungantworten. Wir erkennen deutlich, daß die Systemdynamik mit zunehmender Breite der toten Zone und abnehmender Verstärkung erheblich schlechter wird.

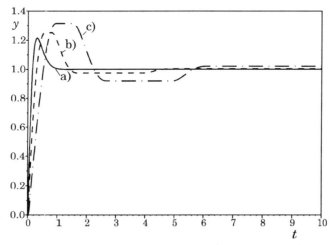

Bild 5.4. Sprungantworten des Regelkreises ohne Fuzzy-Vorfilter für verschiedene Totzonen.

Zur Verbesserung von Dynamik und Robustheit fügen wir nun einen Fuzzy-Vorfilter ein, der in Abhängigkeit von $\tilde{e}$ und $\dot{\tilde{e}}$ einen Korrekturwert Δr für die Führungsgröße generiert. Wir wählen die Zugehörigkeitsfunktionen für die Eingangsgrößen dreieckförmig in Standardform, diejenigen für die Ausgangsgröße als Singletons (Bild 5.5).

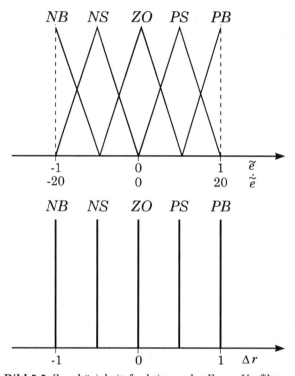

Bild 5.5. Zugehörigkeitsfunktionen des Fuzzy-Vorfilters.

Die Regelbasis braucht nicht voll besetzt zu sein, da bei sprungförmigen Führungsgrößenänderungen, wie wir sie betrachten wollen, nur ein Teil der denkbaren Prämissenkombinationen auftreten kann. Eine geeignete Regelbasis sieht wie folgt aus:

		$\dot{\tilde{e}}$				
		NB	NS	ZO	PS	PB
$\tilde{e}$	NB			NB	NS	
	NS		NS	NS	NS	ZO
	ZO	NB	NS	ZO	PS	PB
	PS		PS	PS	PS	PS
	PB		PB	PS	PB	

5.2 Nichtadaptive Systeme mit konventionellem Regler

Wir wollen stellvertretend zwei Regeln der Regelbasis kurz erläutern. Betrachten wir zunächst die Regel

WENN $\tilde{e} = ZO$ UND $\dot{\tilde{e}} = NS$ DANN $\Delta r = NS$

Sie beschreibt den Fall, daß die Regelgröße ihren Sollwert erreicht hat, die Änderung der Regelabweichung aber negativ ist, d. h. die Regelgröße im Begriff ist, überzuschwingen. Daher wird mit einem negativen Korrekturwert gegengesteuert.

Nehmen wir als zweites die Regel

WENN $\tilde{e} = PS$ UND $\dot{\tilde{e}} = PS$ DANN $\Delta r = PS$

Diese Regel wird aktiv, wenn die Regelgröße unterhalb des Sollwerts liegt und kleiner wird, also ein Unterschwingen auftritt. Der Fuzzy-Vorfilter reagiert daher mit einer positiven Korrekturgröße.

Die Wirksamkeit des Fuzzy-Vorfilters zeigt Bild 5.7. Es stellt jeweils die Führungssprungantwort des Regelkreises mit und ohne Vorfilter für die drei verschiedenen Totzonen gegenüber. Deutlich ist zu erkennen, daß mit der generellen Verbesserung der Dynamik auch eine Erhöhung der Robustheit einhergeht.

Ein Sonderfall der obigen Struktur liegt vor, wenn der direkte Durchgriff der Führungsgröße $\tilde{r}$ auf den zweiten Summierer entfällt. In diesem Fall entsteht eine zweifach rückgekoppelte Struktur, d. h. eine Art Kaskadenregelkreis mit einem konventionellen Regler im inneren und einem Fuzzy Controller im äußeren Kreis.

Die Fuzzy-Komponente kann auch dazu benutzt werden, der Regelstrecke eine zusätzliche, additive Stellgröße Δu aufzuprägen. Bild 5.6 zeigt eine derartige Struktur.

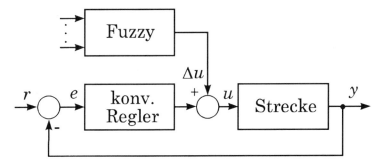

Bild 5.6. Einsatz der Fuzzy-Komponente zur Erzeugung einer additiven Stellgröße.

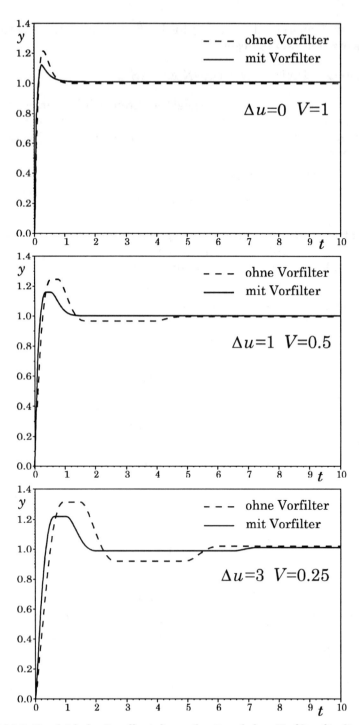

Bild 5.7. Vergleich der Regelkreisdynamik mit und ohne Vorfilter für die drei unterschiedlichen Totzonen.

5.3 Umschaltregelungen mit Fuzzy-Komponente 145

Auch bei dieser Struktur ist die Wahl der Eingangsgrößen der Fuzzy-Komponente anwendungsspezifisch. Naheliegend ist es natürlich, die Führungs- und Regelgröße sowie die Regelabweichung und gegebenenfalls zeitliche Ableitungen oder Integrale dieser Größen zu benutzen. Prinzipiell sind aber auch andere Prozeßgrößen oder aber (meßbare) Störgrößen denkbar. Diese Struktur eignet sich wie die zuvor besprochene dafür, die Regelkreisdynamik beispielsweise bei sprungförmigen Führungsgrößenänderungen zu verbessern. Beschränkt man sich dabei auf die Verarbeitung der Führungsgröße selbst, so entsteht ein Regelkreis mit Fuzzy-Vorsteuerung (Bild 5.8).

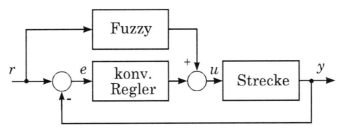

Bild 5.8. Regelkreis mit Fuzzy-Vorsteuerung.

5.3 Umschaltregelungen mit Fuzzy-Komponente

Als Umschaltregelungen werden Systeme bezeichnet, bei denen in Abhängigkeit vom Arbeitspunkt der Strecke, ihren Parametern oder beispielsweise auch Störgrößen zwischen verschiedenen Reglern (z. B. "stärkeren" und "schwächeren" Reglern) umgeschaltet wird. Die einzelnen Regler sind dabei im allgemeinen vom gleichen (konventionellen) Typ, weisen aber natürlich unterschiedliche Parameter auf. Die Umschaltstrategie ist regelbasiert in der Fuzzy-Komponente realisiert. Im Gegensatz zu echt adaptiven Reglern werden hier die Parameter also nicht gleitend variiert, sondern es findet eine harte Umschaltung statt.
Der Vorteil dieses Konzeptes liegt darin, daß die Einzelregler prinzipiell getrennt voneinander entworfen werden können und somit bei Bedarf auch eine jeweils separate Stabilitätsanalyse möglich ist. Bild 5.9 zeigt die entsprechende Regelkreisstruktur. Die Eingangsgrößen der Fuzzy-Komponente sind wieder anwendungsspezifisch.

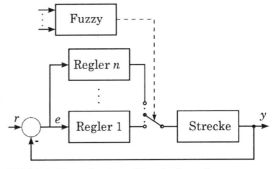

Bild 5.9. Fuzzy-basierte Umschaltregelung.

5.4 Adaptive Konzepte

Adaptive Konzepte mit einer kontinuierlichen Anpassung der Reglerparameter sind prädestiniert für Prozesse, bei denen eine starke Abhängigkeit zwischen Prozeßparametern und Arbeitspunkt besteht oder einzelne Parameter sogar unabhängig vom Arbeitspunkt zeitlich schwanken können (zeitvariante Prozesse). Voraussetzung einer jeden adaptiven Regelung ist daher die *qualitative Erkennung* und *quantitative Abschätzung* dieser Parametervariationen, um sie dann durch geeignete Modifikation der Reglerparameter möglichst optimal kompensieren zu können.

Bevor wir auf dieses Problem näher eingehen, wollen wir uns zunächst kurz mit der Frage befassen, welche Reglerparameter für eine solche Adaption überhaupt in Frage kommen. Dies hängt natürlich wesentlich davon ab, um welchen Reglertyp es sich handelt. Kommt ein PID-Regler zum Einsatz, so stehen die Reglerverstärkung K_R, die Nachstellzeit T_N und die Vorhaltzeit T_V zur Disposition. In einfachen Fällen wird man sich dabei auf die Adaption der Reglerverstärkung beschränken, um damit die Gesamtverstärkung des Regelkreises bei Variationen der Streckenverstärkung konstant zu halten. Reicht dies nicht aus, wird man versuchen, parallel dazu auch Nachstell- und/oder Vorhaltzeit zu variieren (siehe z. B. [CON94]).

Wesentlich mehr Eingriffsmöglichkeiten bietet naturgemäß ein Fuzzy Controller. Hier stehen uns neben den Zugehörigkeitsfunktionen für die linguistischen Terme der Ein- und Ausgangsgrößen des Controllers auch die Regelbasis und die verschiedenen Verknüpfungsoperatoren sowie Inferenz- und Defuzzifizierungsmechanismen zur Auswahl. Dabei sind Modifikationen der Operatoren von gänzlich anderer Natur als solche der Regelbasis, welche sich wiederum von denen der Zugehörigkeitsfunktionen unterscheiden. Wechseln wir beispielsweise während des Betriebs die Defuzzifizierungsmethode, so ändert sich das Übertragungsverhalten unseres Controllers *schlagartig* und *global*. Eine Änderung einer Regel hat hingegen mehr lokale Auswirkung, kann aber ebenfalls nur in diskreten Schritten (z. B. von ... DANN $u = NS$ auf ... DANN $u = ZO$) erfolgen. Änderungen einzelner Parameter von Zugehörigkeitsfunktionen können hingegen in beliebig kleinen Schritten erfolgen oder aber global durch Umskalierung einer Variablen. Fuzzy Controller, bei denen eine Adaption der Zugehörigkeitsfunktionen vorgenommen wird, werden häufig auch als *selbsteinstellende Fuzzy Controller* bezeichnet, während solche, bei denen ein Eingriff über die Regelbasis erfolgt, *selbstorganisierende Fuzzy Controller* genannt werden. Eine Adaption von Operatoren oder Inferenz- bzw. Defuzzifizierungsmechanismen wird in der Praxis hingegen in der Regel nicht vorgenommen.

Kehren wir zurück zu unserem Anfangsproblem, der Erkennung von Parametervariationen. Diese kann - unabhängig davon, ob ein konventioneller Regler oder ein Fuzzy Controller adaptiert werden soll - prinzipiell auf zwei Weisen erfolgen:

5.4 Adaptive Konzepte

- In *direkter* Weise durch eine ständige on line-Schätzung der Prozeßparameter. Diese kann erfolgen durch Messung des Eingangs-/Ausgangsverhaltens der Strecke in Verbindung mit einem geeigneten Parameterschätzverfahren. Voraussetzung dafür ist natürlich, daß die Struktur des Prozeßmodells (z. B. "P-T_1 mit Totzeit") bekannt ist. Gegebenenfalls kann das Modell auch ein Fuzzy-Modell sein, also in Form von WENN... DANN...-Regeln bzw. als Relationsmatrix vorliegen.

- *Indirekt* durch eine on line-Gütebewertung der aktuellen Regelkreisdynamik. Verschlechtert sich die Güte, so deutet dies auf Parametervariationen hin. Als Gütekriterien können Kennwerte im Zeitbereich wie Überschwingweite, Ausregelzeit oder Anstiegszeit ebenso wie Frequenzbereichskriterien (Bandbreite, Resonanzüberhöhung) benutzt werden. Ebenso denkbar sind Integralkriterien (ITAE usw.) sowie aus mehreren Einzelkriterien zusammengesetzte Maße.

Die Bilder 5.10 bzw. 5.11 stellen die beiden Grundstrukturen einander gegenüber. In den beiden Fällen existiert eine Reihe von Strukturvarianten, insbesondere bezüglich der im Parameterschätzer bzw. Güteindex verarbeiteten Eingangsinformationen; auch eine Kombination beider Vorgehensweisen ist denkbar.

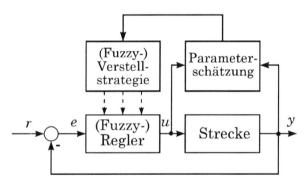

Bild 5.10. Adaption auf der Basis einer Parameterschätzung.

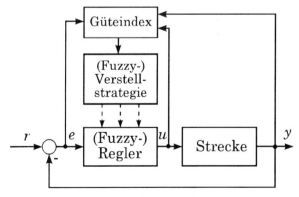

Bild 5.11. Güteindex-basierte Adaption.

Eine einfache, aber für die Praxis außerordentlich interessante Variante der auf einer Parameterschätzung gestützten Adaption stellt die fuzzy-gesteuerte Adaption eines PID-Reglers dar (siehe z. B. [SCH94, BOL94]). Die Grundidee besteht dabei darin, vorab - also off line - für einen hinreichend großen Satz von typischen Arbeitspunkten des Prozesses einen optimalen PID-Regler zu entwerfen (im allgemeinen auf der Basis irgendwie gearteter Einstellregeln). Diese Regler bilden dann das "Stützstellengitter" für die spätere Adaption. Im Gegensatz zur Umschaltstrategie, wie sie in Bild 5.9 skizziert wurde, wird hier jedoch nicht hart zwischen den Einzelreglern umgeschaltet, sondern gleitend interpoliert. Dazu muß im Betrieb zunächst der aktuelle Arbeitspunkt der Strecke ermittelt werden. Dies kann beispielsweise auf der Basis von Führungs- und Regelgröße oder auch ihren zeitlichen Ableitungen erfolgen. Die Fuzzy-Komponente bildet dann für jeden zu adaptierenden Reglerparameter ein Kennfeld auf Basis des zuvor off line ermittelten Stützstellengitters, das den Reglerparameter in Abhängigkeit z. B. von Führungs- und Regelgröße liefert. Die Interpolation zwischen den Stützstellen erfolgt je nach Wahl von Inferenz- und Defuzzifizierungsmechanismus mehr oder weniger linear. Die Parametrierung der Fuzzy-Komponente erfolgt vollautomatisch; für die den Arbeitspunkt festlegenden Eingangsgrößen (also etwa Führungs- und Regelgröße) werden dreieckförmige Zugehörigkeitsfunktionen in Standardform angesetzt, deren Modalwerte jeweils an den gewünschten Stützstellen liegen. Für die Reglerparameter können Singletons gewählt werden. Jede Regel der Regelbasis liefert dann gerade den optimalen Parameter für eine Stützstelle. Natürlich kann die Regelbasis statt der Absolutwerte für die Reglerparameter auch Skalierungsfaktoren enthalten, mit denen zuvor festgelegte Nennwerte multipliziert werden.

Bild 5.12 zeigt die Struktur dieses Regelungskonzeptes für den Fall, daß lediglich Verstärkung und Nachstellzeit des PID-Reglers adaptiert werden.

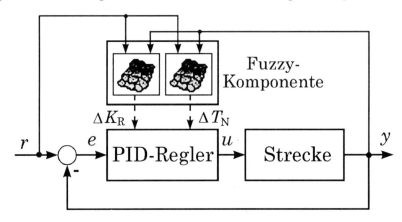

Bild 5.12. Fuzzy-gesteuerte Adaption eines PID-Reglers. Die Bestimmung des aktuellen Arbeitspunktes erfolgt hier aus Führungs- und Regelgröße.

5.4 Adaptive Konzepte

Wir wollen die Auslegung der Fuzzy-Komponente zur Verdeutlichung an einem einfachen Bespiel erläutern. Dazu werde der mögliche Arbeitsbereich unseres Regelkreises beschrieben durch Führungsgrößen im Bereich $[r_{min}, r_{max}]$ und Regelgrößen im Bereich $[y_{min}, y_{max}]$. Wir wollen in beiden Bereichen fünf Stützpunkte festlegen, wobei wir die Bereichsmitte als Nennwert betrachten und mit (r_0, y_0) bezeichnen wollen. Die Stützstellen selbst nennen wir dann $r_{-2}, r_{-1}, r_0, r_1, r_2$ bzw. $y_{-2}, y_{-1}, y_0, y_1, y_2$. Wir wollen uns beschränken auf die Adaption der Reglerverstärkung. Dazu ermitteln wir für alle der 25 möglichen Kombinationen (r_i, y_j) nach einem geeigneten Entwurfsverfahren den optimalen PID-Regler, wobei alle Regler eine unterschiedliche Verstärkung aufweisen können, aber gleiche Nachstell- und Vorhaltzeit besitzen müssen. Wir bezeichnen die Reglerverstärkung im Nennarbeitspunkt (r_0, y_0) mit K_{R0}. Für jeden anderen Arbeitspunkt (r_i, y_j) können wir dann einen Faktor ΔK_{Rij} angeben, mit dem der Nennwert zu multiplizieren ist. Diese Faktoren ordnen wir in Matrixform an, so daß wir beispielsweise folgende Reglermatrix erhalten könnten:

		y				
		y_{-2}	y_{-1}	y_0	y_1	y_2
r	r_{-2}	0.25	0.5	1	1.5	2
	r_{-1}	0.5	0.75	1	2	2.5
	r_0	0.75	1	1	2	2.5
	r_1	0.75	1	1	2	2.5
	r_2	0.75	1	1	2.5	3

Diese Matrix stellt unmittelbar unsere Regelbasis dar; z. B. lautet die Regel für die erste Zeile und erste Spalte

WENN r ="r_{-2}" UND y ="y_{-2}" DANN ΔK_R ="0.25"

Bild 5.13 zeigt die zugehörigen Fuzzy-Mengen für Führungs- und Regelgröße sowie für die Variation der Reglerverstärkung. Wollen wir zusätzlich zur Reglerverstärkung auch beispielsweise die Nachstellzeit variieren, so ist die Vorgehensweise völlig analog. In diesem Fall erhalten wir eine zweite Regelbasis für die Nachstellzeit und entsprechende Singletons für ihre Modifikationsfaktoren.

Eine derartige, auf eine Art look up-Table gestützte Vorgehensweise ist bei der Adaption von Fuzzy Controllern nicht mehr möglich, es sein denn, man beschränkt sich auf die Adaption der Skalierungsfaktoren für die Ein- und Ausgänge des Controllers, was jedoch in der Praxis selten ausreichen wird. Fuzzy Controller weisen selbst bei wenigen Ein- und Ausgängen mit wenigen linguistischen Termen bereits eine hohe Anzahl von Freiheitsgraden auf. Prinzipiell können natürlich numerische Optimierungsverfahren (beispielsweise Gradientenverfahren) herangezogen werden, um den Fuzzy Controller on line zu optimieren; in den allermeisten Fällen werden diese Algorithmen aber erheblich zu langsam für eine Optimierung in Echtzeit sein - sie eignen sich eher für eine off line-Optimierung von Reglern (siehe Kapitel 6).

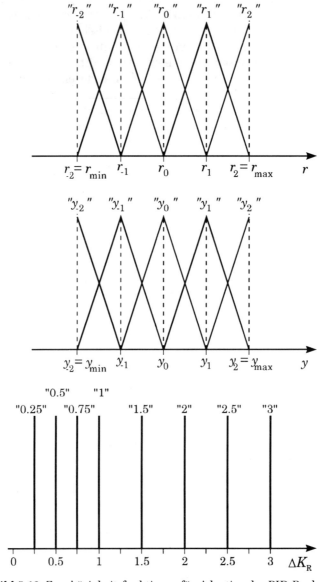

Bild 5.13. Zugehörigkeitsfunktionen für Adaption des PID-Reglers.

5.4 Adaptive Konzepte

Üblicher ist es daher, in diesem Fall die Verstellstrategie ebenfalls als Fuzzy-Komponente zu realisieren, also die Zugehörigkeitsfunktionen des Fuzzy Controllers regelbasiert in Abhängigkeit von einem oder mehreren Güteindizes zu modifizieren (vgl. Bild 5.11). Das Finden geeigneter Verstellregeln stellt hierbei das Hauptproblem dar, die Regeln sind naturgemäß in hohem Maße problemabhängig, so daß sich allgemeine Richtlinien dazu nicht angeben lassen. Stellt der Adaptionsalgorithmus beispielsweise fest, daß die stationäre Genauigkeit des Regelkreises zu wünschen übrig läßt (erkennbar z. B. an länger andauernden hohen Werten der Regelabweichung), so kann er dem entgegensteuern, indem die Empfindlichkeit des Fuzzy Controllers um den Sollwert herum erhöht wird. Dies kann erreicht werden, indem die Einflußbreite der Zugehörigkeitsfunktion für $e = ZO$ verringert wird (Bild 5.14). Deuten die Gütemaße hingegen auf ein Absinken der Streckenverstärkung hin, so erhöht die Fuzzy-Verstellstrategie einfach den Skalierungsfaktor für die Zugehörigkeitsfunktionen der Stellgröße des Fuzzy Controllers (Bild 5.15).

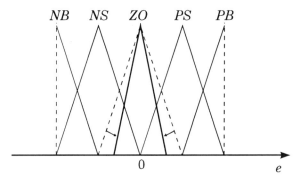

Bild 5.14. Erhöhung der Empfindlichkeit des Fuzzy Controllers bei kleinen Regelabweichungen.

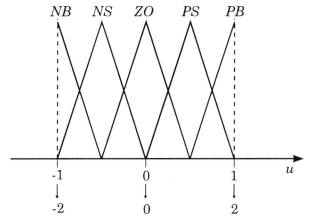

Bild 5.15. Erhöhung der Reglerverstärkung um den Faktor zwei durch Umskalierung der Zugehörigkeitsfunktionen der Stellgröße.

Ein weitergehender Ansatz, bei dem sowohl Güteindizes als auch ein Prozeßmodell zur Adaption herangezogen werden, stellt der sogenannte *modellbasierte Controller (Model - Based Controller MBC)* dar. Darüber hinausgehend wird hier das Fuzzy-Konzept nicht nur für die Regelung selbst, sondern simultan dazu für die Prozeßidentifikation genutzt, um basierend auf einem "Fuzzy-Prozeßmodell" ein prädiktives Regelungskonzept zu realisieren, wie es beispielsweise der U-Bahn-Steuerung in Sendai/Japan zugrundeliegt [YAG85].

Wir wollen uns die Grundidee dieses adaptiven Fuzzy-Controllers anhand eines Beispiels von Graham und Newell verdeutlichen [GRA88]. Dabei handelt es sich um das Problem einer Füllstandsregelung, deren Schwierigkeitsgrad insbesondere durch die auftretende Totzeit charakterisiert ist. Die Struktur des Regelkreises zeigt Bild 5.16.

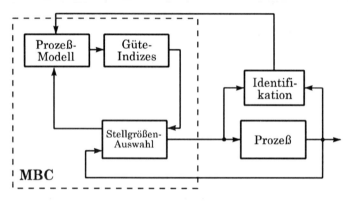

Bild 5.16. Prinzip des *Model-Based Controllers* (nach [GRA88]).

Der MBC besteht aus drei Komponenten:

- Dem *Fuzzy-Prozeßmodell* (im allgemeinen in Form einer Relationsmatrix), welches während des Betriebes simultan zur Regelung durch Messung der Prozeßein- und -ausgangsgröße(n) identifiziert wird. Da dieses Prozeßmodell implizit die Regelbasis des Fuzzy Controllers repräsentiert, handelt es sich beim MBC um einen *selbstorganisierenden* Regler.

- Dem *Fuzzy-Güteindex* bzw. den Fuzzy-Güteindizes, die für jedes interessierende Gütekriterium durch jeweils eine Zugehörigkeitsfunktion vorgegeben werden. So kann im Falle der Füllstandsregelung etwa die Abweichung vom Soll-Füllstand durch eine dreiecksförmige Zugehörigkeitsfunktion mit einem der Sollhöhe entsprechenden Modalwert charakterisiert werden (Bild 5.17). Sollen mehrere Gütekriterien gleichzeitig optimiert werden, so können die ent-

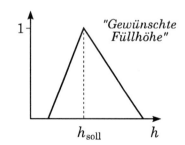

Bild 5.17. Fuzzy-Modellierung der gewünschten Füllhöhe.

5.4 Adaptive Konzepte

sprechenden Güteindizes z. B. über den MIN-Operator zum skalaren Gesamtindex verknüpft werden.

- Der *Stellgrößenauswahl*, die aus einer endlichen Menge von Stellgrößenalternativen diejenige auswählt, die - basierend auf der Schätzung des Prozeßmodells - den maximalen Güteindex verspricht.

Eine genauere Betrachtung läßt schnell die Probleme erkennen, die sich bei einem derartigen Ansatz ergeben:

- Zu Beginn des Regelvorgangs liegen noch keinerlei Informationen über das Prozeßmodell vor. Die Identifikation startet daher mit einer zunächst leeren Relationsmatrix. Alternativ dazu könnte man mit einem zuvor off line ermittelten "Anfangsmodell" starten.

- Speziell in der Anfangsphase des Regelvorgangs kann der Fall auftreten, daß die Stellgrößenauswahl aufgrund eines unvollständigen Prozeßmodells keine Abschätzung der Auswirkung einzelner Stellgrößenalternativen auf die Regelkreisgüte liefern kann. Für diesen Fall muß eine Art "Notregler" implementiert sein, der zumindest die Stabilität des Kreises sichert, bis das Fuzzy-Prozeßmodell vollständig ist. Im einfachsten Fall wird der Regler die im vorherigen Schritt ermittelte Stellgröße beibehalten.

Die Realisierungsform der einzelnen Teilkomponenten des MBC ist daher in hohem Maße vom zu regelnden Prozeß abhängig. Eine Anzahl weiterer Systemstrukturen, die auf einer Fuzzy-Modellbildung basieren, finden sich in [LIU94].

Die Stabilitätsanalyse von Fuzzy-Regelungssystemen bringt - wie wir in Kapitel 4 ausführlich gesehen hatten - eine ganze Reihe von Schwierigkeiten mit sich. Es verwundert daher nicht, daß exakte Stabilitätsaussagen im adaptiven Fall noch weitaus schwieriger zu gewinnen sind. Hier wird man sich also um so mehr auf eine "heuristische" Stabilitätsanalyse verlassen müssen; lediglich für einige (wenig praxisrelevante) Sonderfälle liegen konkrete Analyseverfahren vor.

6 Numerische Optimierung von Fuzzy-Systemen

6.1 Motivation

Fuzzy-Systeme weisen selbst bei wenigen Ein-/Ausgangsgrößen und linguistischen Termen eine Vielzahl von Parametern auf. Diese Eigenschaft birgt Fluch und Segen gleichzeitig in sich: Einerseits läßt sich durch Ausschöpfung der Freiheitsgrade das Übertragungsverhalten des Fuzzy-Systems in beliebiger Weise beeinflussen. Andererseits ist zwar die Grobeinstellung der Parameter aufgrund des Fuzzy-Konzeptes recht einfach und transparent durchführbar, ein Feintuning zur Optimierung des Systemverhaltens hingegen kann vom Anwender in den meisten Fällen nicht mehr von Hand erfolgen.

Um beispielsweise einem Fuzzy Controller "den letzten Schliff" zu geben, werden also geeignete numerische Verfahren benötigt, die rechnergestützt eine automatische Optimierung der Reglerparameter anhand eines oder mehrerer, frei wählbarer Gütekriterien ermöglichen. Wegen der Vielzahl der Parameter und insbesondere auch der Wechselwirkung der Parameter untereinander sind konventionelle Optimierungsverfahren hierfür nur sehr eingeschränkt nutzbar. Sie weisen zumeist nämlich einen mit der Anzahl der zu optimierenden Parameter überproportional ansteigenden Rechenzeitbedarf auf und sind in der Regel durch ein ausgesprochen schlechtes globales Konvergenzverhalten gekennzeichnet. Bevor wir uns an die Vorstellung besser geeigneter Verfahren machen, wollen wir das Optimierungsproblem zunächst in formaler Form beschreiben.

6.2 Grundproblem der Parameteroptimierung

Wir gehen zunächst aus von einem Satz von n unabhängigen Variablen

$$\underline{p} = (p_1, p_2, ..., p_n) \in \mathbb{R}^n.$$

Der Vektor $\underline{p}$ möge die zu optimierenden Parameter - also beispielsweise die Parameter unseres Fuzzy Controllers - darstellen; wir wollen ihn deshalb kurz als *Parametervektor* bezeichnen. Im allgemeinen können die einzelnen Parameter nicht beliebige Werte annehmen, sondern sind durch bestimmte *Restriktionen*, also Randbedingungen, eingeschränkt. Zumeist sind die Einschränkungen realisierungstechnischer Natur (man denke an den maximal möglichen Verstärkungsfaktor eines PID-Reglers). Häufig lassen sich aber auch aus Vorüberlegungen bestimmte Parameterbereiche von der Optimierung ausschließen, weil sie zu unsinnigem Systemverhalten führen (Beispiel: Negative Nachstellzeit eines PI-Reglers). Einerseits können diese Restriktionen sich explizit auf bestimmte Parameter beziehen, also z. B. die Form

$$0.5 \leq p_1 \leq 2$$
$$5 \leq p_2 \leq 10$$

besitzen; möglich sind aber auch Beschränkungen in Gestalt von Abhängigkeiten der Parameter untereinander, also etwa

$$p_1 \leq \frac{1}{\sqrt{p_2}}.$$

Man kann die Restriktionen daher allgemein beschreiben in Form eines Satzes von l Ungleichungen

$$g_i(\underline{p}) \leq 0, \quad i = 1, 2, \ldots, l.$$

Den durch die Restriktionen beschriebenen Teil des Parameterraums wollen wir im folgenden als *Parameterbereich* bezeichnen; er enthält alle im Sinne der Restriktionen zulässigen Parametervektoren.

Die "Qualität" eines jeden im Sinne der Restriktionen zulässigen Parametervektors soll beschrieben werden durch eine *Güte-* oder *Zielfunktion*

$$Q(\underline{p}): \mathbb{R}^n \to \mathbb{R}.$$

$Q(\underline{p})$ gibt also an, wie gut der Parametervektor $\underline{p}$ unser Optimierungsproblem löst und kann beispielsweise das gewünschte dynamische Verhalten eines Regelkreises charakterisieren. Wir wollen davon ausgehen, daß ein Parametervektor das Optimierungsproblem um so besser löst, je *kleiner* der Wert von Q ist.[16] Ziel der Optimierung ist es also, denjenigen Parametervektor zu finden, für den die Gütefunktion ihr Minimum annimmt. Die Optimierungsaufgabe lautet somit

$$Q(\underline{p}) \xrightarrow{!} \text{Min}.$$

Der Zusammenhang zwischen Parametervektor und Gütefunktionswert muß dabei keinesfalls unbedingt analytischer Natur sein; die Schreibweise $Q(\underline{p})$ soll hier lediglich besagen, daß man sich zu jedem Parametervektor

---

[16] Die Annahme, daß die Gütefunktion zu *minimieren* ist, stellt keinerlei Einschränkung dar. Ein *Maximierungs*problem kann nämlich durch Vorzeichenumkehr jederzeit in ein äquivalentes Minimierungsproblem überführt werden.

auf *irgendeine* Weise - also beispielsweise auch durch Simulation oder durch Messung am Prozeß - den zugehörigen Gütewert ermitteln kann.

Der Schwierigkeitsgrad des Optimierungsproblems wird wesentlich durch die Charakteristik der Gütefunktion bestimmt. Eine erhebliche Vereinfachung ergibt sich, wenn bekannt ist, daß die Gütefunktion nur ein einziges Minimum im zulässigen Parameterbereich besitzt; man bezeichnet derartige Gütefunktionen als *unimodal*. Bild 6.1 zeigt einen entsprechenden Verlauf für ein eindimensionales Beispiel (n = 1). Der Parameterbereich ist hier durch die Restriktion $p_{1\,min} \leq p_1 \leq p_{1\,max}$ gegeben, das gesuchte Optimum liegt bei $p_{1\,opt}$.

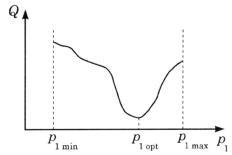

Bild 6.1. Beispiel einer eindimensionalen unimodalen Gütefunktion.

Bei den meisten praxisrelevanten Problemstellungen kann jedoch nicht davon ausgegangen werden, daß tatsächlich nur ein einziges Minimum der Gütefunktion existiert. Speziell bei Fuzzy-Systemen liegt nämlich häufig - bedingt durch die Wechselwirkungen der Parameter untereinander - neben dem eigentlich interessierenden *globalen* Optimum eine Vielzahl weiterer, nur *lokaler* Minima der Gütefunktion vor. Bild 6.2 zeigt eine derartige, als *multimodal* bezeichnete Gütefunktion. Wir erkennen neben dem gesuchten Optimum bei $p_{1\,opt}$ zwei weitere, nur lokale Minima mit erheblich schlechteren, weil größeren Werten der Gütefunktion.

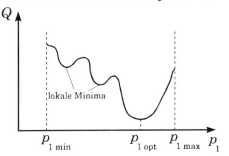

Bild 6.2. Beispiel einer eindimensionalen multimodalen Gütefunktion mit zwei Nebenminima.

6.3 Lösungsmethoden

Für die rechnergestützte Lösung des Parameteroptimierungsproblems steht eine ganze Reihe von numerischen Verfahren zur Verfügung, die sich nach unterschiedlichen Gesichtspunkten klassifizieren lassen. In der Regel wird eine Grobeinteilung in *deterministische* Verfahren auf der einen und *stochastische* Verfahren auf der anderen Seite vorgenommen. Während man den deterministischen Verfahren eine im allgemeinen recht schnelle Konvergenz bei unimodalen, niedrigdimensionalen Optimierungsproblemen nachsagt, werden stochastische, also zufallsgesteuerte Verfahren bevorzugt bei

Problemen hoher Ordnung mit vermutlicher Multimodalität eingesetzt. Ein moderner Vertreter letzterer Gattung sind die sogenannten *Genetischen Algorithmen* oder *Evolutionsstrategien*, die eine Optimierung nach dem Vorbild der Natur vornehmen. Diese Klasse der Optimierungsverfahren wird unsere besondere Beachtung verdienen, wenn es um die numerische Optimierung von Fuzzy-Systemen geht. Zunächst wollen wir jedoch zumindest in groben Zügen die wichtigsten Vertreter der konventionellen Optimierungsstrategien vorstellen. Einen detaillierten Überblick bieten z. B. [SCH87, KAH90].

6.3.1 Deterministische Verfahren

Die deterministischen Optimierungsverfahren lassen sich grob in die Kategorien Gradientenverfahren, Newton-Verfahren und Direkte Verfahren (sogenannte *Suchverfahren*) einteilen.

Gradientenverfahren basieren auf der Tatsache, daß im Minimum $\underline{p}_{opt}$ der Gütefunktion Q der Gradient verschwindet, also die Bedingung

$$\nabla Q(\underline{p}_{opt}) = \begin{pmatrix} \dfrac{\partial Q}{\partial p_1} \\ \dfrac{\partial Q}{\partial p_2} \\ \vdots \\ \dfrac{\partial Q}{\partial p_n} \end{pmatrix}_{\underline{p}=\underline{p}_{opt}} = \underline{0}$$

erfüllt ist. Da diese Bedingung für die Existenz eines Minimums nur notwendigen, aber keinen hinreichenden Charakter besitzt, kann an der Stelle $\underline{p}_{opt}$ natürlich auch ein Maximum oder ein Sattelpunkt vorliegen (Bild 6.3). Die unmittelbare Umgebung des Punktes $\underline{p}_{opt}$ liefert Aufschluß darüber, welcher der möglichen Fälle vorliegt.

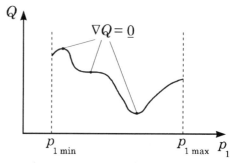

Bild 6.3. Minimum, Maximum und Sattelpunkt einer eindimensionalen Gütefunktion.

Zur Bestimmung des Funktionsminimums bewegen sich die Gradientenverfahren nunmehr, ausgehend von einem vorzugebenden Startpunkt $\underline{p}^{(0)}$, schrittweise in Richtung des negativen Gradienten gemäß der Vorschrift

$$\underline{p}^{(k+1)} = \underline{p}^{(k)} - s^{(k)} \frac{\nabla Q\!\left(\underline{p}^{(k)}\right)}{\left\|\nabla Q\!\left(\underline{p}^{(k)}\right)\right\|}.$$

Der neue Punkt $p^{(k+1)}$ ergibt sich also aus dem vorangegangenen durch einen Schritt der Länge $s^{(k)}$ in Richtung abnehmender Funktionswerte. Da der Gradient nur lokale Gültigkeit hat, ist bei einer endlichen Schrittweite nicht sichergestellt, daß der neue Funktionswert auch wirklich kleiner ist als der alte. Daher ist die Schrittweite so zu wählen, daß auch wirklich eine Verbesserung auftritt. Im günstigsten Fall wählt man - beispielsweise durch eine untergeordnete Schrittweitenoptimierung - in jedem Schritt diejenige Schrittweite, die zur größtmöglichen Abnahme des Gütefunktionswertes führt. Man spricht in diesem Fall von der *Strategie des steilsten Abstiegs* in Anlehnung an einen Bergsteiger, der auf schnellstmöglichem Wege vom Berggipfel hinunter ins Tal gelangen möchte.[17]

Während Gradientenverfahren also durch die Berechnung des Gradienten eine *lineare* Approximation der Gütefunktion im aktuellen Punkt $p^{(k)}$ vornehmen, gehen die sogenannten *Newton-Verfahren* einen Schritt weiter: Sie nähern die Gütefunktion durch eine quadratische Ausgleichsfunktion, also eine Parabel, an und wählen das Minimum dieser Ausgleichsfunktion als neuen Punkt $\underline{p}^{(k+1)}$. Die entsprechende Iterationsformel lautet in diesem Fall

$$\underline{p}^{(k+1)} = \underline{p}^{(k)} - \underline{H}^{-1} \nabla Q(\underline{p}^{(k)}).$$

Dabei enthält die Matrix $\underline{H}$, die sogenannte *Hesse-Matrix*, die zweiten partiellen Ableitungen von Q:

$$\underline{H} = \nabla^2 Q(\underline{p})$$

Die Vorgabe einer Schrittweite wie beim Gradientenverfahren ist hier also nicht erforderlich. Probleme treten bei diesen Verfahren jedoch auf, wenn die Hesse-Matrix nicht positiv definit oder aber singulär ist. Während der erstere Fall bedeutet, daß die Ausgleichsfunktion kein Minimum besitzt, ist im zweiten Fall die Inverse von $\underline{H}$ nicht berechenbar.

Sowohl Gradienten- als auch Newton-Verfahren weisen einen speziell für technische Problemstellungen entscheidenden Nachteil auf: Zur Auswertung der Iterationsvorschriften müssen die partiellen Ableitungen der Gütefunktion zur Verfügung stehen. Liegt die Gütefunktion jedoch nicht in analytischer Form vor, wie dies bei den meisten Problemstellungen der Fall ist, sondern muß für jeden Parametervektor experimentell oder durch Simulation ausgewertet werden, so ist die Berechnung der partiellen Ableitungen nicht möglich. Abhilfe kann in derartigen Fällen die näherungsweise Berechnung durch Differenzenquotienten schaffen; diese Vorgehensweise führt jedoch bei ungenügender Kenntnis einer geeigneten Schrittweite zwi-

---

[17] Dieser Vergleich schlägt sich auch in der weitverbreiteten Bezeichnung *Hill-Climbing-Strategien* nieder.

schen den Stützpunkten schnell zu nicht vernachlässigbaren Approximationsfehlern.

Dieser konzeptionelle Nachteil führte zur Entwicklung der *Direkten Verfahren* bzw. *Suchverfahren*. Sie verzichten auf eine explizite Berechnung oder Abschätzung des Gradienten und arbeiten nach der Iterationsvorschrift

$$\underline{p}^{(k+1)} = \underline{p}^{(k)} + s^{(k)} \underline{r}^{(k)}.$$

Dabei ist $s^{(k)}$ wiederum die im k-ten Iterationsschritt verwendete Schrittweite und $\underline{r}^{(k)}$ die (auf $\|\underline{r}^{(k)}\| = 1$ normierte) Schrittrichtung. Beide Größen werden so gewählt, daß eine möglichst schnelle Annäherung an das gesuchte Minimum erfolgt. Die einzelnen Verfahren und Verfahrensvarianten unterscheiden sich dabei im wesentlichen nur in der Art der Schrittweiten- und -richtungswahl. Die einfachsten Vertreter sind die Koordinatenstrategien, die bei jedem Iterationsschritt in Richtung einer der Koordinatenachsen suchen. Diese Verfahren versagen jedoch bereits dann, wenn eine Verbesserung nur noch in anderen als den Koordinatenrichtungen möglich ist. Intelligentere Varianten nutzen daher die in den vorangegangenen Iterationsschritten angefallene Information aus, um für den folgenden Schritt eine möglichst vielversprechende Suchrichtung in Verbindung mit einer geeigneten Schrittweite zu finden. Wichtig ist dabei insbesondere die Anpassung der Schrittweite an die Topologie der Gütefunktion, damit einerseits die Konvergenz durch eine zu kleine Schrittweite nicht zu stark verschlechtert wird, andererseits aber durch eine zu große Schrittweite die Gefahr des "Übersehens" eines Minimums nicht zu sehr steigt. Bild 6.4 verdeutlicht diesen Zusammenhang anhand einer eindimensionalen Gütefunktion. Während zu Beginn der bei $p^{(0)}$ gestarteten Optimierung mit einer großen Schrittweite gearbeitet werden sollte, muß

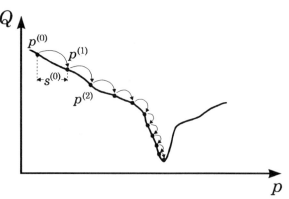

Bild 6.4. Zur Wahl einer geeigneten Suchschrittweite.

diese mit zunehmender Annäherung an das Minimum stetig verkleinert werden.

Wir wollen die unterschiedliche Arbeitsweise von Gradientenverfahren, einfachen Koordinatenstrategien und intelligenteren Suchverfahren an einem weiteren Beispiel gegenüberstellen. Dazu wählen wir die zweidimensionale Gütefunktion

6.3 Lösungsmethoden

$$Q(p_1, p_2) = p_1^2 + p_2^2,$$

die ihr einziges und damit globales Minimum an der Stelle

$p_1 = p_2 = 0$

aufweist. Der Verlauf der Funktion läßt sich grafisch in Form von Höhenlinien, d. h. Kurven konstanten Funktionswertes darstellen, die in diesem einfachen Fall Kreise darstellen. Bild 6.5 zeigt mögliche Optimierungsverläufe für ein Gradientenverfahren (Punktfolge (1)), eine Koordinatenstrategie (Punktfolge (2)) und ein typisches Suchverfahren (Punktfolge (3)). Das Gradientenverfahren sucht bei jedem Schritt in Richtung des Gradienten, also tangential zu den Höhenlinien der Funktion. Die Punktfolge liegt in diesem Fall also auf einer Geraden, die zum gesuchten Minimum führt. Die Koordinatenstrategie hingegen sucht immer nur in einer Koordinatenachse; hierdurch ergibt sich eine erheblich schlechtere Konvergenz als beim Gradientenverfahren. Das Suchverfahren stellt einen Mittelweg zwischen den ersten beiden Varianten dar, es erreicht zwar nicht die Konvergenzgeschwindigkeit des Gradientenverfahrens, kommt dafür aber ohne die Gradientenberechnung aus. Es bleibt anzumerken, daß ein Newton-Verfahren bei der für unser Beispiel gewählten quadratischen Testfunktion unabhängig vom Startwert das Minimum *in einem einzigen Schritt* finden würde, da es ja gerade auf einer quadratischen Approximation der Gütefunktion beruht.

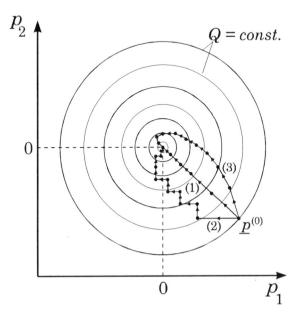

Bild 6.5. Optimierungsverlauf in Abhängigkeit vom gewählten Optimierungsverfahren.

6.3.2 Zufallsverfahren

Obwohl es auch eine Reihe deterministischer Verfahren gibt, die eine gewisse globale Sicherheit der Suche für sich beanspruchen, liegt doch die Priorität bei der überwiegenden Mehrheit der Verfahren auf einer schnellen lokalen Konvergenz. Diese Verfahren finden also bevorzugt das dem Startpunkt nächstgelegene Optimum, insbesondere dann, wenn mit kleinen Anfangsschrittweiten gearbeitet wird. Außerdem sinkt die Konvergenzgeschwindigkeit mit steigender Parameterzahl ganz beträchtlich. Für multimodale Problemstellungen oder Gütefunktionen mit einer Vielzahl von Parametern sind die beschriebenen deterministischen Verfahren daher in der Regel ungeeignet.

Hier schlägt die Stunde der Zufallsverfahren. Dies ist um so erstaunlicher, da dieser Verfahrenstyp aufgrund seiner prinzipiellen Funktionsweise - der Verwendung probabilistischer statt deterministischer Regeln - zunächst unterlegen erscheint. Dies gilt sicherlich bei einfachen, niedrigdimensionalen Gütefunktionen. Gerade für komplexe Optimierungsprobleme haben sich aber Zufallsverfahren - und hier besonders die später zu besprechenden Evolutionsstrategien - als ausgesprochen effizient erwiesen.

Wie bei den deterministischen Verfahren läßt sich auch bei den Zufallsverfahren eine mehr oder weniger scharfe Einteilung in die Kategorien

- Reine Zufallsverfahren
- Lern- und Vergeßverfahren
- Evolutionsstrategien

vornehmen. Die ersten beiden Klassen sollen im folgenden kurz behandelt werden; den Evolutionsstrategien ist ein eigener Abschnitt gewidmet.

Die reinen Zufallsverfahren, häufig aus naheliegenden Gründen auch als "Monte-Carlo-Verfahren" bezeichnet, arbeiten mit gleichverteilten, statistisch unabhängigen Zufallszahlenfolgen. Die primitivste Vorgehensweise besteht darin, eine feste Anzahl von Stichproben gleichmäßig im Parameterraum zu verteilen und die Probe mit dem niedrigsten Funktionswert zum Minimum zu erklären. Diese Suche gleicht - zumindest bei mehreren Parametern - der nach einer Nadel im Heuhaufen.

Eine erhebliche Verbesserung erfährt diese Art von Verfahren, wenn die Suche iterativ in immer kleineren Gebieten durchgeführt wird. Dazu legt man neue, kleinere Gebiete jeweils symmetrisch um das Minimum des vorherigen Suchzyklus. Ein Hauptvorteil dieser Verfahren liegt darin, daß die Stichproben *simultan* genommen werden können. Dies verspricht auf den neuerdings vermehrt eingesetzten Parallelrechnern erhebliche Einsparungen an Rechenzeit.

Lern- und Vergeßverfahren gehen vom gleichen Konzept wie die deterministischen Suchverfahren aus, indem sie einen Startpunkt iterativ zu verbessern suchen. Dabei werden Schrittweiten und -richtungen teils zufällig, teils nach heuristischen Regeln bestimmt. In den meisten Fällen wird die Suchrichtung zufällig, z. B. anhand einer n-dimensionalen Normalverteilung, gewählt und die Schrittweite abhängig vom Erfolg oder Mißerfolg der vorherigen Iterationsschritte gesteuert. Die Verfahren lernen also aus zeitlich zurückliegenden Schritten eine geeignete Schrittweite, wobei die zeitlich weiter zurückliegenden Informationen nach einer gewissen Zeit wieder "vergessen" werden. Auch bei diesen Verfahren gilt, daß die globale Sicherheit wesentlich von der Schrittweite bestimmt wird. Große Schrittweiten erhöhen die Wahrscheinlichkeit für das Auffinden des globalen Optimums, verringern dafür aber die lokale Konvergenzgeschwindigkeit; bei kleinen Schrittweiten liegen die Verhältnisse gerade umgekehrt.

6.3.3 Evolutionsstrategien

Seitdem erkannt worden ist, daß die Natur für viele technische Problemstellungen im Laufe der Evolution bereits Optimallösungen gefunden hat, liegt es nahe, nicht nur die Optimallösungen selbst zu kopieren, sondern auch die Strategie, die zum Auffinden dieser Lösungen geführt hat: die *Evolutionsstrategie*. So haben sich in jüngster Zeit - ausgehend von Zufallsstrategien - die Evolutionsstrategien oder *Genetischen Algorithmen*[18] als eigenständiges Gebiet der Parameteroptimierung stetig weiterentwickelt und werden nach anfänglichen Schwierigkeiten mittlerweile insbesondere durch die beeindruckenden Erfolge bei der Optimierung von Fuzzy-Systemen als den deterministischen und stochastischen Verfahren zumindest gleichwertig akzeptiert.

Evolutionsstrategien setzen gewöhnlicherweise keine spezielle Struktur der Gütefunktion voraus, sondern sind auch dann noch anwendbar, wenn diese Unstetigkeiten aufweist oder ihre Topologie stark zerklüftet ist. Sie zeichnen sich durch ihre Robustheit und hohe globale Sicherheit aus. Anstelle streng mathematisch formulierbarer Iterationsvorschriften kommen dabei zunehmend "heuristische Regeln" zum Einsatz, die von der biologischen Evolution inspiriert wurden und einen gleitenden Übergang zu Methoden der künstlichen Intelligenz schaffen.

Die Grundidee der genetischen Algorithmen besteht darin, durch die zyklische Anwendung der Evolutionsmechanismen

- Mutation
- Fortpflanzung

---

[18] Teilweise wird in der Literatur recht streng zwischen Evolutionsstrategien auf der einen Seite und Genetischen Algorithmen auf der anderen Seite unterschieden, je nachdem, ob die Parameter als Fließkommazahlen oder aber binär codiert sind. Wir wollen hier sprachlich nicht zwischen den beiden Begriffen unterscheiden, da das *Grundprinzip* der Strategie entscheidend ist, - und das ist unabhängig von der Codierung!

- Selektion

auf eine *Population* von Objekten - in unserem Fall Parametervektoren - eine schrittweise Annäherung an das gesuchte Optimum zu erreichen. Ein einzelner Zyklus wird dabei gewöhnlich als *Generation* bezeichnet. Entgegen der sequentiellen Vorgehensweise bei konvenionellen Optimierungsstrategien sind Evolutionsstrategien in hohem Maße parallelisierbar, so daß ihre Anwendung besonders effizient auf Parallelrechnern erfolgen kann [KAH90].

Obwohl mittlerweile eine ganze Reihe verschiedenartiger genetischer Algorithmen für die unterschiedlichsten Aufgabenstellungen entwickelt wurde, ist die Grundstruktur aller Varianten ähnlich. Die Verfahren starten zunächst mit einer vom Anwender vorzugebenden Anfangspopulation. Die Wahl dieser Anfangspopulation hängt von den Vorkenntnissen über den Ort des globalen Optimums ab. Sind seine Koordinaten näherungsweise bekannt (was in den seltensten Fällen vorkommen wird, da man ansonsten auch ein lokales deterministisches Verfahren wählen könnte), so kann man alle Anfangsobjekte im Schätzwert für das Optimum oder in seiner unmittelbaren Umgebung starten lassen. Liegen hingegen keinerlei Vorkenntnisse vor, so wählt man zweckmäßigerweise eine im zulässigen Parameterraum gleichverteilte Anfangspopulation.

Auf diese Anfangspopulation werden nun zyklisch die einzelnen Evolutionsmechanismen angewendet. Die *Mutation* sorgt zunächst für die Entstehung neuer Objektvarianten und damit eine Variation der Populationsvielfalt. Dabei spielt der Faktor Zufall eine wesentliche Rolle. Im Optimierungsmodell werden Mutationen daher durch zufällige Abänderungen einzelner oder aller Komponenten des Parametervektors nachgeahmt. Da in der Natur kleine Änderungen, d. h. Mutationen mit geringer Auswirkung auf das Erbmaterial, häufiger auftreten als große, wird die Abänderung einer Parametervektorkomponenten p_i in der Regel durch Addition einer Zufallszahl ξ_i mit einer mittelwertfreien Normalverteilung der Wahrscheinlichkeitsdichtefunktion

$$W(z_i) = \frac{1}{\sqrt{2\pi}\sigma_i} \exp\left(-\frac{z_i^2}{2\sigma_i^2}\right)$$

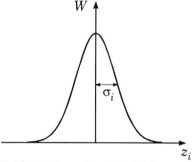

Bild 6.6. Normalverteilte Wahrscheinlichkeitsdichtefunktion für Mutationen.

vorgenommen. Die Größe σ_i gibt die Streuung der entsprechenden Verteilung an (Bild 6.6); sie entspricht der Mutationsrate in der Natur und ist ein Maß für die mittlere Änderung einer Komponente bei einer Mutation. In Anlehnung an die deterministischen Optimierungsverfahren wird sie daher auch als *Schrittweite* bezeichnet. Je größer diese Schrittweite gewählt wird, um so höher ist auch die Wahrscheinlichkeit für drastische Änderungen des entsprechenden Parameters bei einer Mutation. Bild 6.7 verdeutlicht den Mutationsvorgang anhand eines Beispiels. Es zeigt ein Ausgangsobjekt mit den Parameterwerten $p_1 = p_2 = 0$ und 50 daraus gemäß einer Normalverteilung mit den Streuungen $\sigma_1 = 1$, $\sigma_2 = 2$ zufällig erzeugte Mutanten. Wir erkennen, daß die Mutanten in p_1-Richtung wegen der geringeren Streuung näher am Ausgangsobjekt liegen als in p_2-Richtung. Außerdem finden wir trotz der geringen Schrittweiten einige "Ausreißer" in größerer Entfernung vom Ausgangsobjekt. Diese sorgen während der Optimierung dafür, daß auch bei geringen Schrittweiten immer wieder im weiteren Umkreis der aktuellen Population gesucht wird. Hierdurch tragen sie ganz wesentlich zur hohen globalen Sicherheit der Evolutionsstrategien bei.

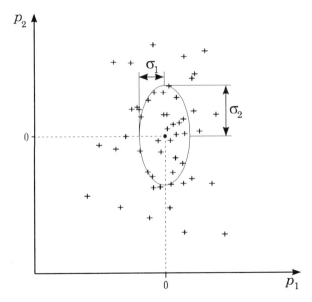

Bild 6.7. Verschiedene Mutanten eines Ausgangsobjektes bei (0, 0).

Nach dieser Methode erzeugte Mutationen sind also zufällig und ungerichtet; der aus der Mutation hervorgegangene Parametervektor kann demnach besser oder schlechter im Sinne des zu optimierenden Gütekriteriums sein als das Ausgangsobjekt.

Die Mutation sorgt für die zur Optimierung notwendige Variation des Erbmaterials. Diese hat zunächst nur Auswirkungen auf das von der Mutation betroffene Einzelobjekt. Erst durch die *Fortpflanzung* erhält sie Gelegenheit, sich in der Population auszubreiten. Die einfachste Form der Fortpflanzung ist die identische Teilung, meist als *Reduplikation* bezeichnet. Dabei stellt der Nachkomme eine identische Kopie des Elternobjekts dar; es findet also einfach eine Verdopplung statt. Für den Einsatz in einer Optimierungstrategie ist diese Form der Fortpflanzung besonders deshalb interessant, weil ihre Nachahmung aufgrund der Eltern-Nachkommen-Identität keinerlei Gütefunktionsaufrufe und damit Rechenzeit "kostet".

"Höherentwickelte" Evolutionsstrategien verwenden eine weitere Form der Fortpflanzung, an der (fast wie im richtigen Leben!) jeweils zwei Elternobjekte teilnehmen. Diese als *Rekombination mit Crossing-over* bezeichnete Variante vermischt also das Erbgut zweier Objekte miteinander, was im Optimierungsmodell durch wechselseitigen Austausch von Komponenten des Parametervektors nachgebildet wird. Dazu werden beide Elternobjekte an zwei zufällig bestimmten Stellen aufgetrennt und die daraus resultierenden Teilstücke der Parametervektoren ausgetauscht (Bild 6.8). Je nach Lage der beiden Elternobjekte im Parameterraum können die Nachkommen einerseits sehr nahe bei den Elternobjekten liegen, andererseits aber auch sehr weit von ihnen entfernt. Somit sorgt diese Realisierungsart der Fortpflanzung ebenso wie die Mutation für das Entstehen völlig neuer Objekte und damit für eine hohe globale Sicherheit des Optimierungsvorgangs.

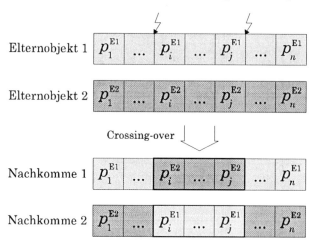

Bild 6.8. Rekombination mit Crossing-over.

Auch für die Wahl der zur Fortpflanzung gelangenden Objekte können bestimmte Gesetzmäßigkeiten festgelegt werden. In der Regel ist es im Sinne einer zügigen Konvergenz sinnvoll, bevorzugt Objekte mit bereits niedrigen Gütefunktionswerten auszuwählen. Dies kann beispielsweise anhand eines Auswahlkriteriums geschehen, welches den einzelnen Objekten eine güteabhängige Wahrscheinlichkeit für die Zulassung zur Fortpflanzung zuordnet.

Aufgabe der abschließenden *Selektion* ist es, die durch die Fortpflanzung erhöhte Populationsstärke wieder auf ihren ursprünglichen Wert zurückzuführen. Dazu werden im einfachsten Fall die am schlechtesten angepaßten Objekte, hier also diejenigen mit dem höchsten Gütefunktionswert, aus-

6.3 Lösungsmethoden

sortiert. Diese Vorgehensweise bildet das Prinzip des "survival of the fittest" der natürlichen Evolution nach. Denkbar ist es auch, im Sinne einer möglichst hohen globalen Sicherheit solche Objekte, die im weiteren Optimierungsverlauf vermutlich zu neuen Optima führen, vor der Selektion zu schützen. Die Bestimmung dieser Objekte kann dabei nach verschiedenen Gesichtspunkten vor sich gehen. Ein anderer Ansatz besteht darin, durch eine geeignete Selektionssteuerung dafür zu sorgen, daß die Population stets eine gewisse Mindestvielfalt an unterschiedlichen Objekten bereithält. Auch diese Maßnahme trägt zu einer Erhöhung der globalen Sicherheit bei (siehe z. B. [KAH90]).

Am Ende eines Generationszyklus steht also wieder eine Population mit der ursprünglichen Stärke zur Verfügung. Wie die vorangegangenen Ausführungen erkennen lassen, weisen genetische Algorithmen bereits in ihren einfachsten Ausführungen eine ganze Reihe von Freiheitsgraden auf. Dazu gehören - um nur einige wesentliche zu nennen - die Populationsstärke, die Wahl der Anfangspopulation, die Anzahl der Mutationen pro Generation und die Mutationsschrittweiten. Die Wahl dieser Freiheitsgrade bestimmt im wesentlichen die Charakteristik der Optimierungsstrategie. Sie stellt immer einen Kompromiß zwischen einer möglichst schnellen lokalen Konvergenz und einer möglichst hohen globalen Sicherheit dar. So sollte die Populationsstärke immer an die Problemordnung angepaßt sein; je mehr Parameter zu optimieren sind, um so größer sollte die Populationsstärke gewählt werden. Eine möglichst breite Streuung der Anfangspopulation verspricht dazu beste Aussichten auf das Auffinden des globalen Optimums.

Bild 6.9 zeigt den typischen Ablauf einer Optimierung einer unimodalen Gütefunktion mit Hilfe einer Evolutionsstrategie. Es handelt sich um die bereits in Abschnitt 6.3.1 betrachtete Funktion

$$Q(p_1, p_2) = p_1^2 + p_2^2$$

mit dem Minimum im Ursprung. Die Anfangspopulation mit einer Stärke von 50 Objekten wurde zufällig gleichverteilt im Parameterbereich angesetzt. Wir erkennen deutlich die im Zuge der Optimierung zunehmende Konzentration der Gesamtpopulation um das Funktionsminimum.

Bild 6.10 zeigt als weiteres zweidimensionales Beispiel die sogenannte *Six Hump Camel Back Function*

$$Q(p_1, p_2) = 4p_1^2 - 2.1p_1^4 + p_1^6/3 + p_1 p_2 - 4p_2^2 + 4p_2^4 + 1.0316$$

mit den Restriktionen

$$-2.5 \le p_1 \le 2.5$$
$$-1.5 \le p_2 \le 1.5 .$$

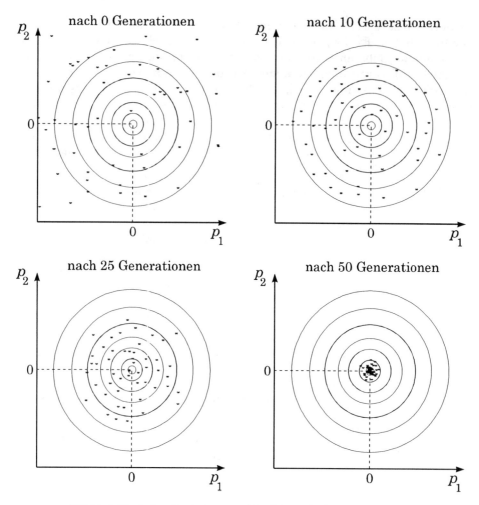

Bild 6.9. Typischer Optimierungsablauf einer Evolutionsstrategie.

Die Funktion besitzt neben den beiden globalen Minima bei

$$\underline{p}_{\text{opt}}^{(1)} = (0.0898, -0.7126)$$

$$\underline{p}_{\text{opt}}^{(2)} = (-0.0898, 0.7126)$$

mit dem Funktionswert 0 vier weitere lokale Minima sowie zwei Maxima. Es handelt sich hierbei also um ein multimodales Problem, bei dem die Evolutionsstrategie ihre Stärken besonders gut zur Geltung bringen kann. Der Optimierungsverlauf macht dies deutlich: Ausgehend von einer gleichverteilten Anfangspopulation von wiederum 50 Objekten teilt sich die Population im Laufe der Optimierung auf in mehrere Teilpopulationen, die jeweils den verschiedenen Minima zustreben. Dabei konzentriert sich der weitaus größte Teil der Population auf die beiden gleichwertigen globalen

Optima. Anzumerken ist hierbei, daß die Evolutionsstrategie bei dieser Problemstellung auch dann die globalen Optima findet, wenn man beispielsweise die gesamte Anfangspopulation in die linke obere Ecke des Parameterbereichs plaziert [KAH90, KAH94a, KAH94b, KAH95a].

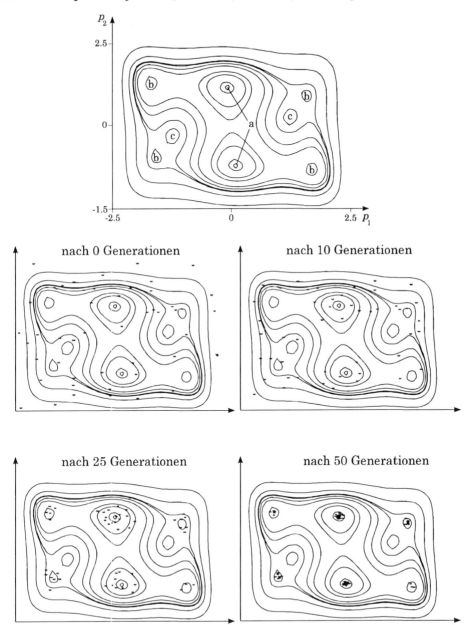

Bild 6.10. Optimierungsablauf für *Six Hump Camel Back Function*. Die Funktion besitzt zwei globale Minima (a), vier lokale Minima (b) und zwei Maxima (c).

Einige Evolutionsstrategien arbeiten statt mit einer reellwertigen Darstellung der Optimierungsparameter mit *binär* codierten Parametern, da diese Codierungsform weitaus besser der Codierung der Erbinformation in den Chromosomen von Lebewesen entspricht (diese Verfahren werden dann manchmal nicht mehr als Evolutionsstrategien, sondern als *Genetische Algorithmen* bezeichnet, da die Codierung in Nullen und Einsen eine stärkere Analogie zur biologischen Natur der Gene von Lebewesen darstellt; siehe dazu auch die Fußnote an früherer Stelle). Wird beispielsweise jeder Parameter lediglich durch eine 5-Bit-Zahl codiert, so ergeben sich statt ursprünglich n Parametern auf diese Weise bereits $5n$ Parameter, die allerdings nun nur noch die beiden diskreten Werte 0 und 1 annehmen können (Bild 6.11).

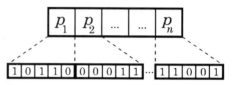

Bild 6.11. Binäre Codierung des Parametervektors.

Die angeführten Evolutionsmechanismen können daher nicht mehr in ihrer ursprünglich vorgestellten Form angewendet werden, sondern sind geeignet zu modifizieren. Beispielsweise können Mutationen dadurch erzeugt werden, daß einzelne, zufällig ausgewählte Bits der Bitkette invertiert werden. Je mehr Bits dabei gleichzeitig betroffen sind, um so stärker sind in der Regel die Auswirkungen auf den resultierenden Parametervektor.

Obwohl gezeigt werden kann, daß die binäre Codierung einige Vorteile besitzt, weist sie doch einen entscheidenden Nachteil auf: Bei Optimierungsparametern, deren mögliche Werte stark unterschiedliche Größenordnungen (z. B. mehrere Zehnerpotenzen) aufweisen können, ist für eine hinreichend feine Codierung eine sehr hohe Anzahl von Bits erforderlich, so daß die Zahl der (binären) Optimierungsparameter schnell extrem groß wird. Damit verbunden ist eine extrem langsame Konvergenz der Evolutionsstrategie. Nicht zu vergessen ist auch die Erhöhung des Rechenaufwands die dadurch entsteht, daß vor jeder Gütefunktionsberechnung jeweils eine Rückcodierung des Parametervektors in ein Tupel reeller Parameter erfolgen muß.

6.4 Vektorielle Optimierung

Bei vielen praxisrelevanten Problemstellungen gelingt es nicht, die Anforderungen an die optimale Problemlösung - wie wir bisher vorausgesetzt hatten - durch Spezifikation nur eines einzigen Gütekriterium zu charakterisieren, sondern es sind mehrere, *gleichzeitig* zu optimierende Zielfunktionen erwünscht. Dies ist beispielsweise oft bei der Synthese von Regelkreisen der Fall, wo neben einer kleinen Ausregelzeit auch ein möglichst geringes Überschwingen verlangt wird. Charakteristisch ist dabei, daß die Optima in der Regel nicht zusammenfallen, d. h. nicht für dieselben Parameter-

6.4 Vektorielle Optimierung

kombinationen angenommen werden. Die einzelnen Gütekriterien verhalten sich also - zumindest in gewissen Regionen des Parameterraumes - nicht kooperativ, sondern kontradiktorisch: Eine Parameteränderung, die zu einer Verringerung der Ausregelzeit führt, zieht gleichzeitig eine Erhöhung der Überschwingweite nach sich - und umgekehrt. Ein anderes typisches Beispiel ist die Optimierung einer Produktqualität bei gleichzeitiger Minimierung der Kosten. Häufig ist nämlich eine Steigerung der Qualität eines Produktes nur unter Erhöhung des Herstellungsaufwandes und der damit einhergehenden Kostenerhöhung realisierbar. Wir haben es in diesen Fällen also mit einen Zielkonflikt und damit mit einem Problem der *vektoriellen Optimierung* oder *Polyoptimierung* zu tun, das wir formell schreiben können als

$$\underline{Q}(\underline{p}) \xrightarrow{!} \text{Min.}$$

Unser Gütekriterium wird hier also nicht länger durch eine skalare Funktion, sondern durch einen Güte*vektor* $\underline{Q}(\underline{p})$ festgelegt.

Die Lösung eines Polyoptimierungsproblems stellt somit grundsätzlich eine Suche nach Kompromißlösungen dar. Dazu müssen wir uns zunächst klarmachen, wann ein Parametervektor *besser* oder *schlechter* sein soll als ein zweiter. Diese Beurteilung wird anhand der *Vektorhalbordnung* vorgenommen, die wir uns an einem einfachen Beispiel mit zwei parallel zu optimierenden Gütefunktionen Q_1 und Q_2 verdeutlichen wollen. Wir gehen dazu aus von drei unterschiedlichen Parametervektoren $\underline{p}^{(1)}$, $\underline{p}^{(2)}$ und $\underline{p}^{(3)}$ mit den entsprechenden Gütevektoren $\underline{Q}^{(1)}$, $\underline{Q}^{(2)}$ und $\underline{Q}^{(3)}$, die wir in Bild 6.12 als Punkte im Güteraum dargestellt sehen. Wie lassen sich diese Vektoren nun ordnen? Der Gütevektor $\underline{Q}^{(1)}$ ist sicherlich *kleiner* (d. h. besser) als $\underline{Q}^{(2)}$, da beide Einzelgüten von $\underline{Q}^{(1)}$ kleiner als die entsprechenden Güten von $\underline{Q}^{(2)}$ sind. Umgekehrt ist $\underline{Q}^{(2)}$ damit *größer* als $\underline{Q}^{(1)}$. Man sagt in diesem Fall auch "$\underline{Q}^{(1)}$ dominiert $\underline{Q}^{(2)}$" oder "$\underline{Q}^{(2)}$ wird von $\underline{Q}^{(1)}$ dominiert". Ebenso ist $\underline{Q}^{(3)}$ kleiner als $\underline{Q}^{(2)}$. Allgemein gilt dies für alle

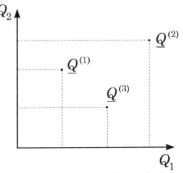

Bild 6.12. Prinzip der Vektorhalbordnung.

Gütevektoren, die im Güteraum *links unterhalb* von $\underline{Q}^{(2)}$ liegen. Was aber ist mit $\underline{Q}^{(1)}$ und $\underline{Q}^{(3)}$? Während $\underline{Q}^{(1)}$ die kleinere Q_1-Komponenten aufweist, besitzt $\underline{Q}^{(3)}$ die kleinere Q_2-Komponente. Ohne zusätzliche Informationen - beispielsweise über die Wichtigkeit der Einzelkriterien - können wir nicht entscheiden, welcher der beiden Vektoren überlegen ist; man sagt "$\underline{Q}^{(1)}$ und $\underline{Q}^{(3)}$ sind *indifferent*" ($\underline{Q}^{(1)} \sim \underline{Q}^{(3)}$). Somit läßt sich für jeden Parametervektor $\underline{p}^{(0)}$ und den zugehörigen Gütevektor $\underline{Q}^{(0)}$ der Güteraum anhand der Vektorhalbordnung in drei Bereiche einteilen, die jeweils alle kleineren, alle größeren oder alle indifferenten Gütevektoren enthalten (Bild 6.13).

Das Ziel der vektoriellen Optimierung muß nun darin bestehen, solche Parametervektoren zu finden, die von keinem anderen Punkt im Parameterbereich dominiert werden. Diese Punkte werden als *effizient* oder *pareto-optimal* bezeichnet; sie bilden die sogenannte *Pareto-* oder *Kompromißmenge*. Nach den vorangegangenen Überlegungen lassen sie sich wie folgt definieren:

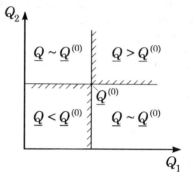

Bild 6.13. Einteilung des Güteraums.

> *"Ein Parametervektor $\underline{p}$ heißt (global) effizient, wenn es keinen anderen Parametervektor im Parameterbereich gibt, der in mindestens einem Gütekriterium besser, in allen anderen aber zumindest nicht schlechter ist."*

Effiziente Punkte sind demnach dadurch charakterisiert, daß von ihnen ausgehend jede Gütefunktion nur noch auf Kosten mindestens einer anderen verbessert werden kann. Die Lösung des vektoriellen Optimierungsproblems besteht also nicht aus einem einzelnen Punkt im Parameterraum wie bei der skalaren Optimierung, sondern aus einer ganzen Menge von Punkten. Da letztlich natürlich nur eine einzige Lösung realisiert werden kann, muß diese aus der Kompromißmenge unter übergeordneten Gesichtspunkten - z. B. über die Wichtigkeit der Einzelkriterien - ausgewählt werden.

Wir wollen zur Verdeutlichung ein konkretes Beispiel betrachten. Dazu wählen wir als Gütefunktionen zwei gegeneinander versetzte quadratische Formen, und zwar

$$Q_1(p_1, p_2) = (p_1 - 1)^2 + (p_2 - 1)^2$$
$$Q_2(p_1, p_2) = (p_1 - 2)^2 + (p_2 - 2)^2,$$

wobei wir für den Parameterbereich die Restriktionen

$$0 \leq p_1 \leq 3$$
$$0 \leq p_2 \leq 3$$

vorgeben wollen.

Beide Gütefunktionen erreichen einen minimalen Funktionswert von null, Q_1 im Punkt (1, 1) und Q_2 im Punkt (2, 2). Im Minimum von Q_1 hat Q_2 einen Funktionswert von zwei und umgekehrt. Die Minima liegen also bei unterschiedlichen Parameterwerten, so daß offensichtlich ein vektorielles Problem vorliegt.

6.4 Vektorielle Optimierung

Um die Kompromißmenge zu bestimmen, versuchen wir, den aus dem Parameterbereich resultierenden Gütevektorbereich zu ermitteln. Dazu berechnen wir die Gütewerte für die Eckpunkte des Parameterbereichs. Wir erhalten:

$\underline{p} = (0, 0) \Rightarrow \underline{Q} = (2, 8)$

$\underline{p} = (0, 3) \Rightarrow \underline{Q} = (5, 5)$

$\underline{p} = (3, 0) \Rightarrow \underline{Q} = (5, 5)$

$\underline{p} = (3, 3) \Rightarrow \underline{Q} = (8, 2)$

Führen wir diese Berechnungen für einige weitere Werte durch, so erhalten wir schließlich als Abbild des Parameterbereiches im Güteraum die in Bild 6.14 (oberes Teilbild) dargestellte Fläche. Die gesuchte Kompromißmenge ist nun der Teil des Flächenrandes, von dem aus gesehen kein Punkt der Fläche existiert, der weiter links unten liegt. Wir erhalten somit die verstärkt eingezeichnete Hyperbel, die gerade die eigennützigen Optima der Einzelgütefunktionen miteinander verbindet. Diese entspricht im Parameterraum der Verbindungsgeraden zwischen den beiden Optima (unteres Teilbild).

Konventionelle Verfahren zur vektoriellen Optimierung arbeiten mit skalaren Ersatzfunktionen, die durch eine gewichtete Kombination der einzelnen Gütefunktionen entstehen. Häufig werden etwa die m Einzelfunktionen Q_i mit Gewichtungsfaktoren λ_i, die die subjektive Wichtigkeit der Einzelkriterien widerspiegeln, versehen und aufaddiert. Es entsteht auf diese Weise eine lineare Ersatzfunktion

$$Q = \sum_{i=1}^{m} \lambda_i Q_i, \quad \lambda_i \geq 0,$$

die dann mit einem skalaren Verfahren minimiert werden kann. Welcher Punkt der Paretomenge dadurch ermittelt wird, hängt dabei von der Wahl der Gewichtungsparameter ab. Eine andere gebräuchliche Ersatzfunktion wird dadurch gebildet, daß für jede Gütefunktion ein Wunsch- oder Idealwert $Q_{i\,\text{soll}}$ vorgegeben wird - der nicht notwendigerweise realisierbar sein muß - und die quadrierten Abweichungen der Einzelgüten vom Idealzustand gewichtet aufaddiert werden. Man erhält in diesem Fall also eine quadratische Ersatzfunktion

$$Q = \sum_{i=1}^{m} \lambda_i \left(Q_i - Q_{i\,\text{soll}}\right)^2.$$

174   6 Numerische Optimierung von Fuzzy-Systemen

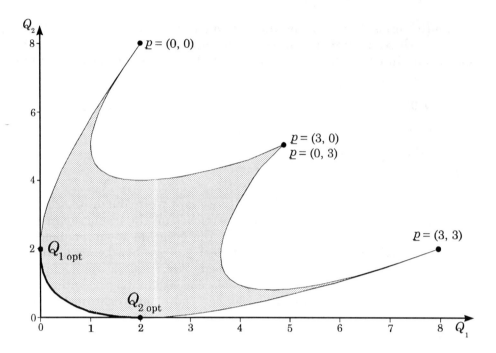

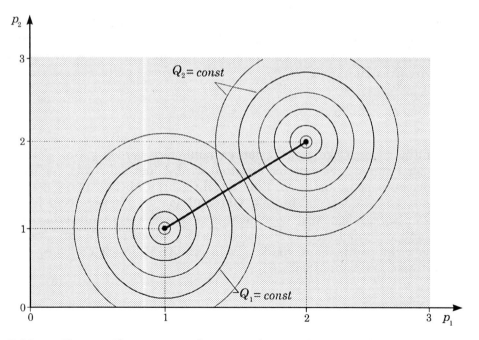

Bild 6.14. Kompromißmenge (verstärkt eingezeichnet) im Güteraum (oberes Teilbild) und im Parameterraum (unteres Teilbild).

Allen skalaren Ersatzfunktionen ist gemeinsam, daß sie bei jeder Optimierung immer nur eine einzige Lösung finden, bei der im allgemeinen noch nicht einmal sicher ist, ob sie überhaupt zur Kompromißmenge gehört. Außerdem lassen sich je nach Wahl der Ersatzfunktionen bestimmte Bereiche der Kompromißmenge überhaupt nicht finden, wie immer man die Gewichtungen der Einzelgüten auch wählt. Da für die Suche nach einem zufriedenstellenden Parametersatz daher in der Regel eine Vielzahl von Optimierungsläufen notwendig ist, zwischen denen der Anwender immer wieder interaktiv eingreifen muß, eignen sich derartige skalare Ersatzfunktionen nur bedingt für vektorielle Optimierungsprobleme.

Da die Lösung des vektoriellen Optimierungsproblems eine *Menge* von Parameterkombinationen darstellt, bieten sich im Gegensatz dazu Evolutionsstrategien - die, wie wir gesehen hatten, ja mit einer ganzen Population von Versuchsobjekten arbeiten - geradezu an. Sie ermöglichen es, die gesamte Kompromißmenge *auf einen Schlag* zu approximieren, so daß der Anwender die letztlich zu realisierende Lösung unter Berücksichtigung aller möglichen Parameterkombinationen auswählen kann. Und in der Tat erweisen sich genetische Algorithmen - nach entsprechender Modifikation der Evolutionsmechanismen, auf die wir hier nicht näher eingehen wollen - als durchaus dazu in der Lage (siehe dazu z. B. [KAH95a]). Bild 6.15 beweist dies anhand des oben angesprochenen einfachen Beispiels zweier quadratischer Gütefunktionen. Wie gewohnt gehen wir aus von einer im Parameterraum gleichverteilten Anfangspopulation (oben). Die mittleren bzw. unteren Teilbilder zeigen die Entwicklung der Population im Parameterraum (links) bzw. im Güteraum (rechts). Wir erkennen deutlich die zunehmend bessere Approximation der Kompromißmenge im Laufe der Generationen; die nach 100 Generationen erreichte Approximation dürfte in jedem Falle hinreichend genau und auch hinreichend dicht sein.

Während bei der skalaren Optimierung die erforderliche Populationsgröße lediglich von der Anzahl der zu optimierenden Parameter abhängt, spielt bei der vektoriellen Optimierung zusätzlich auch die Dimension des Güteraums eine Rolle, da diese die Dimension der Kompromißmenge festlegt. Während sich im hier betrachteten Grundfall zweier Gütefunktionen eine Kurve im Parameterraum als Kompromißmenge ergibt, erhöht sich die Dimension der Kompromißmenge mit jeder hinzukommenden Gütefunktion. Nehmen wir in unserem Beispiel etwa noch eine dritte Funktion hinzu, so erhalten wir eine *Fläche* als Kompromißmenge (Bild 6.16). Die für eine hinreichend dichte Approximation der Kompromißmenge erforderliche Populationsgröße steigt damit nicht unerheblich mit der Zahl der gleichzeitig zu minimierenden Gütefunktionen.

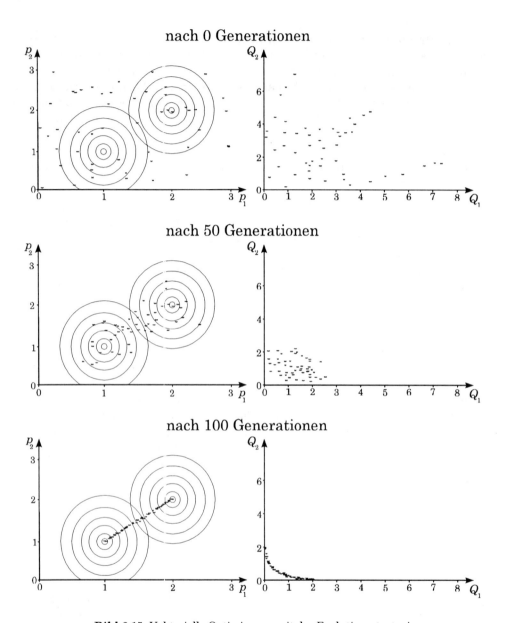

Bild 6.15. Vektorielle Optimierung mit der Evolutionsstrategie.

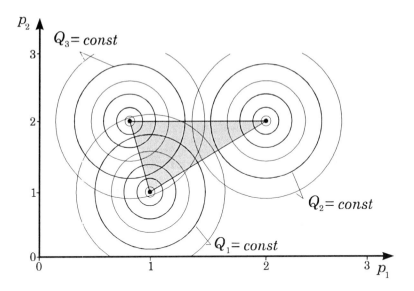

Bild 6.16. Vektorielles Optimierungsproblem mit drei Gütefunktionen. Die grau hinterlegte Fläche stellt die Kompromißmenge dar.

6.5 Anwendung auf Fuzzy-Systeme

Wie läßt sich das in den vorangegangenen Abschnitten angesammelte Wissen zur Optimierung von Fuzzy-Systemen, in unserem Fall vorwiegend Fuzzy Controllern, nutzen? Prinzipiell stellen alle Freiheitsgrade, die ein Fuzzy Controller bietet, mögliche Optimierungsparameter dar. Dies waren

- die Zugehörigkeitsfunktionen für die linguistischen Terme der Ein- und Ausgangsgrößen,
- die Regeln der Regelbasis,
- die Operatoren für UND- und ODER-Verknüpfung, Inferenz und Defuzzifizierung.

Eine gleichzeitige Optimierung aller Parameter wird im allgemeinen wenig sinnvoll sein (eine Ausnahme davon wird in [HER94] beschrieben). Außerdem wird man die Auswahl der Fuzzy-Operatoren in den meisten Fällen unter übergeordneten Gesichtspunkten - beispielsweise der späteren Realisierungsart des Reglers - vornehmen, so daß diese von der Optimierung ausgenommen werden können. Die numerische Optimierung des Fuzzy Controllers stellt daher in der Regel einen zweistufigen Prozeß dar:

1. Das "Grobtuning" des Reglers durch Optimierung der Regelbasis bei festgehaltenen Parametern für die Zugehörigkeitsfunktionen. Dabei werden letztere - sofern keine Informationen über bessere Einstellungen vorliegen - zunächst in Standardform angesetzt.

2. Das "Feintuning" durch Optimierung der Zugehörigkeitsfunktionen bei konstanter Regelbasis.

Wir wollen die beiden Phasen im folgenden etwas genauer betrachten. Dabei werden wir uns im wesentlichen auf die Optimierung mit Hilfe von Evolutionsstrategien beschränken, da sich diese im Bereich Fuzzy Control als ausgesprochen leistungsfähig erwiesen haben (siehe z. B. [WOL94, TAU94]).

6.5.1 Rechnergestützte Optimierung der Regelbasis

Die erste Stufe des Optimierungsprozesses, die numerische Optimierung der Regelbasis, ist nur dann erforderlich, wenn eine "vernünftige" Regelbasis nicht bereits aus dem vorliegenden Expertenwissen abgeleitet werden kann oder diese nur einen ungenügenden Teilbereich des möglichen Regelraumes ausfüllt. Hat man sich jedoch für eine rechnergestützte Optimierung entschieden, so muß die Regelbasis zunächst geeignet parametriert werden, um die vorgestellten Optimierungsverfahren anwenden zu können. Dazu wählt man als Optimierungsparameter zweckmäßigerweise die Konklusionsterme der einzelnen Regeln und numeriert diese fortlaufend durch. Betrachten wir als Beispiel einen Controller mit zwei Eingangsgrößen und einer Ausgangsgröße, alle durch jeweils fünf linguistische Terme beschrieben, die wir in gewohnter Manier mit *NB*, *NS*, *ZO*, *PS* und *PB* bezeichnen wollen. Unsere Regelbasis besteht also aus (maximal) 25 Regeln, deren Konklusionsterme gerade die Optimierungsparameter $p_1, p_2, ..., p_{25}$ darstellen (Bild 6.17). Numerieren wir die Terme von 1 (für *NB*) bis 5 (für *PB*) durch, wobei wir - sofern erforderlich - einen zusätzlichen Term 0 (für "Regel ist nicht vorhanden") einführen können, so haben wir es mit einem Optimierungsproblem mit 25 Parametern zu tun, welche jeweils die ganzzahligen Werte von 0 bis 5 annehmen können. Darin liegt ein wesentlicher Unterschied zu den bisher betrachteten Optimierungsproblemen: Hier liegt nämlich kein *kontinuierliches*, sondern ein *diskretes* Problem vor, da die Optimierungsparameter nur diskrete Zahlenwerte annehmen können; Zwischenwerte ergeben keinen Sinn und sind damit nicht erlaubt. Dieses bedeutet insbesondere, daß die in den vorangegangenen Abschnitten vorgestellten numerischen Verfahren entsprechend modifiziert werden müssen (vgl. auch Anmerkungen über die binäre Codierung der Optimierungsparameter in Abschnitt 6.3.3).

Die Anzahl möglicher Regelprämissen und damit die Dimension n des Parametervektors steigt exponentiell mit der Anzahl der linguistischen Variablen auf der Regler-Eingangsseite und der Anzahl der linguistischen Terme pro Variable. Bei k Eingangsgrößen des Fuzzy Controllers und jeweils l linguistischen Termen ist sie gegeben durch

$$n = l^k.$$

6.5 Anwendung auf Fuzzy-Systeme

	e_2				
	NB	NS	ZO	PS	PB
NB	p_1	p_2	p_3	p_4	p_5
NS	p_6	p_7	p_8	p_9	p_{10}
e_1 ZO	p_{11}	p_{12}	p_{13}	p_{14}	p_{15}
PS	p_{16}	p_{17}	p_{18}	p_{19}	p_{20}
PB	p_{21}	p_{22}	p_{23}	p_{24}	p_{25}

Bild 6.17. Parametrierung der Regelbasis.

Bei mehr als zwei Eingangsgrößen erfordert die numerische Optimierung daher schnell einen unverhältnismäßig hohen Rechenzeitaufwand. Dem kann man entgegenwirken, indem man versucht, den Fuzzy Controller derart zu kaskadieren, daß er eine hierarchische Regelbasis, bestehend aus mehreren Teilbasen niedriger Ordnung, aufweist (siehe z. B. [HOF94]). Dazu werden - vergleichbar mit dem Hidden Layer im dreischichtigen neuronalen Netz (s. Abschnitt 8.1.2) - innere Variablen eingeführt, die jeweils Ausgangsgröße einer Teil-Regelbasis und Eingangsgröße der nachfolgenden sind. Bild 6.18 zeigt eine derartige Struktur am Beispiel eines Fuzzy Controllers mit vier Eingangsgrößen $e_1, \ldots, e_4$ und einer Ausgangsgröße u. Die Eingangsgrößen e_1 und e_2 werden zunächst in der Regelbasis RB1 verarbeitet, die eine Zwischengröße v_1 generiert, während die Regelbasis RB2 aus den Eingangsgrößen e_3 und e_4 die Zwischengröße v_2 ermittelt. Die Zwischengrößen werden dann in der Regelbasis RB3 zur Ausgangsgröße u verknüpft. Nehmen wir für alle Ein- und Ausgangsgrößen eine Anzahl von fünf linguistischen Termen an, so würde eine einzelne Regelbasis mit allen denkbaren Prämissenkombinationen insgesamt $5^4 = 625$ Regeln enthalten. Demgegenüber weist der hierarchisch strukturierte Fuzzy Controller lediglich $3 \cdot 5^2 = 75$ Regeln auf. Inwieweit eine derartige Kaskadierung gelingt, ist natürlich vom jeweiligen Anwendungsfall abhängig.

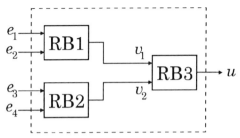

Bild 6.18. Fuzzy Controller mit hierarchischer Regelbasis.

6.5.2 Optimierung der Zugehörigkeitsfunktionen

Nach der Ermittlung der Regelbasis - sei es auf der Basis von Expertenwissen, durch numerische Optimierung oder eine Kombination von beidem - können die Zugehörigkeitsfunktionen für die linguistischen Terme der Ein- und Ausgangsgrößen in Angriff genommen werden. Dabei wird man - sofern keine Vorabinformationen über bessere Einstellungen vorliegen - von Standardformen ausgehen. Eine entscheidende Vorüberlegung betrifft die Parametrierung der Zugehörigkeitsfunktionen, da aus dieser letztlich die Gesamtzahl der zu optimierenden Parameter und damit der erforderliche Rechenzeitaufwand resultiert. Je mehr Variationen die Parametrierung der Zugehörigkeitsfunktionen zuläßt, um so bessere Gütewerte werden sich erreichen lassen - erkauft allerdings durch einen steigenden Rechenaufwand.

Für die linguistischen Variablen auf der Eingangsseite werden im allgemeinen trapez- oder dreieckförmige Zugehörigkeitsfunktionen gewählt werden. Während die trapezförmigen Funktionen im allgemeinsten Fall durch jeweils vier Parameter gekennzeichnet sind, reichen zur Parametrierung der dreieckförmigen Funktionen jeweils drei Parameter. Beschränkt man sich weiterhin auf symmetrische Dreiecke, so reichen sogar zwei Parameter. Mit der gleichen Anzahl kommt man auch bei Wahl gaußförmiger Funktionen aus; letztere werden dann zweckmäßigerweise über Mittelwert und Standardabweichung parametriert (Bild 6.19).

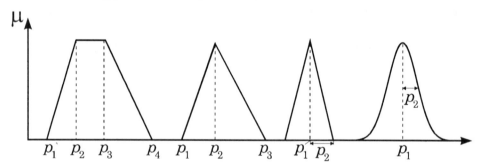

Bild 6.19. Mögliche Parametrierungsformen für Zugehörigkeitsfunktionen der Eingangsgrößen.

Wählt man dreieckförmige Zugehörigkeitsfunktionen und fordert zwischen den einzelnen Funktionen eine konstante Überlappung, so kommt man sogar mit einem einzigen Parameter pro Term aus, nämlich dem Modalwert. Bild 6.20 zeigt ein solches Beispiel für den Fall einer Eingangsgröße mit fünf Termen. Hier wurde jeweils die volle Überlappung zweier benachbarter Zugehörigkeitsfunktionen gefordert, so daß für die eindeutige Beschreibung der linguistischen Variablen insgesamt nur fünf Parameter erforderlich sind. In der Regel sind die beiden Randpunkte p_1 und p_5 sogar bekannt; in diesem Fall sind lediglich drei Parameter pro Eingangsgröße zu optimieren.

6.5 Anwendung auf Fuzzy-Systeme 181

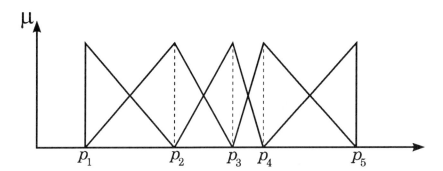

Bild 6.20. Parametrierung einer linguistischen Variablen mit fünf linguistischen Termen über fünf Parameter.

Neben der eigentlichen Parametrierung sind auch die daraus resultierenden Randbedingungen für die Parameter zu berücksichtigen. Diese haben u. a. dafür zu sorgen, daß keine "unsinnigen" Kombinationen von Zugehörigkeitsfunktionen entstehen (beispielsweise "ineinanderliegende" Fuzzy-Mengen oder Lücken zwischen den Mengen) oder sich Funktionen gegenseitig "überholen" (so daß beispielsweise der Terme *ZO* rechts von *PS* liegt). Treten derartige Effekte auf, so deutet das in den meisten Fällen auf Unzulänglichkeiten der Regelbasis hin.

Für die Ausgangsgrößen des Fuzzy Controllers reichen aus den in Abschnitt 3.4 erwähnten Gründen in den allermeisten Fällen Singletons für die linguistischen Terme aus. Hier wird also jeder Term durch lediglich einen Parameter, nämlich den Modalwert des Singletons, charakterisiert.

Wir erkennen also, daß sich durch geeignete Einschränkungen an die Form der Zugehörigkeitsfunktionen die Anzahl der Optimierungsparameter u. U. drastisch reduzieren läßt, ohne daß die Flexibilität und damit die erreichbare Regelgüte darunter allzusehr leidet. Betrachten wir etwa einen Controller mit n Eingängen und p Ausgängen, die durch jeweils k linguistische Terme abgedeckt sind, so ergeben sich bei Wahl von Trapezfunktionen für alle Terme insgesamt

$$4k(n+p)$$

Optimierungsparameter. Beschränken wir uns hingegen auf symmetrische, dreieckförmige Zugehörigkeitsfunktionen für die Eingänge und Singletons auf der Ausgangsseite, so haben wir lediglich

$$k(2n+p)$$

Parameter zu optimieren. Berechnen wir beide Ausdrücke z. B. für den Fall $n = 2$, $p = 1$, $k = 5$, so erhalten wir für den ersten Ausdruck einen Wert von 60, für den zweiten Ausdruck hingegen einen Wert von 25.

6.5.3 Wahl der Gütekriterien

Neben der Parametrierung der Zugehörigkeitsfunktionen haben die gewählten Gütekriterien einen ganz entscheidenden Einfluß auf den Optimierungsverlauf, da das Konvergenzverhalten der numerischen Optimierungsverfahren wesentlich von der Topologie der Gütefunktion(en) abhängt. Insbesondere multimodale Gütefunktionen oder solche mit mit stark "zerklüftetem" Funktionsgebirge bergen die Gefahr in sich, daß die Optimierung in einem lokalen Minimum hängen bleibt oder die Konvergenzgeschwindigkeit erheblich sinkt - auch dann, wenn zur Optimierung Evolutionsstrategien benutzt werden.

Betrachten wir zunächst den Fall, daß der Fuzzy Controller ein bestimmtes, vorgegebenes Soll-Übertragungsverhalten aufweisen soll. In diesem Fall wird die zu minimierende Gütefunktion ein irgendwie geartetes Abstandsmaß zwischen Soll- und Ist-Übertragungsverhalten darstellen. In der Regel wird man so vorgehen, daß man für einen Satz von Eingangsgrößenkombinationen ("Testsätzen") die resultierende(n) Ausgangsgröße(n) des Controllers ermittelt und die jeweils quadrierten Abweichungen zu den Sollwerten aufaddiert. Weist der Fuzzy Controller exakt das gewünschte Übertragungsverhalten auf, so nimmt die Gütefunktion den Wert Null an. Bei dieser Art der Optimierung läßt sich also vorab der minimal erreichbare Gütefunktionswert angeben (wobei natürlich nicht gewährleistet sein muß, daß dieser überhaupt bei irgendeiner Parametereinstellung erreicht werden kann; sicher ist nur, daß er nicht unterboten werden kann).

Typische regelungstechnische Entwurfsprobleme sind zumeist allerdings anders geartet. Hier ist das Soll-Übertragungsverhalten des Reglers nicht bekannt, sondern die Gütekriterien beschreiben das gewünschte dynamische Verhalten des geschlossenen Regelkreises. Die Parameter des Fuzzy Controllers sind also derart einzustellen, daß der geschlossene Regelkreis optimales Verhalten aufweist. Was dies quantitativ bedeutet, hängt vom jeweiligen Einzelfall ab (beispielsweise ob besonderer Wert auf gutes Führungs- oder gutes Störverhalten gelegt wird) und wird durch das gewählte Gütekriterium charakterisiert. Hierfür steht die ganze Palette bekannter regelungstechnischer Kennwerte im Zeit-, Frequenz- oder Eigenwertbereich zur Verfügung. Zumeist werden Gütekriterien im Zeitbereich gewählt, die sich dann etwa auf die Führungssprungantwort des Regelkreis beziehen. Sehr verbreitet sind dabei insbesondere integrale Kriterien, die den Verlauf der Regelabweichung $e(t)$ bewerten. Die bekanntesten sind

$$Q_{\text{ISE}} = \int_0^\infty e^2(t)\,\mathrm{d}t \qquad \text{ISE-Kriterium}$$

6.5 Anwendung auf Fuzzy-Systeme

$$Q_{\text{ITSE}} = \int_0^\infty t e^2(t) \, dt \quad \text{ITSE-Kriterium}$$

$$Q_{\text{IAE}} = \int_0^\infty |e(t)| \, dt \quad \text{IAE-Kriterium}$$

$$Q_{\text{ITAE}} = \int_0^\infty t|e(t)| \, dt \quad \text{ITAE-Kriterium}.$$

Der wesentliche Vorteil dieser Kriterien liegt darin, daß die daraus resultierenden Gütekriterien in der Regel besonders günstige Eigenschaften bezüglich ihrer Optimierbarkeit aufweisen. Allerdings erlauben sie nur eine eingeschränkte Beurteilung der Systemdynamik. Bild 6.21 macht dies deutlich: Es zeigt zwei Führungssprungantworten eines Regelkreises, die jeweils den gleichen Wert für das ISE-Kriterium aufweisen. Der Verlauf der Sprungantworten ist jedoch völlig unterschiedlich.

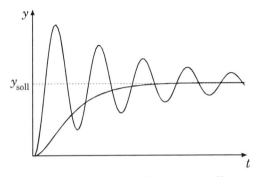

Bild 6.21. Zur Aussagekraft von Integralkriterien.

Eine wesentlich gezieltere Beschreibung des gewünschten dynamischen Verhaltens läßt sich dagegen vornehmen, wenn als Gütekriterien direkte Kenngrößen des Zeitverlaufs wie beispielsweise

- Verzugszeit
- Anstiegszeit
- Ausregelzeit
- Überschwingweite
- bleibende Regelabweichung

herangezogen werden (Bild 6.22). Diese Kriterien beschreiben in sehr detaillierter Form die Anforderungen an den Regelkreis in bezug auf Schnelligkeit, Schwingneigung oder stationäre Genauigkeit. Der Verlauf der entsprechenden Gütefunktionen ist allerdings weniger angenehm als bei den Integralkriterien: Häufig ergeben sich nämlich Topologien mit nur sehr schwach ausgeprägten Minima oder aber Verläufe mit einer Vielzahl von Minima, die durch sehr steile Höhenzüge voneinander getrennt sind - ein Effekt, der besonders bei Minimierung der Ausregelzeit von schwingfähigen Systemen zu beobachten ist.

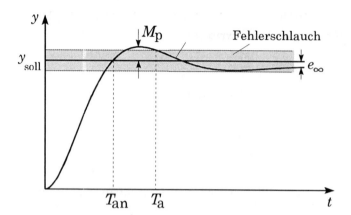

Bild 6.22. Einige Kenngrößen der Führungssprungantwort eines schwingfähigen Systems: Anregelzeit T_{an}, Ausregelzeit T_a, Überschwingweite M_p und bleibende Regelabweichung e_∞.

Zielkonflikte treten beim Reglerentwurf besonders dann auf, wenn Führungs- und Störverhalten gleichzeitig optimiert werden soll, da eine Verbesserung des Störverhaltens in vielen Fällen auf Kosten des Führungsverhaltens geht und umgekehrt. Ein anderes typisches vektorielles Optimierungsproblem ergibt sich bei Kombination von Überschwingweite und An- oder Ausregelzeit. Bei den meisten Systemen läßt sich eine Verringerung der Überschwingweite nämlich nur noch durch eine Vergrößerung der Ausregelzeit erreichen, während eine Verringerung der Ausregelzeit mit einer verstärkten Schwingneigung einhergeht. Sofern in solchen Fällen vorab keine Prioritäten für die Einzelkriterien angegeben werden können, sollte daher eine vektorielle Optimierung durchgeführt werden.

7 Regelbasierte Prozeßüberwachung: Fuzzy Supervision

7.1 Grundprinzipien der Fehlerdiagnose

Die Prozeßautomatisierung vollzieht sich in der Regel auf verschiedenen Ebenen, die sich in einem hierarischen Modell veranschaulichen lassen (Bild 7.1). Die eigentliche Prozeßsteuerung bzw. -regelung, die bisher Gegenstand unserer Betrachtungen war, finden wir hier auf der untersten Ebene wieder, komplexere Regelalgorithmen wie adaptive Konzepte oder hybride Strukturen sind eine Ebene höher anzusiedeln. Die vorangegangenen Kapitel haben gezeigt, wie sich die auf diesen Ebenen anfallenden Aufgaben mit Hilfe der Fuzzy-Logik mehr oder weniger gut lösen lassen.

Während diese beiden Ebenen im allgemeinen einer Automatisierung sehr leicht zugänglich sind - sei es mit konventionellen oder Fuzzy-Methoden -, lassen sich die übergeordneten Aufgaben der *Prozeßführung* und der *Prozeßüberwachung* bzw. *Fehlerdiagnose* häufig nur im Zusammenspiel mit menschlichem Zutun, d. h. der Einflußnahme eines menschlichen Bedieners (Operator, Dispatcher) zufriedenstellend lösen. Dieser leitet

Bild 7.1. Ebenen der Prozeßautomatisierung.

aus einer Unzahl von Meßgrößen, die ihm in vielfältigster Form in seiner Leitwarte zur Verfügung gestellt werden, seine Prozeßeingriffe ab und ist mehr oder weniger gut in der Lage, bei Auftreten von Fehlern eine Fehlerlokalisierung und -analyse durchzuführen.

Hier bietet es sich also geradezu an, die Fuzzy-Logik zur Entscheidungsfindung oder zumindest -unterstützung einzusetzen - eine Vorgehensweise, die als *Fuzzy Supervision* bezeichnet wird (siehe z. B. [FRA92, FRA93, FRA94]). Obwohl diese Prozeßüberwachung eigentlich keine wirkliche Regelungsaufgabe darstellt, wird Fuzzy Supervision in der Regel als Teilgebiet von Fuzzy Control angesehen. Vielfach wird sogar die Ansicht geäußert, die Fuzzy-Logik sei zur Prozeßüberwachung (noch) weitaus besser geeignet als zur Regelung selbst. Aus diesem Grund wollen wir uns im folgenden mit möglichen Einsatzformen beschäftigen.

Die Fehlerdiagnose kann grob als dreistufiger Prozeß angesehen werden, der sich aus folgenden Komponenten zusammensetzt (Bild 7.3):

- *Fehlerdetektion* ("Ist ein Fehler aufgetreten?")

  Grundlage jeglicher Fehlererkennung sind geeignete Prozeßgrößen, in denen sich die zu erkennenden Fehler in irgendeiner Form widerspiegeln. Diese Größen können entweder unmittelbar gemessene Größen oder aber auch aus den Meßdaten abgeleitete Größen wie etwa statistische Kennwerte sein. Sollen verschiedenartige Fehler unterschieden werden, so sind dazu im allgemeinen auch unterschiedliche Kennwerte erforderlich. Zur Detektion eines Fehlers sind die tatsächlichen Prozeßgrößen (Ist-Werte) mit ihren Nominalwerten (Soll-Werten) zu vergleichen. Nimmt die Abweichung beider Werte voneinander - die häufig als *Residuum* bezeichnet wird - "unnatürlich große" Werte an, kann von einem Fehler ausgegangen werden.

- *Fehlerlokalisierung* ("Welcher Fehler ist aufgetreten?")

  Ist ein Fehler detektiert worden, so muß im zweiten Schritt durch Analyse der Residuen der Fehlertyp ermittelt werden. Diese Aufgabe stellt im Prinzip ein Problem der Klassifikation oder Mustererkennung dar, bei dem anhand der ermittelten Abweichungen der Prozeßgrößen von den Nominalwerten eindeutig auf einen bestimmten Fehler geschlossen wird. Hierbei ist zu beachten, daß sich einerseits ein Fehler in mehreren Residuen niederschlagen kann, andererseits ein und dasselbe Residuum aber auch von mehreren unterschiedlichen Fehlern beeinflußt werden kann. Dabei können die Einflüsse unterschiedlich stark sein (Bild 7.2).

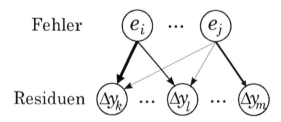

Bild 7.2. Fehlergraph zur Beschreibung des Zusammenhangs zwischen unterschiedlichen Fehlertypen und Residuen. Die unterschiedliche Dicke der Verbindungslinien kennzeichnet die Stärke des jeweiligen Einflusses.

- *Fehleranalyse* ("Warum ist der Fehler aufgetreten?")

  Dieser Schritt umfaßt die Ursachenforschung. Dabei ist zu unterscheiden zwischen solchen Fehlern, die nur durch eine einzige Ursache ausgelöst werden können (hier ist die Fehleranalyse trivial) und Fehlern, deren Entstehung mehrere Ursachen haben kann. In letzterem Fall ist eine genaue Bestimmung der Fehlerursache nur dann möglich, wenn sich unterschiedliche Ursachen auch in unterschiedlichen Residuen niederschlagen.

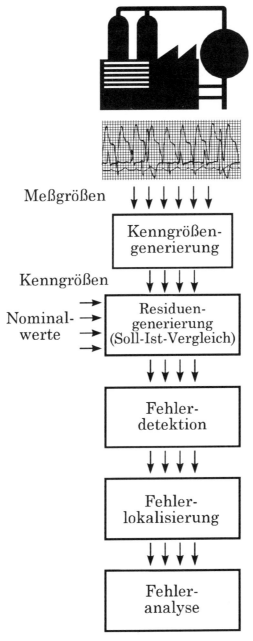

Bild 7.3. Prinzip der Fehlerdiagnose.

Grundlage der Fehlerdetektion ist also ein Soll-Ist-Vergleich der Prozeß-Kenngrößen. Hierzu müssen die entsprechenden Nominalwerte zur Verfügung stehen. Im einfachsten Fall wird man lediglich eine Grenzwertüberwachung oder auch eine Spektralanalyse der Prozeßmeßgrößen vornehmen und daraus eine Fehlererkennung ableiten. Man spricht in diesem Fall von einer *signalgestützten* Fehlererkennung. Für eine umfassende Fehlerdiagnose sind diese Verfahren allerdings in der Regel nur eingeschränkt geeignet, da die entsprechenden Grenzwerte oder Nominalspektren off line bestimmte Größen sind und sich daher im Prinzip nur auf das stationäre Prozeßverhalten beziehen.

Für eine leistungsfähigere Fehlerdiagnose benötigt man aussagekräftigere Kenngrößen, die einen unmittelbaren Aufschluß über den aktuellen Prozeßzustand liefern. Diese kann man sich mit Hilfe eines *Prozeßmodells* beschaffen, das mit den gleichen Eingangsgrößen wie der Prozeß selbst versorgt wird. Diese Vorgehensweise führt auf die aus der Regelungstechnik bekannte Struktur des *Beobachters* (Bild 7.4).

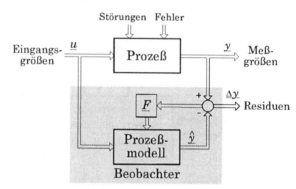

Bild 7.4. Generierung der Residuen mit Hilfe eines Beobachters ($\underline{F}$ kennzeichnet die Beobachterdynamik).

Häufig spiegeln sich allerdings eventuelle Fehler weitaus deutlicher als in den Meßgrößen in den Prozeßparametern selbst wider (Beispiel: Änderung des Trägheitsmoments eines Turbinenrades bei Bruch einer Schaufel). In solchen Fällen ist es daher angebracht, statt einer Schätzung der Prozeßausgangsgrößen eine Parameterschätzung mit Hilfe von Parameterschätzverfahren vorzunehmen. Hierzu werden die Prozeßparameter mit geeigneten numerischen Verfahren on line anhand der Prozeßein- und -ausgangsgrößen bestimmt. Die entsprechende Struktur zeigt Bild 7.5. Die vom Parameterschätzer ermittelten Parameter $\underline{p}$ für den aktuellen Prozeßzustand werden mit dem nominalen Parametervektor $\hat{\underline{p}}$ verglichen und die Differenz der nachfolgenden Fehlerdetektion zugeführt. Da auch Parameterschätzverfahren implizit ein Prozeßmodell voraussetzen, werden diese ebenso wie die zuvor angesprochene beobachterbasierte Vorgehensweise als *modellgestützte* Verfahren zur Fehlererkennung bezeichnet.

7.1 Grundprinzipien der Fehlerdiagnose

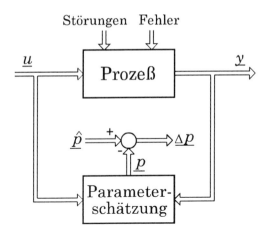

Bild 7.5. On-line-Schätzung der aktuellen Prozeßparameter.

Auch im fehlerfreien Fall werden die Residuen in der Regel nicht exakt zu null werden. Dieses liegt einerseits an Störsignalen, die den Meßgrößen eines jeden realen Prozesses überlagert sind, andererseits speziell bei den beobachterbasierten Verfahren an Modellungenauigkeiten. Die Fehlerdetektion stellt somit immer einen Kompromiß zwischen einer möglichst hohen Fehlerempfindlichkeit und einer möglichst hohen Sicherheit vor Fehlalarmen dar: Einerseits sollen auch geringfügige Fehler noch zuverlässig erkannt werden, andererseits muß die Fehlererkennung robust gegenüber größeren Störungen sein. Bild 7.6 verdeutlicht diesen Zwiespalt anhand eines einzelnen Residuums Δy, das mit Hilfe einer einfachen Schwellwertgrenze S ausgewertet werden soll. Zum Zeitpunkt t_1 trete eine Störung auf, die zu einem Wert Δy_1 führe, zum Zeitpunkt t_2 ein wirklicher Fehler, der sich in einem Residuenwert Δy_2 niederschlagen möge. Wählen wir die Fehlerschwelle S_1, so liegen beide Residuen oberhalb der Schwelle. Der Fehler wird somit zwar erkannt, bei der Störung wird jedoch ein Fehlalarm ausgelöst. Bei Wahl von S_3 tritt der umgekehrte Fall auf: Beide Residuen liegen unterhalb der Schwelle, so daß der Fehler nicht erkannt wird. Die Schwelle S_2 hingegen stellt (für den betrachteten Fall) eine geeignete Wahl dar.

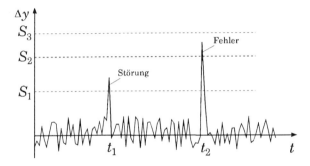

Bild 7.6. Schwellwertdetektion.

7.2 Fuzzy-Fehlerdiagnose

Der naheliegendste Ansatzpunkt für den Einsatz der Fuzzy-Logik bei der Fehlerdiagnose besteht in der "Aufweichung" des festen Schwellwertes für die Fehlerdetektion, wie sie Ende des vorangegangenen Abschnitts besprochen wurde. So können wir beispielsweise den Schwellwert S in Bild 7.6 ersetzen durch die Fuzzy-Mengen *Fehler* und *kein_Fehler* nach Bild 7.7. Der Zugehörigkeitswert eines Residuenwertes Δy zur Menge *Fehler* gibt dann an, in welchem Maße der Wert auf das Vorliegen eines Fehlers hindeutet. Der Wert für S_{min} ist dabei abhängig von den zu erwartenden Rauschamplituden zu wählen, die Differenz $S_{max} - S_{min}$ charakterisiert die Störungen und Modellungenauigkeiten. Die Diskretisierung der Residuen muß natürlich nicht auf zwei linguistische Terme beschränkt bleiben. Völlig analog zu den Ein- und Ausgangsgrößen eines Fuzzy Controllers können sie durch eine prinzipiell beliebige Anzahl von Fuzzy-Mengen charakterisiert werden (Bild 7.8).

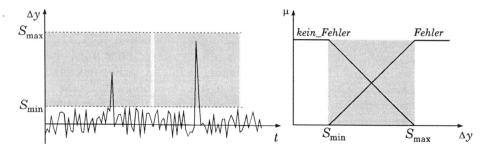

Bild 7.7. Einführung unscharfer Schwellwerte.

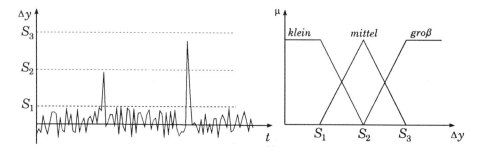

Bild 7.8. Charakterisierung eines Residuums durch drei linguistische Terme.

Die eigentliche Fehlerdiagnose, d. h. die Auswertung der Residuen, wird nun wie gewohnt durch Fuzzy-Inferenz vorgenommen. Dazu muß das Wissen über den Kausalzusammenhang zwischen Residuen und Fehlertypen (vgl. Bild 7.2!) also in Form von WENN ... DANN ... - Regeln vorliegen, die die Gestalt

WENN <aktuelle Residuenkombination> DANN <Fehlertyp>

aufweisen. Beispiele für solche Regeln können etwa sein

WENN $\Delta y_1 = mittel$ UND $\Delta y_2 = hoch$ DANN Fehler A

oder

WENN $\Delta y_1 = hoch$ UND $\Delta y_2 = niedrig$ DANN Fehler B.

Die abschließende Defuzzifizierung komplettiert die Fehlerdiagnose. Hier ist die Vorgehensweise jedoch in der Regel anders als beim Fuzzy Controller, da im allgemeinen eine Mittelung zwischen den Inferenzergebnissen der einzelnen Regeln - beispielsweise in der Form "Der vorliegende Fehler ist halb A und halb B" - keinen Sinn macht.[19] Vielmehr stellt die Fehlerdiagnose einen Mustererkennungsprozeß dar, bei dem aus dem unscharfen Inferenzergebnis für jeden möglichen Fehler abgeleitet werden muß, ob er vorliegt oder nicht bzw. - bei Fehlern, die auch gradueller Natur sein können, wie etwa Abnutzungserscheinungen einer Maschine - in welchem Maße er vorliegt. Für die Fuzzy-Fehlerdiagnose kommen daher insbesondere die für Mustererkennungsprobleme geeigneten Defuzzifizierungsverfahren in Frage (siehe Kapitel 2.4). Wird die Fuzzy-Fehlerdiagnose dagegen nur als Hilfsmittel benutzt, um den Operator in der Leitwarte bei der Fehlererkennung zu unterstützen, während die letztendliche Entscheidung bei ihm belassen wird, so kann man in der Regel ganz auf die Defuzzifizierung verzichten und dem Operator das unscharfe Inferenzergebnis in geeignet aufbereiteter Form zur Verfügung stellen.

Der Einsatz der Fuzzy-Logik kann aber nicht nur bei der Auswertung der Residuen, sondern bereits zuvor bei ihrer Berechnung zweckmäßig sein. Dies wird insbesondere dann der Fall sein, wenn kein mathematisches Modell als Grundlage des Prozeßbeobachters zur Verfügung steht, etwa weil die Modellierung des Prozesses unmöglich oder zu aufwendig ist. In diesem Fall kann man den konventionellen Beobachter ersetzen durch einen sogenannten *Wissensbeobachter*, der auf einem qualitativen, auf linguistischen Termen und Regeln aufbauenden Modell basiert [FRA94]. Bild 7.9 zeigt das Grundprinzip dieser Vorgehensweise.

Das *Fuzzy-Prozeßmodell* enthält das gewöhnlicherweise durch algebraische Gleichungen und/oder Differentialgleichungen beschriebene mathematische Prozeßmodell in linguistischer Form. Dazu werden Ein- und Ausgangsgrößen durch linguistische Terme und das Prozeßverhalten durch WENN ... DANN ...-Regeln beschrieben. Da ein Fuzzy-System von Hause aus keine Dynamik aufweist, müssen zur Modellierung der dynamischen Prozeßanteile geeignete Komponenten (Integrierer, Differenzierer) integriert werden.

---

[19] Den Sonderfall, daß mehrere Fehler gleichzeitig auftreten, wollen wir hier außen vor lassen.

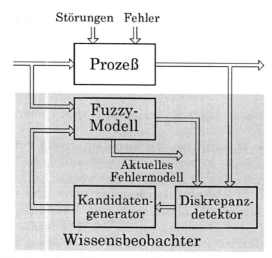

Bild 7.9. Fehlerdiagnose mittels Fuzzy-Prozeßmodell und Wissensbeobachter (aus [FRA94]).

Der *Diskrepanzdetektor* nimmt im Prinzip die Residuengenerierung vor; er vergleicht die am Prozeß gemessenen (scharfen) Größen mit den im allgemeinen unscharfen Größen des Fuzzy-Modells. Ist der vom Fuzzy-Modell berechnete Prozeßzustand der Größe y etwa durch eine Fuzzy-Menge mit der Zugehörigkeitsfunktion $\mu(y)$ gekennzeichnet und der gemessene Wert y', so stellt der Zugehörigkeitswert $\mu(y')$ ein Maß für die Übereinstimmung zwischen gemessenem und geschätztem Wert dar. Bild 7.10 zeigt die möglichen Fälle. Für $y = y'_1$ liegt volle Übereinstimmung vor, da der Zugehörigkeitswert eins beträgt. Für Werte zwischen m_2 und $m_2 + \beta$ (z. B. y'_2) liegt nur teilweise Übereinstimmung vor; der Grad der Übereinstimmung nimmt in diesem Bereich mit wachsendem y ab. Für Meßwerte oberhalb von $m_2 + \beta$ (z. B. y'_3) liegt keine Übereinstimmung mehr vor; der Widerspruch zwischen gemessenen und berechneten Werten nimmt in diesem Bereich ebenfalls mit wachsendem y zu.

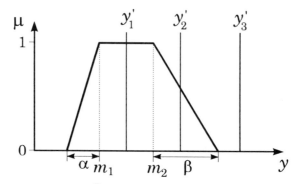

Bild 7.10. Ermittlung der Übereinstimmung zwischen gemessener und vom Fuzzy-Modell geschätzter Größe.

Der *Kandidatengenerator* sorgt zusammen mit einer übergeordneten Strategie für eine Anpassung des Fuzzy-Modells an den aktuellen Prozeßzustand. Dazu wertet er die ermittelten Diskrepanzmaße aus, stellt gegebenenfalls eine Fehlerhypothese auf und wählt ein entsprechendes Fehlermodell aus. Im Unterschied zur konventionellen beobachtergestützten Fehlerdiagnose nach Bild 7.4 ist bei dieser Vorgehensweise die Residuenauswertung also bereits Bestandteil des Beobachters; sie findet innerhalb des Diskrepanzdetektors bzw. Kandidatengenerators statt.

8 Neuro-Fuzzy Controller

8.1 Grundlagen neuronaler Netze

8.1.1 Aufbau und Modellierung von Neuronen

Neuronale Netze sind technische Abbilder von Nervensystemen, wie sie wesentlich für die Gehirnfunktionen des Menschen (und natürlich auch anderer, höher oder weniger hoch entwickelter Spezies) von Bedeutung sind. Ein Nervensystem besteht aus einer Vielzahl von miteinander "kommunizierenden" Nervenzellen, die als *Neuronen* bezeichnet werden. Bild 8.1 zeigt einen stark vereinfachten Teil eines solchen Nervensystems, bestehend aus lediglich zwei Neuronen. Jedes Neuron besteht aus einem *Zellkörper*, der von seiner Umgebung durch eine *Zellmembran* abgegrenzt ist und in dessen Inneren sich der *Zellkern* befindet.

Vom Zellkörper selbst geht eine große Anzahl von Fortsätzen aus, die zweierlei Art sein können: Die vielfach verzweigten Auswüchse werden als *Dendriten* bezeichnet. Daneben verfügt jedes Neuron über genau eine lange Nervenfaser, die *Axon* genannt wird und die "Hauptverbindung" zu anderen Neuronen darstellt. Das Axon verzweigt sich an seinem Ende, wobei jede Verzweigung durch eine sogenannte *Synapse* abgeschlossen wird, die - nur durch einen schmalen *synaptischen Spalt* getrennt - mit dem Zellkörper oder einem Dendriten eines anderen Neurons verbunden ist. Auf diese Weise entsteht eine hochgradige Vernetzung der einzelnen Nervenzellen.

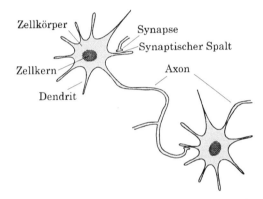

Bild 8.1. Ausschnitt eines Nervensystems mit zwei Neuronen.

Die Vorgänge innerhalb eines Neurons sind elektrochemischer Natur. Im Ruhezustand beträgt das Potential seiner Membran etwa -75 mV. Wird das Neuron durch äußere Erregung über einen bestimmten Schwellwert hinaus erhöht, so tritt eine chemische Kettenreaktion in Kraft, die fast schlagartig eine weitere Erhöhung des Membranpotentials auf ca. +35 mV bewirkt; das

Neuron *feuert*. Dieses sogenannte *Aktionspotential* hält jedoch nur etwa eine Millisekunde an, bevor es wieder in den Ruhezustand zurückkehrt.

Das Aktionspotential wird über das Axon des Neurons an die mit ihm verbundenen Neuronen weitergeleitet. An den Synapsen angelangt, erregt es diese zur Erzeugung bestimmter chemischer Substanzen - der *Neurotransmitter* -, die über den synaptischen Spalt gelangen können und dann ihrerseits das nachfolgende Neuron anregen. Diese Anregung kann, je nach Typ der Synapse, sowohl erregender als auch hemmender Natur sein; man spricht daher auch von erregenden oder hemmenden Synapsen.

Eine ganz wesentliche Eigenschaft solcher biologischer Neuronennetze liegt darin, daß sich die synaptischen Verbindungen mit der Zeit ändern können. Synapsen können wachsen, schrumpfen oder auch gänzlich verschwinden. Durch Ausbildung neuer Axon-Verzweigungen kann ein Neuron außerdem neue Verbindungen mit weiteren Neuronen aufnehmen. Dadurch kommt es zu Änderungen im Verhalten des Nervensystems, die einerseits nur graduell, andererseits aber auch umfassender Natur sein können. Diese Änderungen sind die Grundlage der *Lernfähigkeit* neuronaler Netze.

Betrachten wir nach diesem biologischen Exkurs ein Neuron von der systemtheoretischen Seite, so können wir es in erster Näherung wie folgt modellieren [HOF 93, NAU94]:

- Ein Neuron besitzt eine Reihe von *Eingängen*, nämlich die synaptischen Verbindungen, und einen *Ausgang*, das Axon.
- Ein Neuron kann einen *inaktiven* Zustand (Ruhezustand) sowie einen *aktiven* Zustand (Erregungszustand) annehmen.
- Der Ausgang eines Neurons führt im allgemeinen zu einer Vielzahl von Eingängen anderer Neuronen. Der Zustand eines einzelnen Neurons ist dabei lediglich von seinen Eingangswerten abhängig; die einzelnen Neuronen arbeiten also unabhängig voneinander.[20]
- Ein Neuron wird aktiv, d. h. geht in seinen Erregungszustand über, wenn seine Eingänge über ein bestimmtes Maß hinaus erregt werden.

Die Umsetzung dieser Eigenschaften in ein entsprechendes mathematisches Modell liefert ein künstliches Neuron. Die Realisierung der einzelnen Eigenschaften kann auf verschiedene Weisen erfolgen, so daß eine ganze Reihe von Typen künstlicher Neuronen existiert. Bild 8.2 zeigt die allgemeine systemtheoretische Darstellung eines solchen Neurons mit n Eingängen $x_1,...,x_n$ und dem Ausgang y.

Wir erkennen, daß die innere Struktur des Modells im wesentlichen drei Komponenten aufweist:

---

[20] Dies gilt allerdings nicht mehr, wenn man zu sogenannten "wettbewerbsfähigen" Netzen übergeht.

8.1 Grundlagen neuronaler Netze

- Die einzelnen Synapsen einer Nervenzelle tragen mit unterschiedlicher Intensität zum Membranpotential bei. Daher werden die Eingänge des Neurons zunächst mit getrennten Gewichten w_i versehen, die den jeweiligen Synapsenstärken entsprechen. Aus den Eingangswerten und den entsprechenden Gewichten wird dann zunächst ein *effektiver Eingangswert* ε berechnet, der ein Maß für das insgesamt am Neuron anliegende Eingangssignal ist. Qualitativ entspricht dieser Vorgang einer Art gewichteter Mittelwertbildung.

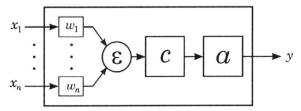

Bild 8.2. Systemtheoretische Darstellung eines Neurons mit n Eingängen.

- Die Aktivität des Neurons ergibt sich aus dem effektiven Eingangswert ε über die sogenannte *Aktivierungsfunktion* c. Dabei kann im allgemeinen nicht nur der augenblickliche Eingangswert eine Rolle spielen, sondern u. U. auch zeitlich zurückliegende Werte der Aktivität. Dieser Teil der Modellstruktur besitzt also in der Regel eine "Erinnerung", er ist dynamisch.

- Ein Neuron feuert, sobald das Membranpotential, im Modell also die Aktivität, einen bestimmten Schwellwert überschreitet. Dieser Zusammenhang wird in der Ausgangsfunktion a nachgebildet, die demnach den Charakter einer Schwellwertfunktion hat. Sie legt den Ausgangswert y des Neurons in Abhängigkeit von seiner Aktivität fest.

Diese allgemeine Modellstruktur bietet also eine ganze Reihe von Freiheitsgraden in Form der Eingangsfunktion ε, der Aktivierungsfunktion c und der Ausgangsfunktion a. Je nach Wahl dieser Funktionen entstehen die unterschiedlichen Typen künstlicher Neuronen und entsprechenden Netzmodelle. Wir wollen im folgenden zunächst die für unsere weiteren Betrachtungen wichtigsten Neuron-Typen ansprechen.

Die **Eingangsfunktion** ε hat die Aufgabe einer gewichteten Mittelung. Üblicherweise wird diese Mittelung durch einfache Aufsummation der Produkte aus Eingangsgrößen und Gewichten vorgenommen. Der effektive Eingang ergibt sich in diesem Fall zu

$$\varepsilon = \sum_{i=1}^{n} w_i x_i.$$

Interpretieren wir Eingänge und Gewichtungen als Vektoren, so stellt die Gleichung gerade das Skalarprodukt

$\varepsilon = \underline{w}\,\underline{x}$

beider Vektoren dar. Dieser (lineare) Zusammenhang ist die weitaus häufigste Form der Realisierung; daneben existiert eine Reihe von Funktionen höherer Ordnung, die für die von uns ins Auge gefaßten Anwendungen jedoch ohne Belang sind. Die von uns im weiteren betrachteten Netze sollen daher grundsätzlich das Skalarprodukt voraussetzen.

Eine größere Palette von Möglichkeiten bietet sich in bezug auf die **Aktivierungsfunktion** c. Das Membranpotential eines erregten Neurons wird um so höher, je größer der effektive Eingangswert des Neurons ist. Die Aktivierungsfunktion muß also in jedem Falle derart geartet sein, daß sie bei steigendem effektiven Eingang auch einen erhöhten Aktivierungsgrad liefert. Im einfachsten Fall wählt man daher Aktivierungsgrad und effektiven Eingangswert identisch, also

$c = \varepsilon$.

Diese Beziehung - die Identität von effektivem Eingang und Aktivierungsgrad - stellt einen linearen, statischen Zusammenhang dar und ist die üblichste Realisierungsform. Für eine genauere Modellierung kann man zusätzlich das dynamische Verhalten des Erregungsprozesses berücksichtigen: Solange Signale über die Synapsen eintreffen, ohne daß das Neuron feuert, wächst das Membranpotential kontinuierlich an; denkt man sich die Signale jetzt plötzlich abgeschaltet, so geht das Potential jedoch nicht augenblicklich auf den Ruhewert zurück, sondern vielmehr erst langsam in einem kontinuierlichen Vorgang. Dieses Verhalten läßt sich in einfachster Form nachbilden durch eine lineare Differentialgleichung erster Ordnung der Form

$T\dot{c}(t) + c(t) - c_0 = \varepsilon(t)$.

c_0 ist der Aktivierungsgrad des Neurons bei Ruhepotential. Die Differentialgleichung beschreibt im systemtheoretischen Sinne gerade das Übertragungsverhalten eines Verzögerungsgliedes erster Ordnung mit der Zeitkonstanten T. Diese Form der Aktivierungsfunktion wird auch als *BSB-Aktivierungsfunktion* bezeichnet.

Sowohl bei der linearen Aktivierungsfunktion als auch bei der BSB-Aktivierungsfunktion kann der Aktivierungsgrad im Prinzip beliebige Werte annehmen. Daneben gibt es jedoch auch Aktivierungsfunktionen, die nur bestimmte diskrete Aktivierungsgrade zulassen. Zu dieser Klasse gehört die *Hopfield-Aktivierungsfunktion*, bei der der Aktivierungsgrad - abhängig vom Vorzeichen des effektiven Eingangswertes - nur die Werte -1 und 1 annehmen kann. Es gilt demnach

$c = \begin{cases} -1 & \text{für } \varepsilon < 0 \\ +1 & \text{für } \varepsilon \geq 0. \end{cases}$

Manche Modelle setzen bei negativem effektiven Eingang auch eine Aktivität von 0 statt -1 an. Im Gegensatz zu den beiden erstgenannten Aktivierungsfunktionen handelt es sich hier also um einen *nichtlinearen* Zusammenhang.

Der Ausgangswert y eines Neurons stellt die Anregung für die nachfolgenden Neuronen dar. Er ist abhängig vom Aktivierungsgrad des Neurons, wobei die Abhängigkeit einen schwellwertähnlichen Charakter aufweist. Dieser Zusammenhang wird durch die **Ausgangsfunktion** a des Neurons modelliert. Der Funktionswert muß mit steigender Aktivität ebenfalls steigen oder sollte zumindest nicht abnehmen; es kommen somit nur monoton steigende Funktionen in Betracht. Hierfür steht jedoch eine ganze Palette an Möglichkeiten zur Verfügung, so daß für die Ausgangsfunktion von Neuronen die meisten Varianten existieren.

Die einfachste Form der Ausgangsfunktion erhält man, wenn man (man denke hier an die konventionelle Logik!) davon ausgeht, daß ein Neuron ein binäres Schaltelement ist, das nur die beiden diskreten Zustände "aktiv" (Neuron feuert) bzw. "inaktiv" (Neuron feuert nicht) aufweist. Die Ausgangsfunktion ist in diesem Fall eine Zweipunktcharakteristik der Form

$$y = a(c) = \begin{cases} 0 & \text{für } c < c_0 \\ 1 & \text{für } c \geq c_0 \end{cases},$$

also eine stufenförmige Ausgangsfunktion mit einem Sprung an der Stelle $c = c_0$. Als diskrete Ausgangswerte sind auch andere Werte als 0 und 1 denkbar. Der Wert c_0 stellt die Schwelle dar, bei der das Neuron feuert; derartige Ausgangsfunktionen werden daher allgemein auch als *Schwellwertfunktionen* bezeichnet (Bild 8.3, Teilbild a).

Im allgemeinen wird der Übergang zwischen "nicht feuern" und "feuern" nicht wirklich ruckartig, sondern mehr oder weniger kontinuierlich erfolgen. Führt man daher - vergleichbar mit dem Übergang scharfer zu unscharfer Mengen - mehr oder weniger gleitende Übergänge zwischen den Ausgangswerten 0 und 1 ein, so gelangt man zu allgemeineren Ausgangsfunktionen. So ist beispielsweise bei den sogenannten *Sigma-Funktionen* der Übergang S-förmig; zu dieser Klasse gehört etwa die Fermi-Funktion (Bild 8.3, Teilbild b)

$$y = a(c) = \frac{1}{1+e^{-c}}.$$

Natürlich sind auch lineare Übergänge zwischen Minimal- und Maximalwert der Ausgangsgröße möglich; es entstehen dann semilineare Ausgangsfunktionen ("Lineare Schwellenwertfunktionen", "Rampenfunktionen"; siehe Bild 8.3, Teilbild c). Falls die Aktivität selbst bereits beschränkt ist (beispielsweise bei Wahl der Hopfield-Aktivierungsfunktion), kann auf eine

Begrenzung der Ausgangsfunktion verzichtet werden; in diesem Fall kann man also auch eine lineare Ausgangsfunktion wählen (Bild 8.3, Teilbild d).

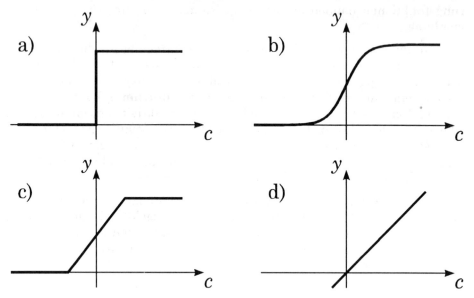

Bild 8.3. Mögliche Ausgangsfunktionen eines Neurons.

Neben den beschriebenen deterministischen Ausgangsfunktionen sind auch *stochastische* Ansätze möglich. Diese machen keine Aussage über den Ausgangswert selbst, sondern vielmehr über die Wahrscheinlichkeit, mit der ein bestimmter Ausgangswert in Abhängigkeit von der Aktivität angenommen wird. Die eigentliche Ermittlung des Ausgangswertes geschieht dann zufällig. Ein wichtiger Vertreter dieser Klasse ist die *Boltzmann-Ausgangsfunktion*. Sie läßt nur die Ausgangswerte 0 und 1 zu; die Wahrscheinlichkeit, daß ein Wert von 1 angenommen wird, ergibt sich dabei zu

$$p(y=1) = \frac{1}{1+e^{-(c-c_0)/T}}$$

c_0 gibt wiederum den Schwellwert an, der Parameter T wird - in Analogie zur Physik - als *Temperatur* bezeichnet.

Alle beschriebenen Ausgangsfunktionen lassen sich durch geeignete Normierung oder Umskalierung auf andere Wertebereiche - beispielsweise Ausgangswerte zwischen -1 und +1 - transformieren. Durch Bildung der verschiedenen (sinnvollen) Kombinationen von Eingangs-, Aktivierungs- und Ausgangsfunktionen entstehen die unterschiedlichen Neuron-Typen. Tabelle 8.1 gibt einen Überblick über die gebräuchlichsten Typen.

Die Aufteilung des Übertragungsverhaltens vom effektiven Eingangswert zur Ausgangsgröße in Aktivierungsfunktion und Ausgangsfunktion ist nicht unbedingt erforderlich und wird in der Literatur häufig auch gar nicht vorgenommen. Man setzt die Übertragungscharakteristik des Neurons dann vielmehr lediglich aus der Eingangsfunktion $\varepsilon(\underline{x})$ und der sogenannten *Transferfunktion* $f(\varepsilon)$ zusammen, die der Hintereinanderschaltung der von uns benutzten Aktivierungs- und Ausgangsfunktion entspricht. Für die Ausgangsgröße y des Neurons gilt dann also

$$y = f(\varepsilon) = a\bigl(c(\varepsilon)\bigr).$$

Auch wir werden im folgenden häufiger der Einfachheit halber auf diese Transferfunktion zurückgreifen.

Bezeichnung	Eingangs-funktion	Aktivierungs-funktion	Ausgangs-funktion
McCulloch-Pitts	Skalarprodukt	Identität	Stufenfunktion
ADALINE	Skalarprodukt	Identität	Signum-funktion
Linear	Skalarprodukt	Identität	Linear
Fermi	Skalarprodukt	Identität	Fermifunktion
BSB	Skalarprodukt	BSB	Semilinear
Hopfield	Skalarprodukt	Hopfield	Identität
Boltzmann	Skalarprodukt	Identität	Boltzmann-funktion

Tabelle 8.1. Gebräuchliche Neuron-Typen.

8.1.2 Aufbau und Arbeitsweise neuronaler Netze

Nach den bisherigen Betrachtungen können wir ein einzelnes Neuron also interpretieren als ein Übertragungssystem, dessen Übertragungsverhalten im allgemeinen statisch, bei Wahl einer Aktivierungskomponente mit Dynamik aber auch dynamisch sein kann. In jedem Falle aber wird das Übertragungsverhalten aufgrund der Nichtlinearitäten der Ausgangsfunktion und/oder der Aktivierungsfunktion stark nichtlinear sein.

Schalten wir nunmehr mehrere Neuronen durch Verbindung ihrer Ein- und Ausgänge zusammen, so entsteht ein neuronales Netz. Die Zusammenschaltung kann zunächst einmal prinzipiell beliebig sein. In der Regel wird ein einzelnes Neuron eine ganze Reihe von Eingängen besitzen. Dabei ist zu unterscheiden zwischen solchen Neuronen, deren Eingänge mit den Ausgängen anderer Neuronen verbunden sind, und Neuronen, die ihre Eingangsinformationen "von der Außenwelt" empfangen. Die Eingänge letzterer Art stellen dann gleichzeitig die Eingänge des neuronalen Netzes selbst dar. Jeder Eingang eines Neurons ist also entweder ein Netzeingang oder er ist mit genau einem Ausgang eines anderen Neurons verbunden. Analog verhält es sich bei den Ausgängen einzelner Neuronen. Jedes Neuron weist einen Ausgang auf, der im allgemeinen mit einer ganzen Reihe von Eingängen anderer Neuronen verbunden ist oder aber mit der Außenwelt; in diesem Fall stellt er einen Netzausgang dar. Somit läßt sich auch ein neuronales Netz interpretieren als ein - in der Regel recht komplexes - Übertragungssystem mit Ein- und Ausgängen, das aus einer Zusammenschaltung mehrerer einfacher Übertragungssysteme entsteht. Alle Neuronen innerhalb eines Netzes sind normalerweise vom gleichen Typ, so daß sich ihr Übertragungsverhalten lediglich aufgrund unterschiedlicher Gewichtungen der Eingänge unterscheidet.

Der Netzaufbau ist in der Regel nicht willkürlich, sondern das Netz zerfällt in mehrere *Schichten*, wobei jede Schicht aus meist mehreren Neuronen besteht. Betrachten wir dazu Bild 8.4, das eine typische Netzstruktur darstellt. Das Netz weist drei Eingangsgrößen x_1, x_2, x_3 und zwei Ausgangsgrößen y_1 und y_2 auf. Es besteht aus insgesamt neun Neuronen, die auf drei Schichten aufgeteilt sind. Die Eingangsgrößen des Netzes gelangen zunächst auf eine Schicht aus drei Neuronen, die als *Eingangsschicht* (Input Layer) bezeichnet wird. Die entsprechenden Neuronen nennen wir folgerichtig *Eingangsneuronen*. Die Ausgänge dieser Neuronen gehen auf eine Zwischenschicht aus vier Neuronen, die nicht mit der Außenwelt in Verbindung stehen. Diese Schicht wird daher *innere* Schicht oder *versteckte* Schicht (Hidden Layer) genannt. Ihre Ausgänge gelangen an eine Schicht von drei *Ausgangsneuronen*, die *Ausgangsschicht*. Deren Ausgänge stellen gleichzeitig die Netzausgänge dar. Wir haben es hier also mit einem dreischichtigen Netz zu tun.[21]

Unser Netz weist einige weitere wesentliche Charakteristika auf. So können wir erkennen, daß jeweils nur die Neuronen zweier aufeinanderfolgender Schichten miteinander verbunden sind; Verbindungen innerhalb einer Schicht oder über Schichten hinweg gibt es nicht. Außerdem sind alle Verbindungen vorwärts gerichtet, es existieren keine Rückkopplungen von einer Schicht auf eine weiter vorn liegende. Man bezeichnet derartige Netze daher als *vorwärtsbetriebene* neuronale Netze oder - in der weitaus übliche-

---

[21] Da bei der dargestellten Netzstruktur die Eingangsneuronen keinerlei Verarbeitung vornehmen, sondern vielmehr nur die Eingangssignale auf die Neuronen der inneren Schicht verteilen, wird die Eingangsschicht in der Literatur manchmal auch nicht als "echte" Schicht gewertet. Nach dieser Konvention wäre das dargestellte Netz dann lediglich zweischichtig.

ren englischsprachigen Form - als *feed forward*-Netze. Darüber hinaus ist das Netz in dem Sinne *vollständig vernetzt*, daß jedes Neuron mit *allen* Neuronen der nachfolgenden Schicht verbunden ist.

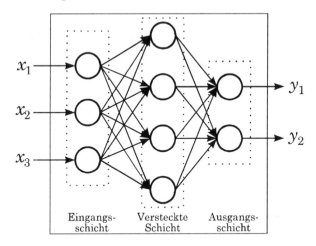

Bild 8.4. Dreischichtiges neuronales Netz.

Derartige Netze mit einer oder mehreren verdeckten Schichten werden allgemein als *Multilayer-Perceptrons* (MLP-Netze) bezeichnet. In der Regel weisen sie als Aktivierungsfunktion die Identität auf, während die Nichtlinearität der Ausgangsfunktion zunächst beliebig sein kann; wesentlich ist hierbei, *daß* eine Nichtlinearität vorhanden ist, da bei vollkommen linearen Neuronen eine Hintereinanderschaltung mehrerer Schichten keinen Sinn macht - sie läßt sich nämlich immer durch eine einzige lineare Schicht ersetzen.

Künstliche neuronale Netze lassen sich in zwei verschiedenen Arbeitsphasen betreiben. Bei festgehaltener Netzstruktur, konstanten Eingangs-, Aktivierungs- und Ausgangsfunktionen sowie festen Gewichtungen besitzt das Netz ein bestimmtes Übertragungsverhalten, das je nach Art der Neuronen statisch oder dynamisch ist. Legt man an die Netzeingänge eine Eingangsinformation an, so stellen sich am Netzausgang entsprechende Ausgangswerte ein. Diese folgen bei statischen Netzen unmittelbar auf die Eingangsgrößen, bei Netzen mit einer inneren Dynamik muß entsprechend abgewartet werden, bis das Netz nach Abklingen der Eigendynamik seinen stationären Zustand erreicht hat. Gehen wir davon aus, daß die charakteristischen Neuron-Funktionen allesamt deterministischer Natur sind, so erzeugt das Netz bei mehrmaligem Anlegen derselben Eingangsinformation immer dieselbe Ausgangsinformation. Diese Arbeitsphase wird daher als *Reproduktionsphase* bezeichnet: Bei Anlegen der Eingangsinformation wird das im Netz gespeicherte, mit der spezifischen Eingangsinformation assoziierte Wissen abgerufen und am Netzausgang bereitgestellt.

Nach dem Aufbau eines künstlichen neuronalen Netzes ist dieses natürlich erst einmal "dumm"; das Wissen, das es später bereitstellen soll, muß ihm erst einmal beigebracht werden. Dazu dient die *Lernphase*. Sie hat die Aufgabe, dem Netz anhand einer Reihe von Beispielen ein Übertragungsverhalten anzutrainieren, das es ihm ermöglicht, die gestellten Beispielprobleme - und möglichst natürlich auch darüber hinausgehende Aufgaben - korrekt zu lösen. Dabei können die zu lösenden Aufgaben unterschiedlicher Natur sein; ihnen ist jedoch gemeinsam, daß sie auf einer Zuordnung von Ein- und Ausgaben des Netzes beruhen:

- Bei *autoassoziativen Netzen* besteht die Aufgabe darin, unvollständige oder gestörte Eingangsinformationen zu vervollständigen oder zu korrigieren. Das Netz dient also zur Mustervervollständigung, wie sie beispielsweise im Bereich Schriftenerkennung (OCR) zur Anwendung kommt.

- Eine Verallgemeinerung dazu stellen Netze dar, die als *assoziative Speicher* betrieben werden. In diesem Fall assoziiert das Netz Ein- und Ausgaben miteinander, so daß es später bei Vorliegen einer konkreten Eingangsinformation die zugehörige Ausgangsinformation zur Verfügung stellt. Ähnlich gelagert sind Probleme der *Mustererkennung*. Hierbei dient das Netz als Klassifikator, der die Eingangsinformationen einer bestimmten Klasse zuordnet und die dieser Klasse spezifische Ausgangsinformation bereitstellt. Zusammengehörende Eingaben werden also auf dieselbe Klasse abgebildet, und zwar möglichst auch dann, wenn sie nicht Bestandteil der Lernbeispiele waren.

Daneben gibt es eine Reihe weiterer Anwendungen, die für unsere Betrachtungen jedoch weniger interessant sind.

So unterschiedlich die verschiedenen Anwendungsmöglichkeiten auch sein mögen; in allen Fällen dient das neuronale Netz dazu, zu *bestimmten Eingaben bestimmte Ausgaben* zu generieren. Systemtheoretisch betrachtet dient das Netz also als Datenapproximator, der bei geeigneter Auslegung exakt das gewünschte Übertragungsverhalten aufweist. Ziel des Lernvorgangs ist es also, diese Auslegung des Netzes anhand von Lernbeispielen vorzunehmen. Dabei wird in der Regel davon ausgegangen, daß die *Netzstruktur* sowie der *Neuronentyp* vorab festgelegt werden, so daß als Angriffspunkt des Lernvorgangs lediglich die Gewichtungen der Neuronenverbindungen dienen. Diese sind dann so zu wählen, daß das gewünschte Übertragungsverhalten möglichst exakt nachgebildet wird. Dazu wählt man eine Reihe von möglichst repräsentativen Sätzen von Eingangsgrößen - die wir im folgenden in Anlehnung an obige Anwendungsfelder als *Eingangsmuster* bezeichnen wollen - und gibt diese auf das neuronale Netz. Die vom Netz generierten Ausgangsmuster werden dann mit den gewünschten Mustern verglichen und die Gewichtungen derart modifiziert, daß sich die vom Netz erzeugten und die erwünschten Ausgangsmuster bei einem weite-

8.1 Grundlagen neuronaler Netze

ren Durchlauf stärker ähneln. Dieses Spiel wird solange durchgeführt, bis eine befriedigende Übereinstimmung erreicht ist. Das Netz ist dann in der Lage, zumindest für die angelernten Beispiele die zugehörigen Ausgangsmuster hinreichend korrekt zu ermitteln.

Diese Fähigkeit allein wird allerdings im allgemeinen noch nicht die vollste Zufriedenheit des Anwenders hervorrufen; vielmehr wünscht man sich, daß das neuronale Netz zur *Generalisierung* des erlernten Wissens in der Lage ist, also auch auf Eingangsmuster, die selbst nicht Bestandteil der Lernmuster waren, mit einer adäquaten Ausgabe reagiert - eine Eigenschaft, die unverzichtbar ist, denkt man z. B. an die oben erwähnten Anwendungen im Bereich Mustervervollständigung. Dabei sollen ähnliche Eingaben auch ähnliche Ausgaben hervorrufen. Inwieweit das trainierte Netz diesen Ansprüchen gerecht werden kann, hängt ganz wesentlich von den während des Lernvorgangs herangezogenen Beispielmustern ab.

Der Lernvorgang selbst kann zwei grundsätzlich unterschiedliche Formen annehmen: Sofern wir das gewünschte Übertragungsverhalten des Netzes exakt kennen, können wir während des Trainings zu jeder Zeit eine genaue Aussage darüber machen, inwieweit tatsächliche und gewünschte Ausgabe des Netzes übereinstimmen. Wir können also eine gezielte Korrektur der Netzgewichte derart vornehmen, daß eine bessere Übereinstimmung erzielt wird. Was wir dazu benötigen, ist ein *quantitatives* Fehlermaß für die Übereinstimmung. Dazu können wir beispielsweise für jedes zu erlernende Muster die Summe der quadrierten Differenzen zwischen Soll- und Istwert der einzelnen Ausgänge y_i berechnen und diese Einzelfehler über alle zu lernenden Muster aufsummieren. Je kleiner dieser Wert ist, um so besser ist die Übereinstimmung. Nach jedem Lernzyklus werden die Gewichte dann mit Hilfe einer entsprechenden *Lernregel* - die nichts anderes darstellt als ein numerisches Parameteroptimierungsverfahren - iterativ solange variiert, bis der Gesamtfehler hinreichend klein geworden ist. Diese Art des Lernens wird als *überwachtes Lernen* bezeichnet, die entsprechende Lernaufgabe wird auch als *feste Lernaufgabe* bezeichnet.

Eine andere Art des Lernens liegt vor, wenn nicht die erwünschten Ausgangsmuster bekannt sind, sondern vielmehr gefordert wird, daß das Netz bei ähnlichen Eingangsmustern auch ähnliche Ausgangsmuster erzeugt. Das Netz hier hat also die Aufgabe, Ähnlichkeiten zwischen den Eingangsmustern zu erkennen; es wirkt klassenbildend. Diese Art des Lernens wird als *unüberwachtes Lernen* bezeichnet; die Lernaufgabe nennt man entsprechend *freie Lernaufgabe*. Diese Variante ist für Fuzzy Control-Anwendungen weniger interessant.

Wir wollen den Vorgang des überwachten Lernens wegen seiner Bedeutung noch etwas genauer betrachten. Dazu wollen wir von einem dreischichtigen MLP-Netz mit n Eingängen $x_1,...,x_n$ und p Ausgängen $y_1,...y_p$ ausgehen. Die innere Schicht möge l Neuronen aufweisen. Die Eingangsneuronen leisten wiederum keinerlei Verarbeitung, sondern verteilen lediglich die Eingangssignale. Wir brauchen für den Lernvorgang also nur Gewichte für die inneren Neuronen und die Ausgangsneuronen einzuführen. Die inneren Neuronen besitzen jeweils n, die Ausgangsneuronen jeweils l Gewichte. Zur Unterscheidung numerieren wir die Neuronen schichtenweise durch. Das r-te Gewicht des q-ten inneren Neurons bezeichnen wir dann mit w_{qr}, das r-te Gewicht des q-ten Ausgangsneurons mit v_{qr}. Die Ausgangsgrößen der inneren Neuronen wollen wir mit z_q bezeichnen (Bild 8.5).

Nehmen wir nun an, uns stehen für den Lernvorgang insgesamt m Eingangs-/Ausgangsvektorpaare $\{\underline{x}^{(i)}, \underline{y}^{(i)}\}$ zur Verfügung. Dann bestimmen wir für jeden Eingangsvektor $\underline{x}^{(i)}$ den vom Netz berechneten Ausgangsvektor, den wir mit $\underline{\tilde{y}}^{(i)}$ bezeichnen wollen. Als Fehler E_i für das i-te einzelne Muster wählen wir die Fehlerquadratsumme bezogen auf alle p Ausgänge, also

$$E_i = \frac{1}{2}\sum_{j=1}^{p}\left(y_j^{(i)} - \tilde{y}_j^{(i)}\right)^2.$$

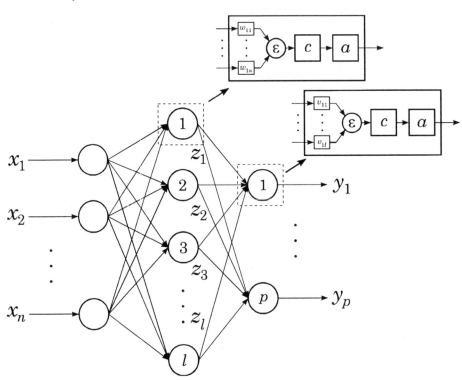

Bild 8.5. Dreischichtiges MLP-Netz.

Obwohl die Modifikation der Gewichte im Prinzip nach jedem Beispieldatensatz erfolgen kann, wird man sie in der Regel immer erst nach einem

8.1 Grundlagen neuronaler Netze

kompletten Lernzyklus durchführen. Der Gesamtfehler über alle Eingangsvektoren ergibt sich dann für einen Lernzyklus zu

$$E = \sum_{i=1}^{m} E_i = \frac{1}{2}\sum_{i=1}^{m}\sum_{j=1}^{p}\left(y_j^{(i)} - \tilde{y}_j^{(i)}\right)^2.$$

Ziel des Lernvorgangs muß es also sein, diesen Gesamtfehler durch geeignete Variation der Gewichte sukzessive zu verringern, im Idealfall bis zum Verschwinden zu bringen. Dazu werden die Gewichte derart modifiziert, daß der Gesamtfehler möglichst stark abnimmt. Man bewegt sich also in Richtung des negativen Gradienten der Fehlerfunktion E; die Lernregel lautet entsprechend

$$\Delta w_{qr} = -\alpha \frac{\partial E}{\partial w_{qr}} = -\alpha \sum_{i=1}^{m}\left(\frac{\partial E_i}{\partial w_{qr}}\right) \quad q=1,\ldots,l \quad r=1,\ldots,n$$

für die inneren Neuronen bzw.

$$\Delta v_{qr} = -\alpha \frac{\partial E}{\partial v_{qr}} = -\alpha \sum_{i=1}^{m}\left(\frac{\partial E_i}{\partial v_{qr}}\right) \quad q=1,\ldots,p \quad r=1,\ldots,l$$

für die Ausgangsneuronen, und die modifizierten Gewichte ergeben sich zu

$$w_{qr}^{neu} = \mu w_{qr}^{alt} + \Delta w_{qr}$$

bzw.

$$v_{qr}^{neu} = \mu v_{qr}^{alt} + \Delta v_{qr}.$$

Diese Vorgehensweise stellt also nichts anderes als eine numerische Optimierung mit Hilfe eines Gradientenverfahrens dar (siehe Abschnitt 6.3.1). Der Parameter α wird als *Lernrate* bezeichnet, der Parameter μ als *Momentum*. Typische Werte liegen bei $\alpha = 0.1$, $\mu = 0.9$.

Zur Anwendung dieser Lernregel müssen also die partiellen Ableitungen der Fehlerfunktionen E_i nach den Gewichten w_{qr} bzw. v_{qr} berechnet werden. Da das Übertragungsverhalten der einzelnen Neuronen bekannt ist, bereitet diese Berechnung prinzipiell keine Schwierigkeit. Voraussetzung dafür ist allerdings, daß die Ausgangsfunktion der Neuronen *differenzierbar* ist; Schwellenwertfunktionen sind hier also unzulässig.

Wir beginnen die Berechnungen in der Ausgangsschicht. Betrachten wir das j-te Ausgangsneuron, so ergibt sich der Ausgangswert $\tilde{y}_j$ dieses Neurons - da wir als Aktivierungsfunktion die Identität vorausgesetzt hatten - aus seinem effektiven Eingangswert ε_j und der Ausgangsfunktion a des Neurons zu

$$\tilde{y}_j = a(\varepsilon_j) = a\left(\sum_{k=1}^{l} v_{jk} z_k\right).$$

Der Ausgangsfehler für das i-te Lernmuster lautete (s. o.)

$$E_i = \frac{1}{2}\sum_{j=1}^{p}\left(y_j^{(i)} - \tilde{y}_j^{(i)}\right)^2.$$

Wollen wir diesen Ausdruck nach v_{qr} ableiten, so müssen wir die Kettenregel der Differentiation anwenden. Wir erhalten auf diese Weise

$$\frac{\partial E_i}{\partial v_{qr}} = \frac{1}{2} 2 \sum_{j=1}^{p}\left(y_j^{(i)} - \tilde{y}_j^{(i)}\right)\left(-\frac{\partial \tilde{y}_j^{(i)}}{\partial v_{qr}}\right).$$

Das Gewicht v_{qr} beeinflußt nur den Ausgangswert des q-ten Neurons. Alle Summenterme mit $j \neq q$ fallen daher weg, und wir können schreiben

$$\begin{aligned}\frac{\partial E_i}{\partial v_{qr}} &= -\left(y_q^{(i)} - \tilde{y}_q^{(i)}\right)\left(-\frac{\partial \tilde{y}_q^{(i)}}{\partial v_{qr}}\right)\\ &= -\left(y_q^{(i)} - \tilde{y}_q^{(i)}\right)\frac{\partial \tilde{y}_q^{(i)}}{\partial \varepsilon}\bigg|_{\varepsilon=\varepsilon_q} \frac{\partial \varepsilon}{\partial v_{qr}}\\ &= -\left(y_q^{(i)} - \tilde{y}_q^{(i)}\right)\frac{\partial a}{\partial \varepsilon}\bigg|_{\varepsilon=\varepsilon_q} z_r\\ &= -\left(y_q^{(i)} - \tilde{y}_q^{(i)}\right) a'(\varepsilon_q) z_r.\end{aligned}$$

Führen wir die Abkürzung

$$\delta_q^{(i)} := \left(y_q^{(i)} - \tilde{y}_q^{(i)}\right) a'(\varepsilon_q)$$

ein, so läßt sich die hergeleitete Beziehung schreiben als

$$\frac{\partial E_i}{\partial v_{qr}} = -\delta_q^{(i)} z_r.$$

Die partielle Ableitung des Fehlers für das i-te Trainingsmuster nach dem r-ten Gewicht des q-ten Ausgangsneurons ergibt sich also als negatives Produkt aus dem Fehlerbeitrag des Neurons (Klammerterm), der Ableitung der Ausgangsfunktion des Neurons für den anliegenden effektiven Eingangswert ε_q sowie dem am r-ten Eingang anliegenden Eingangswert. Setzen wir diese Beziehung in die Lernregel ein, so lautet diese für Ausgangsneuronen

$$\Delta v_{qr} = -\alpha \frac{\partial E}{\partial v_{qr}} = \alpha \sum_{i=1}^{m} \delta_q^{(i)} z_r \quad q=1,\ldots,p \quad r=1,\ldots,l \quad .$$

Die partiellen Ableitungen für die innere Schicht lassen sich nun ausgehend von den Werten der Ausgangsschicht herleiten. Wir wollen auf die etwas komplexe, aber nicht grundsätzlich schwierige Herleitung verzichten; die sich ergebende Lernregel lautet in diesem Fall

$$\Delta w_{qr} = -\alpha \frac{\partial E}{\partial w_{qr}} = \alpha \sum_{i=1}^{m} a'(\varepsilon_q) \sum_{k=1}^{p} \delta_k^{(i)} v_{kq} x_r \quad q=1,\ldots,l \quad r=1,\ldots,n \quad .$$

In die Gewichtsänderungen der inneren Neuronen gehen also die im ersten Schritt berechneten δ-Werte sowie die Gewichte der Ausgangsneuronen ein. Liegen mehrere innere Schichten vor, so erfolgt die weitere Auswertung in der gleichen Weise von rechts nach links. Bei dieser Vorgehensweise verfolgt man den am Netzausgang aufgetretenen Fehler also *rückwärts durch das Netz* zum Eingang zurück. Man bezeichnet die mit derartigen Lernregeln trainierten Netze daher auch als *Fehlerrückführungs-Netze*, die Lernregel selbst dementsprechend als (Error-)*Backpropagation-Lernregel*.

Eine zweite Netzklasse, die sich insbesondere für Neuro-Fuzzy-Anwendungen als geeignet erwiesen hat, sind die sogenannten *RBF-Netze*. Dieser Netztypus besitzt die gleiche Struktur wie der MLP-Typ: Er besteht aus zunächst einer Eingangsschicht, deren Neuronen lediglich als Verteilungsneuronen dienen, sowie einer Ausgangsschicht, die in diesem Fall lineare Neuronen, also Neuronen mit der Transferfunktion $f(\varepsilon) = 1$, enthält. Der wesentliche Unterschied tritt in der verdeckten Schicht zutage: Die gewohnte gewichtete Aufsummation der Eingangswerte entfällt hier, die Ausgangsgröße der inneren Neuronen ergibt sich also unmittelbar über die Transferfunktion. Diese hat die Gestalt einer sogenannten *Radialen Basisfunktion* (daher der Name dieses Netztyps) der Form

$$f_i(\underline{x}) = e^{-\sum_{j=1}^{n} \frac{(x_j - \mu_{ji})^2}{2\sigma_{ji}^2}} , \quad i = 1,\ldots,l$$

für das *i*-te innere Neuron. Diese Beziehung beschreibt *mehrdimensionale Gaußkurven*, wie sie etwa aus der Wahrscheinlichkeitsrechnung bekannt sind. Der Ort des Maximums der Funktion in bezug auf die *j*-te Eingangsgröße - in der Wahrscheinlichkeitstheorie als Mittelwert der entsprechenden Gaußverteilung bezeichnet - ist gegeben durch den Parameter μ_{ji}, die Standardabweichung - ein Maß für die "Breite" der Gaußkurve - durch den Parameter σ_{ji}. Diese Parameter treten hier also an die Stelle der Gewichte w_{ji} beim MLP-Netz. Bild 8.6 zeigt die Übertragungscharakteristik eines RBF-Neurons für die Fälle eines Eingangs x bzw. zweier Eingänge x_1 und x_2. Wir erkennen hier deutlich den Unterschied zum "gewöhnlichen" Neuron: Während letzteres monotones Übertragungsverhalten aufweist, reagieren RBF-Neuronen nur auf Eingangsgrößen, die in einem bestimmten Bereich liegen, dessen Zentrum durch die μ-Parameter und dessen Ausdehnung durch die σ-Parameter festgelegt wird. Ein RBF-Neuron besitzt also pro Eingang jeweils *zwei* Freiheitsgrade.

Die Ausgangswerte der RBF-Neuronen werden dann über die linearen Ausgangsneuronen mit den Gewichten w_{ji} in die Netz-Ausgänge überführt. Bei einem RBF-Netz mit n Eingängen, l inneren RBF-Neuronen und p Ausgängen ergeben sich also die Ausgangsgrößen zu

$$y_k = \sum_{i=1}^{l} w_{ji} f_i(\underline{x})$$
$$= \sum_{i=1}^{l} w_{ji} e^{-\sum_{j=1}^{n} \frac{(x_j - \mu_{ji})^2}{2\sigma_{ji}^2}}, \quad k = 1, \ldots, p$$

Bild 8.7 zeigt ein derartiges RBF-Netz für den Fall eines Ausgangs ($p = 1$).

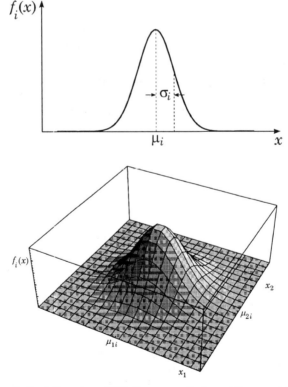

Bild 8.6. Transferfunktion eines RBF-Neurons mit einem Eingang (oben) bzw. zwei Eingängen (unten).

8.1 Grundlagen neuronaler Netze

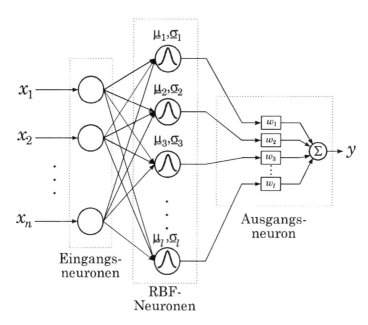

Bild 8.7. RBF-Netz mit einem Ausgang.

Wie beim MLP-Netz erfolgt auch die Einstellung der RBF-Parameter anhand von Trainingsdaten. Während die Lernregeln für die inneren Neuronen, d. h. die Anpassung der μ- und σ-Parameter relativ einfach strukturiert sind, müssen die Gewichte der Ausgangsneuronen wiederum durch Optimierung mit Hilfe von Gradientenverfahren angepaßt werden (siehe z. B. [PRE94]).

MLP- und RBF-Netze sind wegen der unterschiedlichen Eigenschaften der zugrundeliegenden Neuronen auch für verschiedene Anwendungsfälle prädestiniert. RBF-Neuronen weisen aufgrund der gaußförmigen Transferfunktion ein sehr lokales Verhalten auf, der "Verantwortungsbereich" jedes inneren Neurons ergibt sich unmittelbar aus dem Zentrum und der Ausdehnung seiner Transferfunktion. Bei MLP-Netzen herrscht demgegenüber eine erheblich stärkere Wechselwirkung der verdeckten Neuronen untereinander, so daß die einzelnen Neuronen mehr globalen Charakter besitzen. Durch diese Wechselwirkung wird insbesondere der Lernprozeß erschwert, was sich speziell bei komplexeren Netzen darin äußert, daß die zu minimierende Fehlerfunktion eine Vielzahl von lokalen Minima aufweisen kann, in denen das Backpropagation-Gradientenschema bei ungünstiger Wahl der Strategieparameter hängenbleiben kann. Die Optimierung der RBF-Netze ist in dieser Beziehung unproblematischer.

RBF-Netze sind aus den geschilderten Gründen besonders geeignet für die Modellierung sehr komplexer Übertragungscharakteristika, während MLP-Netze speziell bei der Modellierung hochdimensionaler Abbildungen mit schwach ausgeprägten Strukturen zum Einsatz kommen.

8.2 Neuronale Netze und Fuzzy Control

Die vorangegangenen Abschnitte haben gezeigt, daß neuronale Netze und Fuzzy Controller - systemtheoretisch betrachtet - identische Eigenschaften aufweisen: Beide lassen sich interpretieren als im allgemeinen statische, nichtlineare Übertragungssysteme, mit deren Hilfe die Modellierung oder Approximation beliebiger, niedrig- oder hochdimensionaler Zusammenhänge möglich ist. Die Approximation kann prinzipiell beliebig genau erfolgen, wobei eine Erhöhung der Genauigkeit in der Regel mit einer Erhöhung der Komplexität des neuronalen Netzes bzw. des Fuzzy Controllers einhergeht.

Sowohl neuronale Netze als auch Fuzzy-Systeme nehmen eine Informationsverarbeitung nach menschlichem Vorbild vor - allerdings auf gänzlich unterschiedlichen Ebenen. Demzufolge sind auch Vor- und Nachteile beider Ansätze unterschiedlicher Natur:

- Grundlage eines neuronalen Netzes ist die Vorgabe eines geeigneten Netztyps und der entsprechenden Netzstruktur. Dazu ist zwar kein Vorwissen über den zu regelnden oder zu modellierenden Prozeß notwendig; falls solches Vorwissen aber vorliegt, stellt es für die Strukturierung und Auslegung des Netzes *keinerlei* Hilfe dar. Für Fuzzy-Systeme dagegen ist Prozeßwissen unabdingbare Voraussetzung; liegt es nicht vor, so muß es im Rahmen einer aufwendigen Wissensakquisition oder mit Hilfe von Identifikationsverfahren beschafft werden (siehe Abschnitt 3.4.1).

- Die Auslegung neuronaler Netze erfolgt anhand von Lerndaten; das Netz lernt also *beispielbasiert*. Dabei ist wesentlich, daß die benutzten Lerndaten möglichst den gesamten späteren Arbeitsbereich des Netzes überdecken, da ein zufriedenstellendes Verhalten des Netzes bei Extrapolation nicht zwangsläufig gewährleistet ist. Da eventuelles Vorwissen für den Lernvorgang nicht benutzt werden kann, müssen die zu bestimmenden Netzparameter (Gewichte bzw. Parameter der einzelnen Neuronen) zu Beginn des Lernvorgangs mit in der Regel zufälligen Startwerten vorbelegt und dann im Zuge einer numerischen Parameteroptimierung (z. B. durch Backpropagation) verbessert werden. Dabei stellen sich insbesondere bei komplexeren Netzen alle Probleme, die typischerweise mit solchen numerischen Verfahren verbunden sind wie langsame Konvergenz oder die Gefahr lokaler Minima (siehe Abschnitt 6.3). Fuzzy-Systeme hingegen sind wiederum nicht in der Lage, konkrete Lern- oder Meßdaten zu verarbeiten. Im Gegensatz zu neuronalen Netzen benötigen sie ihr Wissen nicht in *quantitativer*, sondern vielmehr in *qualitativer* Form. Eine Lernfähigkeit vergleichbar der der neuronalen Netze besitzen Fuzzy-Systeme von Hause aus nicht.

8.2 Neuronale Netze und Fuzzy Control

- Ein neuronales Netz stellt immer eine "Black Box"-Lösung dar. Seine Intelligenz, also das angelernte Wissen, liegt mehr oder weniger unstrukturiert in Form der optimierten Netzparameter *im gesamten Netz verteilt* vor und kann somit in der Regel nicht mehr interpretiert werden. Dagegen enthält ein Fuzzy-System das Wissen in strukturierter, linguistischer Form, wodurch der Einfluß der einzelnen Freiheitsgrade auf das Systemverhalten direkt hervorgeht. Ein Fuzzy-System weist also eine erheblich höhere Transparenz auf als neuronale Netze: Die Auswirkung einer Änderung eines einzelnen Neuron-Parameters auf das Netzverhalten kann praktisch kaum vorhergesagt werden. Ändert man dagegen bei einem Fuzzy Controller eine einzelne Zugehörigkeitsfunktion oder eine Regel, so läßt sich die resultierende Änderung des Systemverhaltens unmittelbar ableiten.

Unschwer erkennbar ist, daß neuronale Netze gerade dort ihre Stärken haben, wo Fuzzy-Systeme Unzulänglichkeiten aufweisen - und umgekehrt. Es liegt daher nahe, die Vorteile beider Grundprinzipien miteinander zu verbinden. Wesentliches Ziel solcher Neuro-Fuzzy-Systeme ist es, die Lernfähigkeit neuronaler Netze mit der Transparenz von Fuzzy-Systemen zu verbinden. Es sollten auf diese Weise Systeme entstehen, die sowohl vorhandenes Prozeßwissen aufnehmen als auch beispielgestützt "hinzulernen" können, wobei ihre innere Wirkungsweise jederzeit durchschaubar bleibt.

Die Kombination neuronaler Netze mit Fuzzy Controllern kann auf zwei Ebenen erfolgen. Der erste, einfachere und daher bereits weiter entwickelte Ansatz besteht darin, beide Komponenten parallel zu betreiben, wobei die eigentliche Regelungsaufgabe vom Fuzzy Controller vorgenommen wird, während das neuronale Netz lediglich dazu dient, die Vorgabe von Parametern des Fuzzy Controllers zu übernehmen. Dabei ist grundsätzlich zwischen einer off-line- und einer on-line-Betriebsart des neuronalen Netzes zu unterscheiden. Im off-line-Betrieb kann das Netz dazu benutzt werden, anhand von Beispieldaten - die z. B. durch Beobachtung des Bedienerverhaltens gewonnen wurden - geeignete Zugehörigkeitsfunktionen für die linguistischen Terme oder auch eine Regelbasis zu generieren. Während des eigentlichen Regelungsvorgangs ist das neuronale Netz dann ohne Funktion. Im on-line-Betrieb hingegen findet eine ständige Adaption des Fuzzy Controllers durch das neuronale Netz statt. Diese Adaption kann wiederum sowohl ein Tuning der Zugehörigkeitsfunktionen als auch der Regelbasis umfassen. Für diese on-line-Adaption ist in jedem Fall ein Gütekriterium - bestehend aus einem oder mehreren Güteindizes - erforderlich, das dem neuronalen Netz ein quantitatives Maß für die erfolgte Verbesserung oder Verschlechterung der Regelkreisdynamik zur Verfügung stellt und im allgemeinen aus verschiedenen Kenngrößen des Regelkreises (z. B. aktuelle Regelabweichung, Verlauf der Regelabweichung über einen längeren Zeitraum, ...) gebildet wird. Bild 8.8 zeigt die Struktur eines derartigen Regelkreises.

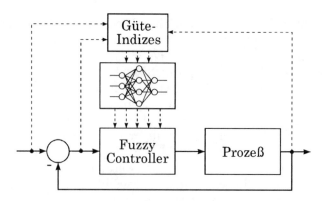

Bild 8.8. Online-Adaption eines Fuzzy Controllers über ein neuronales Netz.

Naheliegend sind natürlich kombinierte Regler, die aus einer Serien- oder Parallelschaltung eines neuronalen Netzes und eines Fuzzy Controllers bestehen (Bild 8.9). Während das neuronale Netz bei der Serienschaltung eine Vor- bzw. Nachbereitung der Meß- bzw. Stellgrößen übernimmt, erfolgt im Falle der Parallelschaltung eine Umschaltung zwischen beiden Komponenten, beispielsweise in Abhängigkeit von der aktuellen Regelabweichung. Diese Umschaltung wird in der Regel "weich" ausgelegt sein, so daß ein fließender Übergang zwischen beiden Reglern erfolgt. Beiden Schaltungsarten ist gemeinsam, daß der Fuzzy Controller in seiner Funktionsweise unverändert bleibt; eine wirkliche Ergänzung der Grundprinzipien beider Systemtypen findet hier also nicht statt (siehe z. B. auch [HEL94, NAU94b]).

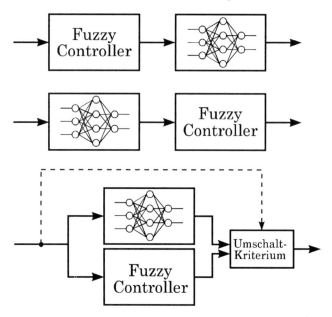

Bild 8.9. Serien- und Parallelschaltung von neuronalem Netz und Fuzzy Controller.

Weitaus näher als die beschriebenen Kombinationen kommen dem Ziel einer optimalen Verbindung der beiden Lösungsansätze wirklich hybride Architekturen, bei denen die Einzelkomponenten als solche nicht mehr zu erkennen sind. Die Grundidee dabei besteht darin, die Regelbasis des Fuzzy Controllers auf die Struktur des neuronalen Netzes abzubilden, so daß die Zugehörigkeitsfunktionen der linguistischen Terme als Gewichte der Neuronen interpretiert werden können. Liegt beispielsweise bereits ein funktionsfähiger Fuzzy Controller vor, der "nachtrainiert" werden soll, so kann man, vergleichbar dem Prinzip des Zustandsbeobachters in der Regelungstechnik, dem neuronalen Netz zunächst ein dem Fuzzy Controller identisches Übertragungsvorhalten anlernen und dann dieses neuronale Netz wie gewohnt optimieren. Dazu werden beiden Komponenten identische Eingangsdaten zugeführt und die jeweils ermittelten Ausgangsdaten verglichen. Die Abweichung der Ausgangsdaten voneinander dient einem Lernverfahren dann zur Anpassung der Netzparameter (Bild 8.10). Dieses Prinzip stellt allerdings eine "Einbahnstraße" dar, da nach der anschließenden Nachoptimierung des Netzes eine Rückrechnung auf einen nunmehr optimierten Fuzzy Controller in der Regel nicht mehr ohne weiteres möglich ist.

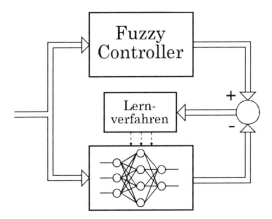

Bild 8.10. Training eines neuronalen Netzes auf ein Soll-Übertragungsverhalten nach dem Beobachterprinzip.

Setzt man dagegen einen Fuzzy Controller unmittelbar in ein äquivalentes neuronales Netz um, so kann dieses nach der Optimierung anhand von Meßdaten jederzeit wieder in einen Fuzzy Controller rücktransformiert werden. Dazu ist es jedoch erforderlich, das neuronale Netz derart zu strukturieren, daß die Fuzzy-Verarbeitungsschritte Fuzzifizierung, Inferenz und Defuzzifizierung eindeutig zuzuordnen sind. Wir wollen anhand eines konkreten Beispiels zeigen, unter welchen Voraussetzungen eine derartige Umwandlung möglich ist.

Ausgangspunkt unserer Betrachtungen soll ein Fuzzy Controller mit zwei Eingangsgrößen x_1 und x_2 und einer Ausgangsgröße y sein. Für Ein- und

Ausgangsgrößen definieren wir die Terme *Negative_Big*, *Zero* und *Positive_Big*, wobei wir für die Eingangsgrößen dreieckförmige Zugehörigkeitsfunktionen und für die Ausgangsgröße Singletons wählen (Bild 8.11).

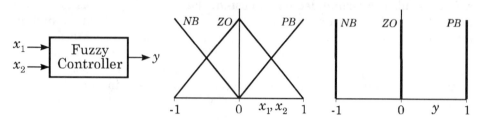

Bild 8.11. In ein neuronales Netz zu überführender Fuzzy Controller.

Die Regelbasis umfaßt somit neun Regeln; diese mögen wie folgt lauten:

R_1: WENN $x_1 = NB$ UND $x_2 = NB$ DANN $y = NB$

R_2: WENN $x_1 = NB$ UND $x_2 = ZO$ DANN $y = NB$

R_3: WENN $x_1 = NB$ UND $x_2 = PB$ DANN $y = ZO$

R_4: WENN $x_1 = ZO$ UND $x_2 = NB$ DANN $y = ZO$

R_5: WENN $x_1 = ZO$ UND $x_2 = ZO$ DANN $y = ZO$

R_6: WENN $x_1 = ZO$ UND $x_2 = PB$ DANN $y = ZO$

R_7: WENN $x_1 = PB$ UND $x_2 = NB$ DANN $y = ZO$

R_8: WENN $x_1 = PB$ UND $x_2 = ZO$ DANN $y = PB$

R_9: WENN $x_1 = PB$ UND $x_2 = PB$ DANN $y = PB$

Zur Inferenz wählen wir wie gewohnt den MAX-MIN-Mechanismus und zur Defuzzifizierung die Schwerpunktmethode für Singletons.

Zunächst müssen wir die Fuzzifizierung der Eingangsgrößen in eine Netzkomponente überführen. Dazu kreieren wir *Fuzzifizierungs-Neuronen*, die die Aufgabe haben, einen scharfen Eingangswert in einen Zugehörigkeitsgrad umzuwandeln. Hier taucht bereits das erste Problem auf: Um das Netz später durch Backpropagation trainieren zu können, müssen die Transferfunktionen aller im Netz enthaltenen Neuronen differenzierbar sein. Für die dreieckförmigen Zugehörigkeitsfunktionen unseres Fuzzy Controllers ist dies nicht der Fall. Wir können uns aber helfen, indem wir die Zugehörigkeitsfunktionen derart "deformieren", daß die Differenzierbarkeit erzwungen wird. Dazu können wir sie beispielsweise überführen in äquivalente Gaußfunktionen der Form

$$\mu(x_i) = e^{-\frac{(x_i-\mu)^2}{2\sigma^2}}, \quad i = 1,2$$

die wir durch Einführung neuer Parameter

$$a = \frac{1}{\sqrt{2}\sigma}, \quad b = \frac{\mu}{\sqrt{2}\sigma}$$

auch schreiben können als

$$\mu(x_i) = e^{-(ax-b)^2}, \quad i = 1,2.$$

"Äquivalent" wollen wir so interpretieren, daß die Fläche unter beiden Typen von Zugehörigkeitsfunktionen gleich ist. Diese Forderung führt auf die Beziehungen

$$a = \frac{\sqrt{\pi}}{\alpha} \qquad b = \frac{m\sqrt{\pi}}{\alpha}$$

zwischen den Parametern a und b der Gaußkurve und m und α der dreieckförmigen Zugehörigkeitsfunktion (Bild 8.12).

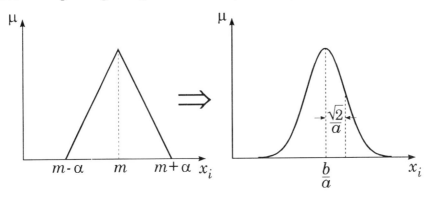

Bild 8.12. Überführung dreieckförmiger in flächengleiche gaußförmige Zugehörigkeitsfunktionen.

Ein einzelnes derartiges Fuzzifizierungs-Neuron hat damit die in Bild 8.13 dargestellte Struktur. Die Ausgangsgröße eines solchen Neurons stellt den Zugehörigkeitsgrad eines scharfen Eingangswertes x_i' zu einem bestimmten linguistischen Term der entsprechenden Eingangsgröße x_i dar. Wir benötigen für jeden linguistischen Term jeder Eingangsgröße ein Fuzzifizierungs-Neuron - in unserem Beispiel also $3 \cdot 2 = 6$ derartige Neuronen. Sie steuern die nächste Netzstufe an, die die MAX-MIN-Inferenz nachbildet. Hierfür benötigen wir

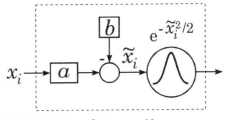

Bild 8.13. Fuzzifizierungs-Neuron.

zunächst "MIN-Neuronen", die jeweils zwei Teilprämissen einer Regel miteinander verknüpfen und als Ausgangswert das Minimum der beiden Zugehörigkeitsgrade liefern. Von dieser Neuronensorte benötigen wir je ein Neuron pro Regel, in unserem Beispiel also neun.

Die MIN-Neuronen liefern am Ausgang die Erfüllungsgrade der einzelnen Regeln. Jede Regel liefert nun entsprechend ihrer Konklusion ein in der Höhe des Erfüllungsgrades abgeschnittenes Singleton. Die einzelnen Beiträge der Regeln zum Inferenzergebnis müssen wir über den MAX-Operator überlagern. Wir benötigen also für jeden Ausgangsgrößen-Term ein "MAX-Neuron", das aus den Regeln mit gleicher Schlußfolgerung jeweils das abgeschnittene Singleton mit der maximalen Höhe bestimmt. Da wir hier drei Terme für die Ausgangsgröße y definiert haben, benötigen wir dementsprechend drei derartige Neuronen.

Auch bei den zur Inferenz erforderlichen MIN- und MAX-Neuronen stellt sich natürlich das Problem der Differenzierbarkeit. Dieses können wir umgehen, indem wir die UND-Verknüpfung statt durch den MIN-Operator durch das Algebraische Produkt und die ODER-Verknüpfung statt durch den MAX-Operator mit Hilfe der Algebraischen Summe vornehmen (siehe Tabelle 2.2). Diese beiden Operationen sind stetig differenzierbar.

Die letzte Stufe unseres fuzzy-strukturierten neuronalen Netzes stellt die Defuzzifizierung dar. Hierfür benötigen wir ein "Defuzzifizierungs-Neuron", das aus den einzelnen abgeschnittenen Ausgangsgrößen-Singletons die scharfe Ausgangsgröße berechnet. Bezeichnen wir die Höhen der Singletons mit H_i und ihre Modalwerte (Abszissenwerte) mit y_i, so ergibt sich nach der Schwerpunktmethode für Singletons (siehe Abschnitt 2.4.4) für die scharfe Ausgangsgröße

$$y = \frac{\sum_{i=1}^{m} y_i H_i}{\sum_{i=1}^{m} H_i},$$

wobei m die Anzahl der dem Neuron zugeführten Singletons ist.

Die Gesamtstruktur des resultierenden Netzes zeigt Bild 8.14. Man erkennt die unmittelbare Verwandtschaft zu den in Abschnitt 8.1.2 eingeführten RBF-Netzen. Dieses Netz weist zunächst - sieht man einmal von der Modifikation der Eingangsgrößen-Fuzzy-Mengen (gaußförmig statt dreieckförmig) sowie der Operatoren (z. B. Algebraisches Produkt statt MIN-Operator) ab - das gleiche Übertragungsverhalten auf wie der ursprüngliche Fuzzy Controller. Im Gegensatz zu letzterem ist das Netz jedoch nunmehr in der Lage, anhand von Meß- oder Testdaten *zu lernen*. Dieser Lernvorgang läuft, wie in Abschnitt 8.1.2 beschrieben, auf der Basis von Error-Backpropagation ab und umfaßt die Anpassung der Eingangsgrößen-Fuzzy-Mengen - repräsentiert durch die Netzparameter a_{ij} und b_{ij} - und der Ausgangsgrößen-Singletons, gegeben durch die Parameter y_i.

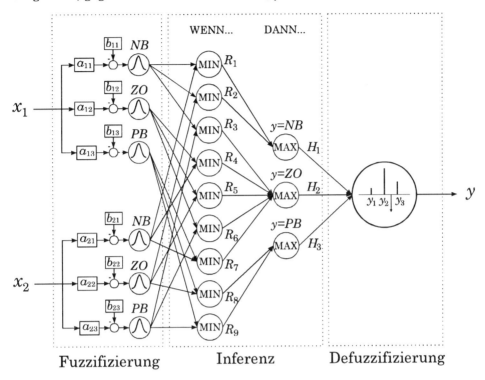

Bild 8.14. Zum Fuzzy Controller äquivalentes neuronales Netz.

Die von uns hergeleitete Netzstruktur läßt sich unmittelbar auf den Fall beliebiger Anzahl von Ein- und Ausgangsgrößen verallgemeinern. Derart strukturierte Netze sind allerdings nicht in der Lage, die Regelbasis selbst zu modifizieren, da die Regeln des Fuzzy Controllers im Inferenzteil des Netzes "fest verdrahtet" sind (wir können in Bild 8.14 die Verbindungen zwischen MIN- und MAX-Neuronen wie eingezeichnet direkt den Regeln R_1 bis R_9 zuordnen!). Wollen wir ein Lernen der Regelbasis ermöglichen, müssen wir daher den Inferenzteil des Netzes so strukturieren und parametrieren, daß prinzipiell alle denkbaren Regeln realisiert werden können. Dies können wir erreichen, indem wir *jeden* Ausgang eines MIN-Neurons über einen Gewichtungsparameter mit *jedem* MAX-Neuron verbinden. Auf diese Weise kann jeder mögliche WENN-Teil einer Regel, d. h. jede mögliche Kombination von Teilprämissen, auch zu jeder möglichen Schlußfolgerung führen. Für unser Beispiel sind bei neun MIN- und drei MAX-Neuronen somit 27 Verbindungen zu realisieren (Bild 8.15).

Die Verbindungsgewichte c_{ij} geben an, ob eine Regel vorhanden ist oder nicht. Ist ein Parameter Null, so ist die entsprechende Verbindung aufgetrennt, und die zugehörige Regel existiert nicht; ist er Eins, so existiert die entsprechende Regel. Für unser Beispiel ergeben sich - wie sich durch Vergleich mit Bild 8.14 leicht überprüfen läßt - nach der Umformung des Fuzzy Controllers in das neuronale Netz folgende Parameter:

Aus R_1 folgt: $c_{11} = 1$, $c_{12} = c_{13} = 0$
Aus R_2 folgt: $c_{21} = 1$, $c_{22} = c_{23} = 0$
Aus R_3 folgt: $c_{31} = 0$, $c_{32} = 1$, $c_{33} = 0$
Aus R_4 folgt: $c_{41} = 0$, $c_{42} = 1$, $c_{43} = 0$
Aus R_5 folgt: $c_{51} = 0$, $c_{52} = 1$, $c_{53} = 0$
Aus R_6 folgt: $c_{61} = 0$, $c_{62} = 1$, $c_{63} = 0$
Aus R_7 folgt: $c_{71} = 0$, $c_{72} = 1$, $c_{73} = 0$
Aus R_8 folgt: $c_{81} = c_{82} = 0$, $c_{83} = 1$
Aus R_9 folgt: $c_{91} = c_{92} = 0$, $c_{93} = 1$

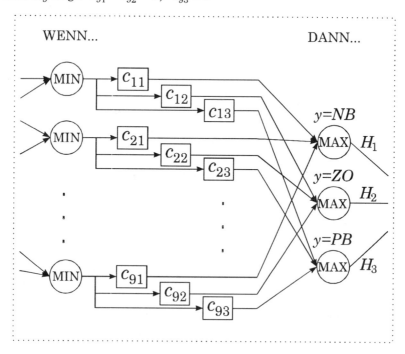

Bild 8.15. Struktur des Inferenzteils für das Anlernen der Regelbasis.

Die c-Parameter können nun ausgehend von ihren Anfangswerten völlig analog zu den anderen Netzparametern optimiert werden. Durch den Backpropagation-Algorithmus werden dabei allerdings im allgemeinen auch Parameterwerte *zwischen* null und eins auftreten können. Diese Zwischenwerte können wir dann als eine Art "Plausibilitätsmaß" einer Regel interpretieren. Dies bedeutet aber insbesondere auch, daß die Regelbasis während der

Optimierung nicht zwangsläufig aus einer konstanten Anzahl von Regeln besteht, sondern - auf unser Beispiel bezogen - im Extremfall alle 27 möglichen Regeln gleichzeitig umfassen kann, wobei jede Regel ein eigenes Plausibilitätsmaß besitzt. In diesem Fall würden also für jede möglich Teilprämissenkombination drei Regeln mit *unterschiedlichen* Schlußfolgerungen in der Regelbasis enthalten sein - ein Grund dafür, warum sich Neuro-Fuzzy Controller mit einer auf diese Weise antrainierten Regelbasis nur noch schwerlich interpretieren lassen (Problem der Konsistenz der Regelbasis, siehe auch Abschnitt 3.4.5).

9 Die Software zum Buch

9.1 Übersicht

Die mit dem Buch gelieferte Diskette enthält zwei Module des Programmsystems WinFACT - *Windows Fuzzy And Control Tools* [ANG94a, ANG94b, KAH93, KAH93a, KAH94c, KAH95b]:

- Die Fuzzy-Shell FLOP (*Fuzzy Logic Operating System*) zum Entwurf und zur Analyse von Fuzzy Controllern
- Das blockorientierte Simulationssystem BORIS zur Simulation und Optimierung von konventionellen Regelungssystemen mit und ohne Fuzzy-Komponenten.

Beide Module zusammen erlauben ein Nachvollziehen des im Rahmen dieses Buches vermittelten Stoffes anhand eigener Experimente und Untersuchungen auf dem PC unter der grafischen Benutzeroberfläche WINDOWS®. Die Software ist weitgehend selbsterklärend und weist darüber hinaus umfangreiche Hilfefunktionen auf:

- Die WINDOWS-typische Hilfefunktion mit *ausführlichen Hilfetexten*. Diese ist aus beiden Modulen heraus über die Menüfolge *Hilfe / Index* aufrufbar.
- Die *Toolbar-Hilfe* liefert für jeden Button der Toolbar eine Erläuterung, sobald sich der Mauscursor länger als etwa eine Sekunde auf dem Button befindet.
- Die *Menü-Hilfe* liefert bei Anwahl eines Menüpunktes in der Statuszeile eine Kurzbeschreibung seiner Funktion.
- Die *Parameter-Hilfe* erleichtert die Eingabe numerischer Parameter. Durch ein Anklicken eines Eingabefeldes mit der rechten Maustaste läßt sich ein Anzeigefenster generieren, das den zulässigen Wertebereich für den entsprechenden Parameter angibt.

Daher werden in den folgenden Abschnitten aus Platzgründen nur die jeweils wesentlichen Leistungsmerkmale näher erläutert.

9.2 Installation der Software

Alle benötigten Dateien befinden sich in gepackter Form in der Datei WFVIEWEG.EXE. Diese Datei ist selbstentpackend. Zur Installation der Software gehen Sie wie folgt vor:

1. Richten Sie auf Ihrer Festplatte ein temporäres Verzeichnis mit dem Namen C:\TEMP ein und kopieren Sie die Datei von der Diskette in dieses Verzeichnis.

2. Entpacken Sie die Datei durch Aufruf ihres Namens

    WFVIEWEG

    und Beantworten der nachfolgenden Abfrage mit *yes*.

3. Starten Sie aus WINDOWS heraus das Installationsprogramm INSTALL.EXE. Das Programm meldet sich mit folgendem Dialogfenster:

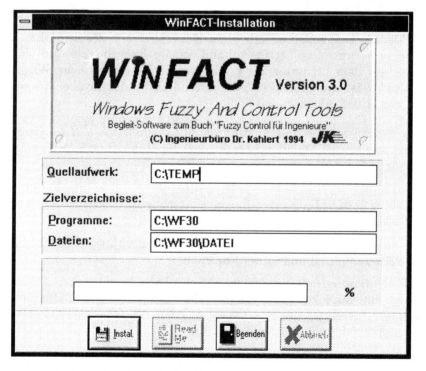

4. Tragen Sie im Eingabefeld *Quellaufwerk* wie dargestellt das temporäre Verzeichnis ein, unter *Programme* das Verzeichnis, in dem die Programmdateien installiert werden sollen, und unter *Dateien* das gewünschte Verzeichnis für die Beispieldateien. Starten Sie dann die Installation der Software über die *Instal.*-Schaltfläche. Der Ablauf der Installation wird am unteren Fensterrand über eine Ablaufanzeige visuali-

siert. Vor dem Kopieren der Einzeldateien legt das Installationsprogramm automatisch eine Programmgruppe mit dem Namen *Vieweg-WinFACT* an. Die Installation kann jederzeit über *Abbruch* beendet werden.

5. Während der Installation werden Sie mehrmals vom Installationsprogramm zum Einlegen der weiteren Disketten aufgefordert. Bestätigen Sie diese Abfrage jeweils einfach durch die *Ok*-Schaltfläche.

6. Der ordnungsgemäße Abschluß der Installation wird durch ein entsprechendes Meldungsfenster bestätigt. Sie sollten im Anschluß daran durch Betätigung der Schaltfläche *Read Me* einen Blick in die README-Datei werfen, die einige zusätzliche Informationen enthält.

9.3 Entwurf und Analyse von Fuzzy Controllern mit der Fuzzy-Shell FLOP

9.3.1 Übersicht

Das Programm FLOP (**F**uzzy **L**ogic **O**perating **P**rogram) ermöglicht den Entwurf und die Analyse regelbasierter Systeme basierend auf Fuzzy-Logik. Im einzelnen bietet das Programm folgende Möglichkeiten:
- Definition von linguistischen Variablen und zugehörigen Termen
- Verknüpfung und Modifikation von Fuzzy-Sets
- Ermittlung von Zugehörigkeitswerten
- Erstellen von Regelwerken
- Durchführung von Inferenzvorgängen
- Ermittlung von Übertragungskennlinien und -kennfeldern
- Simulation anhand von Datensätzen

- Erstellung von Fuzzy Controller-Dateien für das blockorientierte Simulationssystem BORIS

Für die unterschiedlichen Rechenoperationen, die im allgemeinen grafisch dargestellt werden, stehen verschiedene Operatoren, Inferenzmechanismen und Defuzzifizierungsmethoden zur Auswahl. Für den Typ der Zugehörigkeitsfunktionen sind Dreieck, Trapez und Singleton möglich.

Für die zusammen mit diesem Buch gelieferte Version gelten die folgenden Einschränkungen:

- Die maximale Anzahl an linguistischen Variablen (Eingangsvariablen + Ausgangsvariablen) beträgt 4.
- Die maximale Anzahl linguistischer Terme (Fuzzy Sets) pro Variable beträgt 10.
- Die maximale Anzahl an Regeln beträgt 50.

9.3.2 Linguistische Variablen und Terme

Zur Übersichtlichkeit des Programms trägt bei, daß der Benutzer jederzeit einen Überblick über die aktuell definierten linguistischen Variablen, die zugehörigen linguistischen Terme und - sofern vorhanden - die Regelbasis erhält. Jede linguistische Variable wird in einem eigenen Fenster dargestellt, das beliebig verschoben, verkleinert, vergrößert und verborgen werden kann. Die erste linguistische Variable mit dem Namen *unbenannt* wird beim Start des Programms automatisch vordefiniert. Diese Variable enthält allerdings noch keine linguistischen Terme.

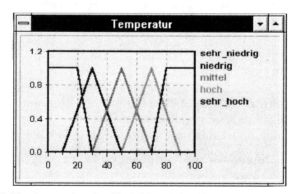

Variablenfenster für eine Variable mit fünf linguistischen Termen

Die Statuszeile des Hauptfensters enthält Informationen über Anzahl und Typ der aktuell definierten linguistischen Variablen sowie die Anzahl der definierten Regeln. Im Zeichenfenster ist zudem die Struktur des augenblicklichen Fuzzy-Systems dargestellt. Um sie betrachten zu können, ist es erforderlich, zunächst alle Variablenfenster zu schließen. Dies gelingt über

9.3 Entwurf und Analyse von Fuzzy Controllern mit der Fuzzy-Shell FLOP   **227**

die Menüfolge *Anzeige / Alle Fenster Verbergen* bzw. die Systemstruktur-Schaltfläche der Toolbar. Über die Menüfolge *Anzeige / Alle Fenster Anzeigen* bzw. nochmaliges Betätigen der Toolbar-Schaltfläche werden alle Fenster wieder sichtbar. Die Anzeige der Systemstruktur kann über *Anzeige / Systemstruktur* deaktiviert werden.

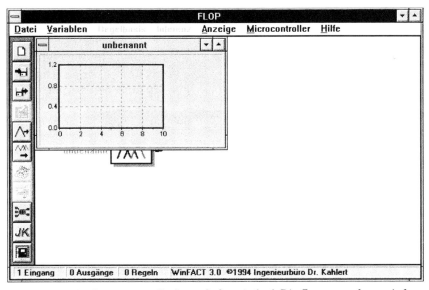

Hauptfenster des Programms direkt nach dem Aufruf. Die Systemstruktur wird vom Variablenfenster teilweise verdeckt.

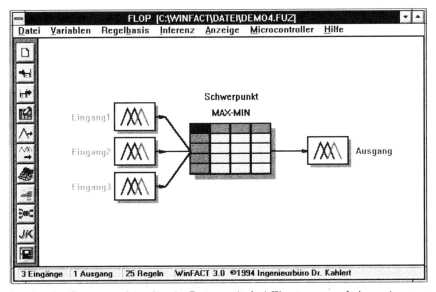

Anzeige der Systemstruktur für ein System mit drei Eingängen und einem Ausgang

Definition und Bearbeitung linguistischer Variablen

Eine linguistische Variable ist festgelegt durch

- den *Typ* (Eingangs- oder Ausgangsgröße entsprechend Prämisse bzw. Konklusion der Regeln),
- ihren *Namen* (maximal 15 Zeichen),
- ihren *Wertebereich*.

Wollen wir beispielsweise eine Variable *Temperatur* definieren, können wir dazu die bereits existierende Variable *unbenannt* umbenennen. Dies gelingt über die Menüfolge *Variablen / Linguistische Variable bearbeiten*.

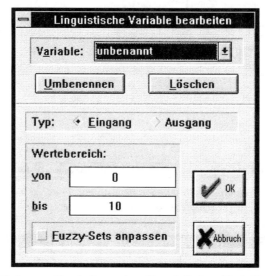

Dialog zur Bearbeitung einer linguistischen Variablen

Hier können wir nun durch Anklicken der Schaltfläche *Umbenennen* zunächst den neuen Namen für unsere Variable (also *Temperatur*) eingeben. Durch das Betätigen der Schaltfläche *Löschen* kann eine linguistische Variable (mit allen ihren Termen) entfernt werden, falls es nicht die letzte linguistische Variable ist. Nach dem Umbenennen ändern wir den Wertebereich auf Temperaturen von 0 °C bis 100 °C.

Soll der Wertebereich einer linguistischen Variablen geändert werden, die bereits Fuzzy Sets enthält, so möchte man in vielen Fällen die Fuzzy Sets selbst ebenfalls umnormieren, so daß sie den neuen Wertebereich voll ausschöpfen. Dies läßt sich über den Schalter *Fuzzy-Sets anpassen* erreichen. Wird der Schalter nicht gesetzt, so bleiben die linguistischen Terme an ihren definierten Stellen stehen. Diese Option ist sehr nützlich, wenn man später merkt, daß der Wertebereich einer linguistischen Variablen kleiner gewählt werden darf bzw. größer zu wählen ist. Durch Markierung des

Schalters *Fuzzy-Sets anpassen* werden dann die Sets dieser Variablen entsprechend des neuen Definitionsbereichs gestaucht bzw. gestreckt.

Definition und Bearbeitung linguistischer Terme (Fuzzy Sets)

Nach dem Verlassen des Dialogs wird der Bildschirm automatisch mit den geänderten Werten aktualisiert. Zur Definition neuer linguistischer Terme begeben wir uns über die Menüfolge *Variablen / Neues Fuzzy-Set...* oder bequemer über die Tastenkombination [Strg] [N] bzw. die Toolbar in den entsprechenden Dialog. Hier legen wir die grundlegenden Parameter des Fuzzy Sets fest:

- die zugehörige linguistische Variable (hier *Temperatur*)
- den Namen des Fuzzy Sets (max. 12 Zeichen, hier *niedrig*)
- ein Kürzel für den Namen (max. 2 Zeichen, hier *N*)

Das Kürzel ist später für die übersichtliche Darstellung von Regeln in Matrixform wichtig und muß daher in jedem Fall festgelegt werden. Sollen wie in unserem Fall mehrere neue Terme nacheinander definiert werden, so kann dies über die Schaltfläche *Nächstes* geschehen, ohne daß dafür der Eingabedialog zwischendurch verlassen werden muß.

Dialog zur Definition neuer linguistischer Terme

Die Zugehörigkeitsfunktion selbst wird bei ihrer Definition zunächst so initialisiert, daß sie symmetrisch und dreiecksförmig ist, wobei die Einflußbreite mit dem Wertebereich der zugeordneten linguistischen Variablen identisch ist. Auf die gleiche Weise können wir nach Betätigung der Schaltfläche *Nächstes* auch beispielsweise den Term *mittel* definieren. Nach Rückkehr aus dem Eingabedialog zeigt das Variablenfenster beide definierten Fuzzy Sets an, die allerdings zur Zeit noch identisch sind und daher übereinander liegen.

Alle aktuellen linguistischen Variablen werden in der Reihenfolge ihrer Definition unter der Hauptmenüoption *Anzeige* eingetragen. Zur Zeit geöffnete Variablenfenster werden durch eine Markierung gekennzeichnet (dies gilt auch für Fenster, die zum Symbol verkleinert wurden). Einmal geschlossene Variablenfenster können über diesen Menüpunkt jederzeit wieder geöffnet werden.

Zur Bearbeitung der Zugehörigkeitsfunktionen wechseln wir in den zentralen Eingabedialog des Programms, den wir auf verschiedene Weisen erreichen können:

- Über die Menüfolge *Variablen / Fuzzy-Set bearbeiten ...*,
- über die Tastenkombination [Strg] [F],
- durch einen Doppelklick mit der linken Maustaste innerhalb eines Variablenfensters. In diesem Fall wird die linguistische Variable in dem Dialog voreingestellt.

Von hier aus können wir folgende Aktionen durchführen:

- Bearbeiten von Zugehörigkeitsfunktionen aller linguistischen Variablen,
- Löschen und Umbenennen von linguistischen Termen.

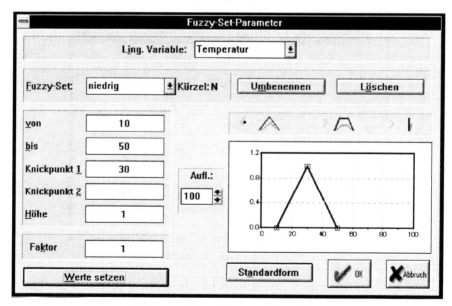

Dialog zum Bearbeiten von Fuzzy Sets

Die aktuelle linguistische Variable und die zu bearbeitende Zugehörigkeitsfunktion werden über aufklappbare Listenfenster ausgewählt. Sämtliche linguistischen Terme zur aktuellen Variablen werden grafisch im entsprechenden Fenster angezeigt. Der angewählte Term wird zusätzlich farblich und durch Markierung der charakteristischen Punkte hervorgehoben. Alle durchgeführten Änderungen werden unmittelbar protokolliert.

Wir wollen für beide linguistischen Terme symmetrische, dreieckförmige und normale Fuzzy Sets definieren, und zwar

- für den Term *niedrig von* 10 *bis* 50 mit dem *Knickpunkt* bei 30,
- für den Term *mittel von* 30 *bis* 70 mit dem *Knickpunkt* bei 50.

Wurde als Typ der Zugehörigkeitsfunktion *Singleton* gewählt, so ist lediglich die Eingabe des (scharfen) Wertes im Feld *von* notwendig. Das Eingabefeld *Knickpunkt 2* ist nur anwählbar, wenn für den Fuzzy Set-Typ die Einstellung *Trapez* gewählt wurde. Über das Eingabefeld *Faktor* können die Kenngrößen der Zugehörigkeitsfunktion gemeinsam variiert werden. Dies entspricht für einen Wert kleiner 1 einer Stauchung der Zugehörigkeitsfunktion bei einer gleichzeitigen Verschiebung nach links, für Werte größer als 1 einer Spreizung mit Verschiebung nach rechts. Eine mögliche Anwendung liegt bei linguistischen Variablen, die eine Stellgröße repräsentieren: Hier läßt sich durch Eingabe des gleichen Faktors für alle linguistischen Terme auf einfache Weise eine Umnormierung erreichen, wodurch der "Verstärkungsfaktor" des Fuzzy Controllers erhöht bzw. erniedrigt wird. Durch Eingabe einer *Höhe* kleiner als 1 lassen sich subnormale Fuzzy Sets erzeugen, mit denen allerdings im Normalfall nicht gearbeitet werden sollte. Alle Eingaben (auch Änderungen des Typs der Zugehörigkeitsfunktion) werden erst bei Betätigung der Schaltfläche *Werte setzen* übernommen.

Das nachfolgende Bild zeigt im Überblick die charakteristischen Punkte für alle Typen von Zugehörigkeitsfunktionen.

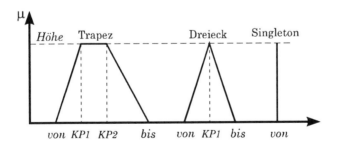

Kennwerte der einzelnen Typen von Zugehörigkeitsfunktionen

Alternativ zur Direkteingabe der numerischen Werte können die Fuzzy Sets auch grafisch mit der Maus editiert werden. Durch einen Mausklick mit der linken Taste auf eine Fuzzy-Menge im Anzeigefenster wird diese zunächst aktiviert. Danach können die einzelnen charakteristischen Punkte, die durch rote Quadrate markiert sind, mit der Maus bei gedrückter linker Taste verschoben werden. Das Auflösungsvermögen für den Verschiebevorgang wird durch den im Feld *Aufl* eingestellten Wert vorgegeben. Während des Verschiebevorgangs wird das entsprechende numerische Eingabefeld automatisch aktualisiert. Eine Änderung der Höhe eines Fuzzy Sets muß jedoch in jedem Fall über das entsprechende Editierfeld vorgenommen werden.

Besondere Aufmerksamkeit verdient die Schaltfläche *Standardform*. Sie ermöglicht eine schnelle Grundeinstellung aller Zugehörigkeitsfunktionen der angewählten linguistischen Variablen als Ausgangspunkt für nachfolgende Modifikationen. Dabei wird die übliche Standardform (dreieckförmige Fuzzy Sets, volle Überlappung) zugrundegelegt.

Für Dokumentationszwecke ist es möglich, einzelne linguistische Variablen grafisch auszudrucken oder im HPGL-Format zu exportieren. Dazu dienen die Menüfolgen *Variablen / Linguistische Variable drucken...* bzw. *Variablen / Linguistische Variable exportieren*. Die auszugebende Variable kann dann über einen entsprechenden Dialog ausgewählt werden.

Berechnung von Zugehörigkeitswerten

Um für scharfe Eingangsgrößenwerte die Zugehörigkeit zu einzelnen Fuzzy-Mengen zu bestimmen, steht die Menüfolge *Variablen / Zugehörigkeitswerte ...* oder die Tastenkombination [Strg] [M] zur Verfügung. Wir gelangen in einen Dialog, der die Berechnung von Zugehörigkeitswerten zu beliebigen Fuzzy Sets aller aktuellen linguistischen Variablen erlaubt.

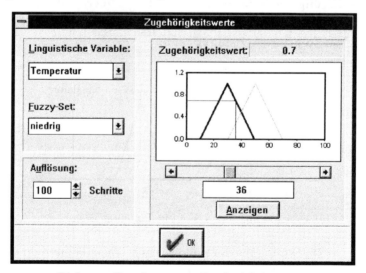

Dialog zur Berechnung von Zugehörigkeitswerten

Wie bereits gewohnt können wir den gewünschten linguistischen Term über zwei aufklappbare Listenfenster anwählen. Zur Festlegung des scharfen Temperaturwertes stehen uns zwei Möglichkeiten zur Auswahl:

- Die direkte Eingabe des Wertes im Editierfeld unterhalb des Anzeigefensters und Betätigung der Schaltfläche *A*nzeigen.
- Die Anwahl der Bildlaufleiste unmittelbar unter dem Anzeigefenster. Die Auflösung beträgt dabei standardmäßig 100 Schritte für den gesamten Wertebereich der linguistischen Variablen, kann aber über das Feld *Au*flösung vergrößert bzw. verkleinert werden.

Der entsprechende Zugehörigkeitsgrad kann oberhalb des Anzeigefensters abgelesen werden.

Verknüpfung und Modifikation von Fuzzy Sets

Für Experimente zur Verknüpfung und Modifikation (siehe z. B. [KAH94d]) von Fuzzy Sets eignet sich die Menüfolge *V*ariablen / Ver*k*nüpfungen/Modifikatoren oder die Tastenkombination Strg K. Wir gelangen in den Dialog nach folgendem Bild, in dem wir über das Listenfenster am rechten Rand den Verknüpfungs- bzw. Modifikationsoperator festlegen können. Die zu verknüpfenden Terme (hier *niedrig* und *mittel*) werden über die Kombinationsfenster im oberen Teil des Dialogs ausgewählt. Die resultierende Fuzzy-Menge wird nach kurzer Zeit als schraffierte Fläche dargestellt. In unserem Fall entspricht die UND-Verknüpfung gerade dem Durchschnitt beider Fuzzy-Mengen.

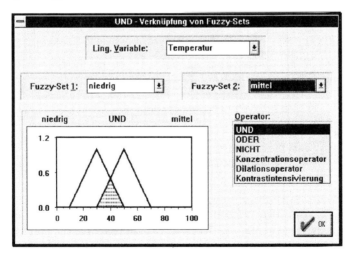

Dialog zur Verknüpfung und Modifikation von Fuzzy-Sets

9.3.3 Definition und Bearbeitung einer Regelbasis

Über die Menüfolge *Regelb*asis / *N*eu ... gelangen wir in den Regelbasis-Editor. Dieses Fenster kann - genauso wie die Variablenfenster - jederzeit verschoben, verkleinert, vergrößert und verborgen werden. Ebenso wird es unter der Menüoption *Anzeige* in die Liste der aktuellen Fenster eingetragen. Nachfolgendes Bild zeigt den Regelbasis-Editor unmittelbar nach dem erstmaligen Aufruf. Wir erkennen, daß die Regelbasis in Tabellenform aufgebaut ist, wobei jede Zeile der Tabelle einer Regel entspricht. Spalten mit Eingangsgrößen sind türkis, Spalten mit Ausgangsgrößen violett markiert. Für erste Experimente kann die mitgelieferte Beispieldatei DEMO2.FUZ geladen werden.

Die Definition von Regeln wird vollständig mausgesteuert vorgenommen. Dazu enthält das Listenfenster am rechten Fensterrand alle linguistischen Terme der markierten Variablen. Durch Doppelklick mit der linken Maustaste wird der angewählte Term in die Regelbasis übernommen. Die Statuszeile zeigt den markierten Eintrag (Nummer der Regel, linguistische Variable und die Gewichtung der Regel) noch einmal an und gibt weiterhin einen Überblick über die Gesamtzahl definierter Regeln.

Regelbasis-Editor nach dem Aufruf

Der *Aufräumen*-Button ermöglicht das Entfernen ungültiger Regeln aus der Regelbasis. Als ungültig gelten solche Regeln, bei denen nicht bei mindestens einer Ausgangsgröße ein Eintrag vorhanden ist. Dieser Aufräumvorgang erfolgt in jedem Falle automatisch vor dem Abspeichern einer Datei. Über den *Sortieren*-Button können die Regeln darüber hinaus nach linguistischen Termen in den jeweiligen Prämissen sortiert werden. Durch Anklicken des *Negieren*-Buttons wird eine Teilprämisse, falls vorhanden, negiert. Die Regel enthielte somit in einem Teil der Prämisse den NICHT - Operator, z. B. WENN *Temperatur* = NICHT *niedrig* ... Weiterhin können ganze Regeln eingefügt und gelöscht werden (Buttons *Regel(n) einfügen* und *Regel(n) löschen*).

9.3 Entwurf und Analyse von Fuzzy Controllern mit der Fuzzy-Shell FLOP 235

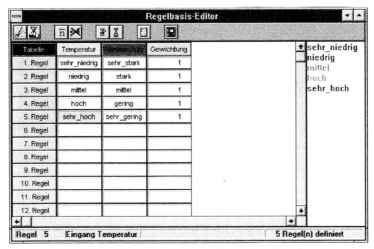

Regelbasis-Editor nach Eingabe einiger Regeln

Soll die Gewichtung einer Regel geändert werden (bei Fuzzy Controllern im allgemeinen nicht sinnvoll), so wird der entsprechende Eintrag innerhalb der Regelbasis angewählt. Es erscheint daraufhin am rechten Rand ein Scrollbalken, über den der gewünschte Wert eingestellt werden kann.

Der *Schließen*-Button erlaubt ein temporäres Schließen - d. h. Verbergen - des Fensters. Es wird beim nächsten Aufruf der Menüoption *Regelbasis / Bearbeiten* automatisch wieder angezeigt.

Neben der Möglichkeit, einzelne Einträge der Regelbasis zu setzen oder zu löschen, bietet der Regelbasis-Editor weitergehende Funktionen, die insbesondere bei komplexeren Systemen hilfreich sind und eine komfortable und schnelle Erstellung und Modifikation der Regelbasis gestatten:

- Durch Festhalten der ⇧-Taste beim Anklicken von Einträgen können mehrere untereinanderliegende Einträge einer Spalte gleichzeitig gewählt werden.

- Durch Festhalten der Strg-Taste können mehrere, nicht zwangsläufig direkt untereinander liegende Einträge einer Spalte gleichzeitig angewählt werden.

Die derart selektierten Felder können dann gleichzeitig gelöscht, mit demselben linguistischen Term gefüllt oder an eine andere Stelle der entsprechenden Spalte kopiert werden. Der Kopiervorgang wird dadurch eingeleitet, daß der linke Mausknopf auf einer selektierten Fläche gedrückt und **nicht** losgelassen wird. Nun kann die Maus an die entsprechende Stelle gezogen werden, an der die Kopie eingefügt werden soll und die Maustaste dort losgelassen werden. Der Cursor nimmt beim Ziehen unterschiedliche Formen an: Ist das Einfügen an dieser Stelle zulässig, so nimmt er die Form eines Zeigers an, sonst die Form eines Kreises mit einer schrägen Linie

(Halteverbotschild). Ebenfalls können ganze Regeln ausgewählt werden. Dazu sind im Regelbasiseditor die entsprechenden Felder der ersten Spalte anzuwählen.

Regelbasis in Matrixform

Bei Fuzzy Controllern mit zwei Eingängen und einem Ausgang kann die Regelbasis statt in Tabellenform auch in Matrixform dargestellt werden. Die Matrixform ermöglicht eine besonders schnelle Erstellung der Regelbasis, da nur noch die Konklusionsterme definiert werden müssen. Die Umschaltung zwischen den beiden Darstellungsarten erfolgt über das Untermenü _Regelbasis_. Folgende Grafik zeigt die Regelbasis für die Beispieldatei DEMO4.FUZ im Matrixmodus.

Regelbasis-Editor im Matrix-Modus

Soll im Matrix-Modus eine Regel ausgelassen werden, so bleibt das entsprechende Matrixfeld frei. Die erweiterten Editieroptionen (Mehrfachauswahl von Einträgen) sind im Matrix-Modus nicht verfügbar.

Regelbasiseditor im Textmodus

FLOP kann alternativ zu Tabellen- und Matrixform auch Regeln in Textform bearbeiten. Um in den Texteditor zu gelangen, betätigen Sie den Toolbarbutton _Texteditor_ der Regelbasisfenster (Tabellen- bzw. Matrixregelbasiseditor).

9.3 Entwurf und Analyse von Fuzzy Controllern mit der Fuzzy-Shell FLOP

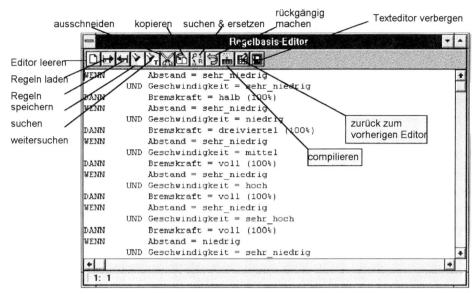

Texteditor für Regeln

Sind im Tabellen- oder Matrixeditor keine Regeln definiert worden, so bleibt auch der Texteditor leer. Die Syntax der Regeln wird durch das nachfolgende Syntaxdiagramm erläutert.

Die Namen von linguistischen Variablen und deren Termen können durch einen Punkt an beliebiger Stelle abgekürzt werden. Es muß nur darauf geachtet werden, daß die Zeichen vor dem Punkt eine eindeutige Referenz zur Variable bzw. zum Term bilden. Hätte man die beiden Eingänge *Eingang1* und *Eingang2* definiert, so müssen diese vollständig ausgeschrieben werden, da sie sich nur im letzten Buchstaben voneinander unterscheiden.

Zum Negieren von Teilprämissen sind gemäß Diagramm also wahlweise die Operatoren

= NICHT

= ~

!=

zulässig. Bei syntaktischen Fehlern wird die entsprechende Stelle im Editor markiert und eine Fehlermeldung ausgegeben. Folgende Merkmale zeichnen den Texteditor aus:

- Speichern und Laden von Textdateien (ASCII-Format, Default-Dateiendung ist RB) als Regeln. Beim Laden wird der geladene Text an der Stelle eingefügt, an der sich das Caret befindet.
- Alle Standard-Editor-Funktionen wie Suchen, Weitersuchen, Suchen und Ersetzen etc.

Wichtig: Bevor die modifizierte Regelbasis aktiv wird, muß sie compiliert werden! Dieses kann entweder über den *Compilieren*-Button oder durch Rückkehr in einen anderen Regelbasis-Modus geschehen.

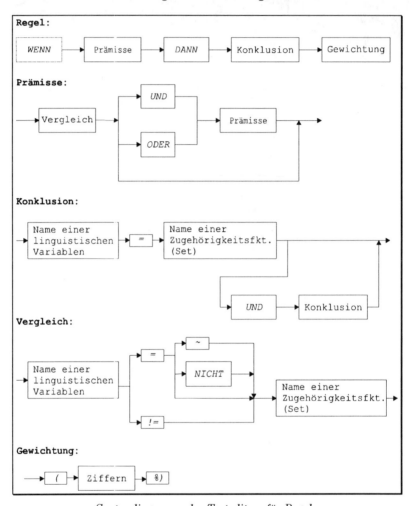

Syntaxdiagramm des Texteditors für Regeln

9.3.4 Inferenz und Defuzzifizierung

Zur Auswertung des Fuzzy Controller-Übertragungsverhaltens bietet FLOP drei verschiedenen Optionen:

- Einzelschritt-Inferenz
- Kennlinien- bzw. Kennfeldberechnung
- Simulation auf der Basis externer Eingangsdaten aus einer Datei

Einzelschritt-Inferenz

Der Dialog für die Einzelschritt-Inferenz wird über die Menüfolge *Inferenz / Einzelschritt* aktiviert. Dieser Dialog ermöglicht es uns, zu scharfen Werten der Eingangsgröße(n) über den Inferenzmechanismus und die Defuzzifizierung scharfe Werte der Ausgangsgröße(n) zu berechnen.

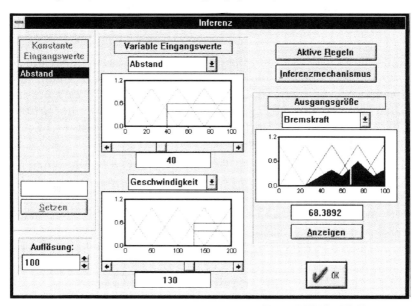

Inferenzdialog bei zwei Eingangsgrößen (Datei DEMO4.FUZ)

Die Hauptkomponenten des Inferenzdialogs sind:

- Der Bereich für die Einstellung konstanter Werte (linker Fensterrand)

  Es können jeweils nur maximal zwei Eingangsgrößen variiert werden. Liegen mehr als zwei Eingangsgrößen vor, so sind für die restlichen Eingangsgrößen die betreffenden festen Werte anzugeben, für die der Inferenzvorgang durchgeführt werden soll. Dazu wird die entsprechende Variable im Listenfenster ausgewählt, der gewünschte Wert im darunterliegenden Editierfeld vorgegeben und durch Anwahl der Schaltfläche *Setzen* übernommen. Bei nur einer oder zwei Eingangsgrößen wird dieser Teil des Dialogs naturgemäß nicht benötigt und bleibt daher passiv.

- Die Anzeigefenster für die Eingangsgröße (in der Mitte des Dialogs)

  Die interaktiv zu variierenden Eingangsgrößen können über die entsprechenden Kombinationsfenster ausgewählt werden. Der jeweils aktuelle Wert kann, wie bei der Berechnung von Zugehörigkeitswerten, entweder direkt unterhalb des Fensters eingegeben und durch Betätigen der Schaltfläche *Anzeigen* übernommen oder über die Bildlaufleiste variiert werden. Die Auflösung des Scrollvorgangs ist einstellbar.

Bei nur einer Eingangsgröße bleibt das untere Fenster leer.
- Das Anzeigefenster für die Ausgangsgröße (rechts).

Dieses Fenster zeigt die resultierende Ausgangsgrößen-Fuzzy-Menge und den ermittelten scharfen Ausgangsgrößenwert grafisch an. Letzterer wird zusätzlich unterhalb des Fensters numerisch angezeigt. Bei mehr als einer Ausgangsgröße kann die anzuzeigende Größe über das aufklappbare Listenfenster oberhalb des Anzeigefensters ausgewählt werden.

Die jeweils aktiven Regeln und ihr Erfüllungsgrad können über die Schaltfläche *Aktive Regeln* abgerufen werden. Sie werden dann in einem nichtmodalen Fenster oberhalb des Dialogs angezeigt. Dieses Fenster kann beliebig verschoben werden und wird, solange es sichtbar ist, ständig aktualisiert. Bei mehreren aktiven Regeln kann über die Schaltflächen >> bzw. << innerhalb der Regeln geblättert werden.

Über die Schaltfläche *Inferenzmechanismus* gelangen wir in einen Dialog, der auch über das Hauptmenü mittels *Inferenz / Inferenzmechanismus u. Defuzzifizierung* erreicht werden kann. Über diesen Dialog kann zwischen MAX-MIN-Inferenz und MAX-PROD-Inferenz gewählt werden. Weiterhin stehen in Form der Schaltergruppe *Defuzzifizierung* verschiedene Defuzzifizierungsmethoden zur Auswahl.

Kennlinien- und Kennfelddarstellung

Das Übertragungsverhalten eines Fuzzy-Systems kann als Kennlinie bzw. Kennfeld dargestellt werden. Dazu dient die Menüoption *Inferenz / Kennlinie/Kennfeld*. Im Falle nur einer Eingangsgröße wird die entsprechende Kennlinie berechnet, bei zwei Eingangsgrößen das Kennfeld. Liegen mehr als zwei Eingangsgrößen vor, so sind die zu variierenden Größen über die Eingangsgrößen-Listenfenster auszuwählen, während für die anderen Eingangsgrößen konstante Werte (vgl. Einzelschrittdialog) vorzugeben sind.

Das Kennfeld ist mehrfarbig dargestellt, wobei niedrige Werte der Ausgangsgröße durch gelb, höhere Werte durch einen zunehmenden Rotanteil gekennzeichnet werden. Der Dialog bietet folgende Optionen:

- Über *Drehen* kann das Kennfeld in Schritten von 45° gedreht werden, um die Beobachtungsrichtung möglichst optimal an die Orientierung des Kennfelds anzupassen.
- Die Schaltfläche *Speichern* ermöglicht ein Abspeichern der Ausgangsgrößenwerte in einer Datei mit der Extension FWM. Diese Datei kann dann beispielsweise unmittelbar mit Programmen wie etwa MATHEMATICA™ zu 3D-Plots in Postscript-Qualität weiterverarbeitet werden.
- Über *Auflösung* wird die Diskretisierung des Kennfeldes, d. h. die Maschenanzahl des zugrundeliegenden Gitters und damit auch die erfor-

derliche Rechenzeit, beeinflußt. Voreingestellt ist eine Stützpunktzahl von 15, erlaubt sind Werte zwischen 10 und 80.
- Der Auswahlpunkt _Höhenlinien_ stellt das Kennfeld durch Höhenlinien dar. Wird diese zum _Vollbild_ vergrößert, so werden die Mauskoordinaten zur Berechnung des Ausgangswertes herangezogen. Um möglichst aussagekräftige Höhenlinien zu erhalten, sollte die Anzahl der _Netzstücke pro Richtung_ möglichst groß sein.
- Über _Drucken_ kann das Kennfeld auf dem momentan installierten Drukker ausgedruckt werden.
- Über _Zu Zwischenablage_ kann das Kennfeld als Bitmap in die Zwischenablage kopiert werden.

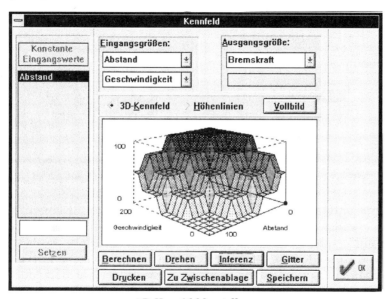

3D-Kennfelddarstellung

Simulation anhand externer Eingangsdaten

Alternativ zum Einzelschritt- bzw. Kennfeldmodus kann das Übertragungsverhalten eines Fuzzy-Systems für beliebige Verläufe der Eingangsgröße(n) über die Menüfolge _Inferenz / Simulation_ erfolgen. In diesem Fall werden die Eingangswerte aus einer Datei mit der Extension FSI gelesen und der resultierende Ausgangsgrößenverlauf grafisch angezeigt. Der Dialog ermöglicht:
- Das Einlesen der Eingangswerte (Schaltfläche ganz links). Die eingelesenen Werte werden im linken Anzeigefenster protokolliert. Um alle Eingangsverläufe mit der gleichen Skalierung darstellen zu können,

werden diese für die Anzeige jeweils auf ihren Maximalwert normiert, so daß alle angezeigten Werte zwischen -1 und +1 liegen.

- Das Ausdrucken der Fensterinhalte (Schaltflächen mit Druckersymbol).
- Das Abspeichern des Ausgangsgrößenverlaufs in einer Datei (zweite Schaltfläche von rechts).

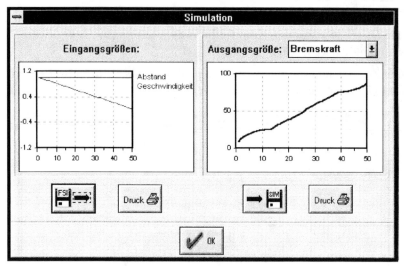

Ergebnis der Simulation für Beispieldatensatz (DEMO4.FUZ mit DEMO4.FSI)

Die Eingabedatei muß in jeder Zeile die Eingangswerte für einen Zeitpunkt enthalten, wobei die Einzelwerte durch ein oder mehrere Leerzeichen zu trennen sind. Eine Zeitparametrierung findet nicht statt, so daß nur die Eingangswerte selbst anzugeben sind. Bei einem System mit zwei Eingangsgrößen enthält jede Zeile somit zwei Elemente. Nachfolgende Tabelle zeigt einen Beispieldatensatz für ein System mit zwei Eingangsgrößen.

1	10
2	10
3	10
4	10
5	10

Beispiel für eine FSI-Simulationsdatei

In diesem Fall wird das Übertragungsverhalten des Fuzzy-Systems für den Fall simuliert, daß die erste Eingangsgröße linear von 1 auf 5 ansteigt, während die zweite Eingangsgröße einen konstanten Wert von 10 aufweist.

9.4 Simulation und Optimierung von Fuzzy-Regelungssystemen mit BORIS

9.4.1 Übersicht

Das **blockori**entierte Simulationssystem BORIS ermöglicht die Simulation nahezu beliebig strukturierter dynamischer Systeme mit und ohne Fuzzy-Komponenten. Für die begleitende Nutzung im Rahmen dieses Buches sind insbesondere die Möglichkeiten zur Simulation und Synthese einfacher - aber auch hybrider - Fuzzy-Regelungssysteme von Interesse. Die mit dem Buch gelieferte Version von BORIS bietet dazu u. a. folgende wesentliche Leistungsmerkmale:

- Umfangreiche Systembibliothek:
  - Signalgeneratoren (Dreieck, Rechteck, Sinus, Impuls, Rauschen, div. Testfunktionen)
  - Lineare Standardglieder (PT_1, PT_2, ...)
  - Lineare Übertragungsglieder höherer Ordnung
  - Nichtlineare Kennlinienglieder; frei definierbare Kennlinien; algebraische Funktionen
  - lineare und nichtlineare Standard-Reglerkomponenten; adaptive Regler
  - Fuzzy Controller mit integriertem Fuzzy Debugger
  - Virtuelle Instrumente (Zeitverläufe, Trajektorienverläufe, analoge und digitale Anzeigeinstrumente, Oszillograph, Statusanzeigen)
  - Ein- und Ausgabe von Signalverläufen aus bzw. in Dateien
  - Spektralanalyse über Fast-Fourier-Transformation
  - Statistik-Funktionen
  - Digitale Bausteine (z. B. Logikgatter und Flip-Flops)
- Definition hierarchischer Makros (Superblöcke)
- Beliebige Plazierbarkeit von Systemblöcken; nahezu beliebig große, scrollfähige Arbeitsfläche
- Verschiedene Integrationsverfahren

In der vorliegenden BORIS-Version ist die Größe der Simulationsstruktur auf maximal 12 Systemblöcke beschränkt.

244   9   Die Software zum Buch

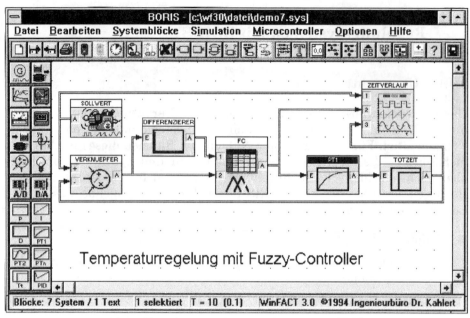

Fuzzy-Temperaturregelung - realisiert mit BORIS

9.4.2 Komponenten des BORIS-Hauptfensters

Nachfolgendes Bild zeigt das BORIS-Hauptfenster mit seinen Komponenten:

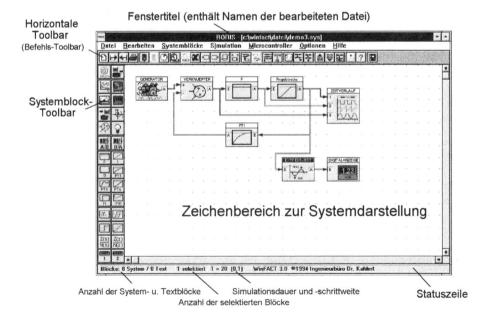

9.4 Simulation und Optimierung von Fuzzy-Regelungssystemen mit BORIS   245

Das Fenster besteht neben den WINDOWS - Standardkomponenten aus den folgenden Bestandteilen:

- Einer horizontalen Toolbar (Befehls-Toolbar) unterhalb des Menüs. Diese Toolbar enthält Buttons für die am häufigsten benutzten Programmfunktionen. Nachfolgende Auflistung enthält alle Buttons (von links nach rechts) zusammen mit der jeweils äquivalenten Menüfolge:

  Datei / Neu

  Datei / Systemdatei öffnen

  Datei / Systemdatei speichern

  Datei / Drucken

  Simulation / Start

  Simulation / Stop

  Simulation / Parameter...

  Bearbeiten / Kopieren

  Bearbeiten / Einfügen

  Bearbeiten / Block löschen

  Bearbeiten / Eingangsverbindungen löschen

  Bearbeiten / Ausgangsverbindungen löschen

  Bearbeiten / Block drehen

  Bearbeiten / Block-Info...

  Bearbeiten / Gruppieren zu Superblock...

  Bearbeiten / Superblock auflösen

  Bearbeiten / Rahmen einfügen

  Bearbeiten / Text einfügen

  Optionen / Bildausschnitt in Ursprung

  Optionen / System nach rechts verschieben

  Optionen / System nach unten verschieben

  Optionen / Alle Anzeigefenster zeigen

  Optionen / Alle Anzeigefenster verbergen

  Bearbeiten / Struktur-Übersicht

  Hilfe / Info über BORIS...

Hilfe / Index

   Datei / Beenden

- Eine vertikale Toolbar (Systemblock-Toolbar) am linken Fensterrand. Sie ermöglicht den direkten Zugriff auf die am häufigsten benötigten Systemblöcke und kann vom Anwender über die Menüfolge *Optionen / Systemblocktoolbar konfigurieren...* beliebig konfiguriert werden.

- Eine Statuszeile am unteren Fensterrand. Sie gibt die Anzahl der aktuell vorhandenen System- und Textblöcke und die Anzahl der selektierten Blöcke an sowie die aktuellen Simulationsparameter in folgender Form:

$$T = T_{\text{Simu}} \, (\Delta T)$$

  Dabei ist T_{Simu} die Simulationsdauer und ΔT die Simulationsschrittweite. Während der Simulation zeigt die Statuszeile die aktuelle Simulationszeit an, sofern diese Option nicht deaktiviert wurde.

- Das eigentliche Zeichenfenster zur Anzeige der Systemstruktur. Es ist über seine Bildlaufleisten sowohl in vertikaler als auch in horizontaler Richtung scrollbar. Zu Beginn befindet sich der sichtbare Ausschnitt in der linken oberen Ecke. Dieser Ausgangszustand kann jederzeit über *Optionen / Bildausschnitt in Ursprung* wieder hergestellt werden.

  Das Zeichenfenster weist standardmäßig ein Punktraster auf, an dem alle Systemblöcke automatisch ausgerichtet werden. Über die Menüfolge *Optionen / An Raster ausrichten* läßt sich das automatische Ausrichten deaktivieren; die Systemblöcke sind dann beliebig plazierbar. Die Anzeige des Rasters selbst läßt sich über *Optionen / Raster anzeigen* ausschalten.

9.4.3 Einfügen und Bearbeiten von Systemblöcken

Das Einfügen und Bearbeiten von Systemblöcken umfaßt die folgenden Möglichkeiten:

- *Einfügen* neuer Blöcke aus der Systemblock-Bibliothek
- *Selektieren* einzelner Blöcke oder Blockgruppen
- *Verschieben* einzelner Blöcke oder Blockgruppen
- *Löschen* einzelner Blöcke oder Blockgruppen
- *Drehen* einzelner Blöcke
- *Kopieren* und *Einfügen* einzelner Blöcke oder Blockgruppen
- *Parametrieren* einzelner Blöcke
- Ändern der *Blockgröße*

Einfügen von Blöcken

Um einen neuen Block in die Simulationsstruktur einzufügen

- klicken Sie entweder den entsprechenden Toolbar-Button in der Systemblock-Toolbar an oder
- wählen Sie den entsprechenden Blocktyp aus dem *Systemblöcke*-Untermenüs des Hauptmenüs.

Der neu eingefügte Block erscheint in der linken oberen Ecke des aktuellen Bildausschnitts oder - sofern dort kein Platz ist - entsprechend verschoben.

Selektieren von Blöcken

Bevor Operationen mit einem Block durchgeführt werden, muß dieser in der Regel zunächst selektiert werden. Selektierte Blöcke sind am invertierten Blocktitel erkennbar. Zur Selektion einzelner Blöcke oder ganzer Blockgruppen gibt es verschiedene Möglichkeiten:

- Einen einzelnen Block selektieren Sie durch einfaches Anklicken mit der Maus (linke Taste). War zuvor ein anderer Block selektiert, so wird dessen Selektion zurückgenommen.
- Sollen zusätzlich weitere Blöcke selektiert werden, so erreichen Sie dies, indem Sie diese bei festgehaltener [Shift]- oder [Strg]-Taste anklicken. Ein nochmaliges Anklicken eines bereits selektierten Blocks nimmt die Selektierung wieder zurück.
- Alternativ dazu können Sie ganze Blockgruppen durch Aufziehen eines Rechtecks mit festgehaltener linker Maustaste selektieren. Alle Blöcke, die *vollständig* im Rechteck liegen, werden dabei selektiert.
- Über die Menüoption *Bearbeiten / Alle Blöcke selektieren* oder die Tastenkombination [Strg][A] lassen sich alle Blöcke gleichzeitig selektieren.

Das Anklicken einer beliebigen freien Stelle innerhalb des Zeichenbereichs nimmt alle Selektierungen zurück.

Verschieben von Blöcken

Zum Verschieben eines Blocks oder mehrerer Blöcke gehen Sie wie folgt vor:

1. Selektieren Sie zunächst den zu verschiebenden Block bzw. die zu verschiebenden Blöcke.
2. Klicken Sie mit der linken Maustaste den Innenbereich des zu verschiebenden Blocks bzw. - bei der Verschiebung einer Blockgruppe - den Innenbereich eines beliebigen selektierten Blocks bei festgehaltener Maustaste und verschieben Sie die Blöcke in gewünschter Weise.

Der Cursor wechselt dabei zur Kreuzform. Bei Erreichen des Fensterrands erfolgt ein automatisches Scrollen.

Nach der Verschiebung werden die Blöcke gegebenenfalls so ausgerichtet, daß sich keine Blöcke überlappen.

Verschieben des Gesamtsystems

Während der Systemkonfigurierung kann der Fall auftreten, daß links oder oberhalb des Systems weitere Systemblöcke eingefügt werden sollen, dort aber kein Platz mehr zur Verfügung steht. Daher bietet BORIS die Möglichkeit, das Gesamtsystem (d. h. alle Blöcke und Verbindungen) auf einfache Weise zu verschieben, ohne daß diese zuvor selektiert werden müssen. Die Verschiebung kann in alle Richtungen vorgenommen werden und erfolgt bei jedem Schritt um eine Rastereinheit. Die entsprechenden Menübefehle lauten:

Optionen / System nach rechts verschieben

Optionen / System nach links verschieben

Optionen / System nach unten verschieben

Optionen / System nach oben verschieben

Löschen von Blöcken

Das Löschen zuvor selektierter Blöcke kann auf zweierlei Weise erfolgen:

- Durch Betätigung der [Entf]-Taste. War lediglich ein einziger Block selektiert, so erscheint daraufhin ein Auswahldialog, in dem Sie als zu löschendes Element *Systemblock* wählen.
- Durch Betätigung des entsprechenden Buttons in der Befehls-Toolbar.

Eingangs- und Ausgangsverbindungen der gelöschten Blöcke werden automatisch mitgelöscht.

So lassen sich Blöcke drehen

Die *Orientierung* eines Blocks kann um 180° gedreht werden, so daß die Blockeingänge auf der rechten Seite liegen (beispielsweise für Blöcke in einer Rückführung). Dazu wird der Block zunächst aktiviert und dann über *Bearbeiten / Block drehen* gedreht. Die Blockverbindungen werden automatisch nachgeführt.

Kopieren und Einfügen

Das Kopieren und Einfügen einzelner Blöcke oder ganzer Blockgruppen läuft über eine temporäre Datei mit Namen BOCOPY.TMP ab. Dabei werden die selektierten Blöcke, ihre Parameter und die Verbindungen der Blöcke untereinander kopiert bzw. eingefügt. Es sind zwei Fälle zu unterscheiden:

Wollen Sie *innerhalb eines Systems* Kopieren und Einfügen, so gehen Sie wie folgt vor:

- Selektieren Sie die zu kopierenden Blöcke und wählen Sie die Menüoption *Bearbeiten / Kopieren* bzw. betätigen den entsprechenden Button der Befehls-Toolbar. Zum Einfügen wählen Sie *Bearbeiten / Einfügen* bzw. den entsprechenden Button. Die eingefügten Blöcke und Verbindungen erscheinen *unterhalb* des aktuellen Systems.

Wollen Sie Blöcke *zwischen zwei Systemen* kopieren, so müssen Sie BORIS zweimal starten und in jede Anwendung jeweils ein System laden, da die temporäre Datei beim Verlassen von BORIS automatisch gelöscht wird. Gehen Sie also wie folgt vor:

- Starten Sie BORIS zweimal und laden Sie einmal das Quell- und einmal das Zielsystem für die zu kopierenden Blöcke. Kopieren Sie dann wie gehabt im Quellsystem die gewünschten Blöcke, wechseln Sie in das Zielsystem (ohne die Quellanwendung zu schließen!) und fügen Sie dort die Blöcke ein.

Wie Sie Blöcken ihre Parameter verpassen

Die Parametrierung eines Systemblocks erfolgt am einfachsten durch einen Doppelklick mit der linken Maustaste innerhalb des Blocks. Alternativ dazu kann nach Selektierung des Blocks die Menüfolge *Bearbeiten / Block bearbeiten* aufgerufen werden. Es erscheint dann der blockspezifische Parameterdialog, über den die gewünschten Parameteränderungen vorgenommen werden können. Folgende Grafik zeigt beispielhaft den Parameterdialog für ein schwingfähiges PT_2-Glied. Durch Betätigung der rechten Maustaste innerhalb eines numerischen Eingabefelds läßt sich jederzeit ein Meldungsfenster mit dem zulässigen Wertebereich generieren.

Der Parameterdialog weist - unabhängig vom Blocktyp - am oberen Rand ein Texteingabefeld für den Blocknamen auf, der in der Blockdarstellung jeweils im Titelbalken erscheint. Dieser Blockname entspricht in der Voreinstellung dem Namen des Blocktyps, kann vom Anwender aber beliebig geändert werden. Die Länge des Blocknamens darf jedoch 25 Zeichen nicht überschreiten. Darüber hinaus weist jeder Parameterdialog eine *Hilfe*-Schaltfläche auf, über die Informationen zum jeweiligen Blocktyp angefordert werden können.

250   9   Die Software zum Buch

[Dialog: PT2-Glied
Blockname: PT2
Verstärkung K: 1
Dämpfung Zeta: 1
Frequenz w: 1
Anfangswert y(t=0): 0
Anfangssteigung yp(t=0): 0
OK / Abbruch / Hilfe]

Parameterdialog für schwingfähiges PT$_2$-Glied

Ändern der Blockgröße

In der Regel sollten alle Blocke in ihrer Standardgröße belassen werden. In Sonderfällen lassen sich die Blöcke jedoch in drei Stufen verkleinern, so daß insgesamt vier alternative Blockgrößen zur Verfügung stehen:

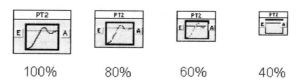

100%   80%   60%   40%

Unterschiedliche Blockgrößen

Da bei der Verkleinerung der Blöcke die blockspezifischen Bitmaps maßstabsgerecht mitverkleinert werden, ergeben sich meistens recht "unansehnliche" Darstellungen. Daher sollte - sofern unbedingt mit verkleinerten Blöcken gearbeitet werden soll - die Blockbitmap-Darstellung in diesem Fall abgeschaltet werden. Dazu wird der Anzeigedialog über die Menüfolge *Optionen / Anzeige* aufgerufen und dort das Schaltfeld *Block-Bitmaps anzeigen* deaktiviert.

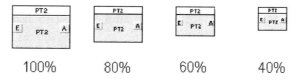

100%   80%   60%   40%

Blockdarstellung ohne Block-Bitmaps

Um die Blockgröße zu ändern, gehen Sie wie folgt vor:
1. Selektieren Sie die zu modifizierenden Blöcke.
2. Um die selektierten Blöcke um eine Stufe zu verkleinern, betätigen Sie die [Bild↓] -Taste oder wählen die Menüfolge *B̲earbeiten / Block verkleinern*. Um die selektierten Blöcke um eine Stufe zu vergrößern, betätigen Sie die [Bild↑] -Taste oder wählen die Menüfolge *B̲earbeiten / Block vergrößern*.
3. Um die Blockgröße auf einen bestimmten Wert zu setzen, wählen Sie z. B. die Menüfolge *B̲earbeiten / Blockgröße / Blockgröße 40%* oder entsprechende.

9.4.4 Verbinden der Systemblöcke

So verbinden Sie zwei Blöcke miteinander

Alle Verbindungen zwischen Blöcken werden mausgesteuert gezogen. Da ein integrierter Autorouter automatisch für rechtwinklige, möglichst kreuzungsfreie Verbindungen sorgt, müssen lediglich die beiden zu verbindenden Blöcke angewählt werden. Dabei gilt:

*Verbindungen werden grundsätzlich **vom Ausgang zum Eingang** gezogen!*

Dabei gehen Sie wie folgt vor:
1. Zunächst ist das Ausgangsfeld des Blocks, von dem die gewünschte Verbindung ausgehen soll, mit der linken Maustaste anzuklicken. Der Mauszeiger wechselt dadurch seine Form und stellt nunmehr - genügend Phantasie beim Anwender vorausgesetzt - einen stilisierten Lötkolben dar.
2. Jetzt kann das Eingangsfeld des Zielblocks angewählt und durch einen Mausklick mit der linken Taste bestätigt werden. Während der Mausbewegung wird vom Ausgangsblock ein "Gummiband" nachgeführt. Bei Erreichen des Zeichenfensterrands erfolgt ein automatisches Scrollen. Soll eine begonnene Verbindung rückgängig gemacht werden, so erreicht man dies durch Anklicken einer beliebigen freien Stelle innerhalb des Zeichenfensters.

Nach regulärer Beendigung der Verbindung wird diese automatisch mit entsprechender Bepfeilung eingezeichnet. Die Verbindungen werden so gelegt, daß möglichst keine anderen Systemblöcke geschnitten werden. Sollte dies dennoch einmal vorkommen, kann man in den meisten Fällen durch leichtes Verschieben einzelner Blöcke den gewünschten Zustand herstellen. Verbindungen, die von dem selben Blockausgang stammen, werden vom Autorouter in der Regel automatisch zusammengefaßt.

Vom Ausgang eines Blocks können beliebig viele Verbindungen ausgehen. Jeder Blockeingang kann jedoch nur eine Verbindung erhalten. Die Verbindungen können auf verschiedene Weise dargestellt werden. Die entsprechenden Möglichkeiten werden über *Optionen* / *A̲nzeige* angeboten.

Wie Sie Verbindungen löschen

Um eine vorhandene Verbindung zu löschen, selektieren Sie zunächst den Start- oder Zielblock der Verbindung. Danach haben Sie zwei Möglichkeiten:

- Ausgangsverbindungen eines selektierten Blocks werden gelöscht, indem die Menüfolge *B̲earbeiten* / *A̲usgangsverbindungen löschen* gewählt wird, Eingangsverbindungen über *B̲earbeiten* / *E̲ingangsverbindungen löschen*. In beiden Fällen werden jeweils *alle* Ein- bzw. Ausgangsverbindungen des Blocks gelöscht! Einfacher als über die Menüoptionen lassen sich die entsprechenden Verbindungen allerdings über die Befehls-Toolbar entfernen.

- Alternativ können Sie nach der Selektierung des Blocks die ⌈Entf⌋-Taste betätigen. Im daraufhin erscheinenden Auswahldialog geben Sie dann als zu löschendes Element *Eingangsverbindung(en)* bzw. *Ausgangsverbindung(en)* an.

9.4.5 Textblöcke und Rahmenfunktion

Arbeiten mit Textblöcken

Neben den eigentlichen Systemblöcken besteht in BORIS die Möglichkeit, beliebige Kommentartexte in das Strukturbild einzufügen. Diese Texte können in verschiedenen Farben und Schriftgrößen gewählt und ebenso wie Systemblöcke verschoben und auch wieder gelöscht werden. Dazu ist zunächst die Menüfolge *B̲earbeiten* / *T̲ext einfügen* zu wählen bzw. der entsprechende Button der Befehls-Toolbar zu betätigen. Daraufhin erscheint der Text "Text" mit voreingestellter Größe und Farbe in der linken oberen Ecke des Zeichenfensters. Durch einen Doppelklick kann dieser modifiziert werden. Ein Verschieben des Textes ist wie bei Systemblöcken mit festgehaltener linker Maustaste möglich.

Die Rahmenfunktion von BORIS

Ein weiteres Feature zur besseren Dokumentation von Systemstrukturen stellt die Rahmenfunktion von BORIS dar. Sie ermöglicht es Ihnen, zusammengehörige Blöcke durch einen umgebenden Rahmen optisch zusammenzufassen. Auf die Simulation hat diese Funktion natürlich keinerlei Einfluß.

9.4 Simulation und Optimierung von Fuzzy-Regelungssystemen mit BORIS   253

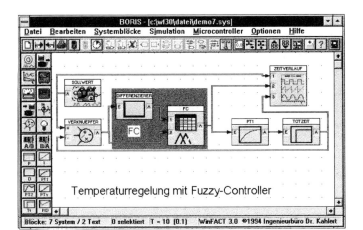

Beispiel für die Nutzung der Rahmenfunktion

Um einen Rahmen einzufügen...

- selektieren Sie zunächst die einzurahmenden Blöcke
- wählen Sie dann die Menüfolge *Bearbeiten / Rahmen einfügen* bzw. betätigen den entsprechenden Button der Befehls-Toolbar.

Anmerkung: Rahmen sind statische Gebilde, die in keinem direkten Bezug zu den eingerahmten Blöcken stehen. Sie können daher weder verschoben werden noch werden sie beim Löschen von Blöcken automatisch mitgelöscht!

Der eingefügte Rahmen hat standardmäßig acht Pixel Abstand zum blockumgebenden Rechteck, einen schwarzen Rand mit Vollinie und ein Pixel Breite sowie keine Füllung. Diese Parameter lassen sich jedoch vom Anwender ändern. Dazu gehen Sie wie folgt vor:

1. Selektieren Sie einen beliebigen Block innerhalb des Rahmens.
2. Wählen Sie die Menüfolge *Bearbeiten / Rahmen bearbeiten*.

Sie gelangen auf diese Weise in den Bearbeitungsdialog.

Um einen Rahmen zu löschen, gehen Sie wie folgt vor:

1. Selektieren Sie einen beliebigen Block innerhalb des Rahmens.
2. Wählen Sie die Menüoption *Bearbeiten / Rahmen löschen*.

9.4.6 Struktur-Übersicht

Bei komplexeren Systemen reicht der dargestellte Bildausschnitt des Zeichenfensters in der Regel nicht zur Darstellung des Gesamtsystems aus. Um sich in solchen Fällen einen Überblick über die Gesamtstruktur zu verschaffen, besteht die Möglichkeit, ein zusätzliches Fenster mit einer maßstabsgetreuen, aber auf die Fenstergröße gezoomten Gesamtstruktur zu öffnen. Dieses Fenster erhält man über *Bearbeiten / Struktur-Übersicht* bzw. die horizontale Toolbar. Das Fenster kann beliebig vergrößert und verkleinert werden und wird - solange es sichtbar ist - automatisch aktualisiert.

Die Systemblöcke sind innerhalb des Übersichtsfensters in vereinfachter Form - d. h. ohne blockspezifische Bitmaps - dargestellt. Daher ist das Übersichtsfenster insbesondere geeignet zur Druckerausgabe für Dokumentationen etc. Diese Druckerausgabe erreicht man über die Menüfolge *Datei / Drucken*. Weiterhin kann die Systemstruktur über *Datei / Export* im HPGL-Format exportiert werden.

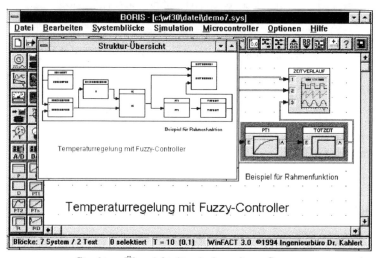

Struktur-Übersicht für ein komplexes System

9.4.7 Steuerung der Simulation

Simulationsparameter

Bevor die Simulation gestartet werden kann, müssen in der Regel die Simulationsparameter gewählt werden. Dies sind

- Die *Simulationsdauer* T_{Simu}

  Sie gibt an, bis zu welchem Zeitpunkt die Simulation durchgeführt wird, sofern sie nicht vorher vom Anwender abgebrochen wird. Voreingestellt ist ein Wert von 10.

- Die *Simulationsschrittweite* ΔT

  Sie gibt die Diskretisierungsschrittweite für die Simulation an und beeinflußt damit die Genauigkeit der erhaltenen Simulationsergebnisse.

9.4 Simulation und Optimierung von Fuzzy-Regelungssystemen mit BORIS 255

Wird ΔT zu groß gewählt, entstehen Diskretisierungsfehler, die im Extremfall zu einer völligen Verfälschung der Ergebnisse durch numerische Instabilität führen können. Als Anhaltspunkt für eine geeignete Wahl gilt, daß ΔT etwa 1/10 der kleinsten im System vorkommenden Zeitkonstanten nicht überschreiten sollte. Voreingestellt ist ein Wert von 0.1

- Das *Simulationsverfahren*

  Bestimmt die Wahl des numerischen Integrationsverfahrens zur Simulation der dynamischen Systemkomponenten. Es sind das explizite Euler-Verfahren, das Runge-Kutta-Verfahren 4. Ordnung sowie das Matrizenexponentialverfahren verfügbar. Das Euler-Verfahren ist das einfachste aller Integrationsverfahren und weist damit den geringsten Rechenzeitaufwand auf, da pro Simulationsschritt nur ein Funktionswert berechnet werden muß. Es besitzt jedoch lediglich die Fehlerordnung $O(\Delta T^2)$ und eignet sich daher nur für die Simulation einfacher Systeme in Verbindung mit kleinen Simulationsschrittweiten. Speziell für stark schwingfähige Systeme oder Systeme mit stark unterschiedlichen Zeitkonstanten ("steife" Systeme) sollte das Verfahren in der Regel nicht eingesetzt werden. Das Runge-Kutta-Verfahren weist demgegenüber numerisch erheblich bessere Eigenschaften auf - es besitzt die lokale Fehlerordnung $O(\Delta T^5)$. Da bei diesem Verfahren jedoch für jeden Simulationsschritt vier Funktionsauswertungen erfolgen müssen, ist der Rechenzeitaufwand höher als beim Euler-Verfahren. Dies ist im allgemeinen jedoch unerheblich. Bei sprungförmigen Änderungen von Eingangssignalen (Beispiel: Berechnung von Impulsantworten) kann es beim Einsatz dieses Verfahrens allerdings zu Ungenauigkeiten im Übergangsbereich kommen. In diesen Fällen sollte daher besser das Euler-Verfahren in Verbindung mit einer kleineren Schrittweite eingesetzt werden. Das Matrizenexponentialverfahren eignet sich nur für lineare Systeme, besitzt dort jedoch eine im Prinzip unendlich hohe Fehlerordnung. Es sollte speziell dann eingesetzt werden, wenn z. B. Übertragungsfunktionen hoher Ordnung (> 3) als Systemblöcke auftreten. Wurde dieses Verfahren gewählt, so werden die nichtlinearen dynamischen Systemblöcke (nichtlineare Differentialgleichungssysteme) mit dem Runge-Kutta-Verfahren simuliert.

- Eine *Bereichsüberprüfung* während der Simulation

  Ist die Option K̲ontrolle auf Bereichsüberschreitung aktiviert, so werden alle Zustandsgrößen des Systems bei jedem Simulationsschritt überprüft. Überschreitet eine der Größen betragsmäßig den Wert 10^{20}, so wird die Simulation mit einer entsprechenden Meldung abgebrochen. Da diese Überprüfung auf Bereichsüberschreitung einen erhöhten Rechenaufwand mit sich bringt, verläuft die Simulation bei aktiver Überprüfung (dies ist die Voreinstellung) geringfügig langsamer.

- Die Anzeige der Simulationszeit im Statusfenster

Der Dialog zur Wahl der Simulationsparameter wird über *Simulation / Parameter...* verfügbar.

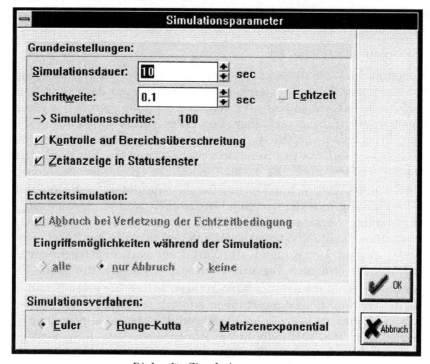

Dialog für Simulationsparameter

Alle Einstellungen in Zusammenhang mit der Echtzeitsimulation sind für die buchbegleitende Nutzung der Software ohne Interesse.

9.4.8 Die BORIS-Systemblock-Bibliothek

Arten von Systemblöcken

Die Systemblocktypen sind aufgeteilt in folgende Typklassen:

Eingangsblöcke

> Unter diese Gruppe fallen diejenigen Systemblocktypen, die lediglich einen Ausgang besitzen und somit Eingangssignale für das System liefern:
> - Generator
> - Datei

9.4 Simulation und Optimierung von Fuzzy-Regelungssystemen mit BORIS 257

- Konstante
- Fahrkurve
- Steuerbarer Sinusgenerator (VCO)
- Simulationszeit
- Signalquelle

Dynamische Blöcke

Hierunter fallen alle linearen und nichtlinearen dynamischen Systeme, beginnend beim einfachen P-Glied bis hin zu frei parametrierbaren Übertragungsfunktionen und Differentialgleichungssystemen. Im einzelnen stehen folgende Typen zur Verfügung:
- P-Glied
- PT_1-Glied
- PT_2-Glied
- PT_1T_2-Glied
- PT_n-Glied
- Begrenzter Integrierer (I-Glied)
- Rücksetzbarer begrenzter Integrierer
- Differenzierer
- PID-Regler
- Adaptiver PID-Regler mit steuerbarer Begrenzung
- Allpaß Typ I
- Allpaß Typ II
- Totzeitglied
- Lead-/Lag-Glied
- Übertragungsfunktion $G(s)$
- Benutzerdefiniertes Differentialgleichungssystem
- Einheitsverzögerung z^{-1}
- z-Übertragungsfunktion $H(z)$

Statische Blöcke

Dies sind im wesentlichen nichtlineare Kennlinien- bzw. Kennfeldglieder:
- Begrenzer
- Vorlastkennlinie
- Unempfindlichkeitszone
- Zweipunktkennlinie
- Dreipunktkennlinie
- Hysteresekennlinie

- Dreipunktglied mit Hysterese
- Fuzzy Controller
- Benutzerdefinierte Kennlinie

Stellglieder

Diese Klasse enthält Blöcke, die das Verhalten realer industrieller Stellglieder nachbilden. Es sind zwei Typen verfügbar:
- Stellglied mit Anstiegsgeschwindigkeitsbegrenzung (Typ I)
- Stellglied mit konstanter Anstiegsgeschwindigkeit (Typ II)

Funktionsblöcke

Als Funktionsblöcke werden diejenigen Blocktypen bezeichnet, die nicht als Übertragungssysteme im herkömmlichen Sinne anzusehen sind. Hierzu gehören folgende Blocktypen:
- Verknüpfer
- Funktion einer Veränderlichen
- Funktion zweier Veränderlicher
- Funktion mehrerer Veränderlicher
- Extremwertbestimmung
- Minimum/Maximum
- Statistikfunktionen
- Abtast-/Halteglied
- Steuerbares Abtast-/Halteglied
- Analogschalter
- Analogumschalter

Digitalbausteine

Diese Klasse enthält solche Blöcke, deren Ausgangsgröße nur die binären Zustände high (logisch 1) bzw. low (logisch 0) annehmen kann. Dies sind
- Logikgatter mit einem Eingang
- Logikgatter mit zwei Eingängen
- RS-Flip-Flop
- D-Flip-Flop
- JK-Flip-Flop
- Mono-Flop
- Vorwärts-/Rückwärts-Zähler
- Komparator
- Vergleicher

- Nulldurchgangdetektor

Steuerelemente

Hierunter fallen Blöcke, die die Simulationssteuerung selbst betreffen:
- Simulationsabbruch
- Simulationsverzögerung

Ausgangsblöcke

Diese Typklasse umfaßt all jene Blöcke, die lediglich einen bzw. mehrere Eingänge besitzen. Dies sind in der Regel Blocktypen zur Visualisierung oder Weiterverarbeitung von Simulationsergebnissen (Beispiel: Oszillograph, File-Output). Erstere weisen neben dem Systemblock im Zeichenfenster zusätzlich noch das eigentliche *Anzeigefenster* auf, innerhalb dessen die Simulationsergebnisse dargestellt werden. Beim Einfügen eines solchen Blocks wird dieses Anzeigefenster zunächst in Symboldarstellung mit einem typspezifischen Icon dargestellt. Zur Simulation können alle Anzeigefenster über *Optionen / Alle Anzeigefenster zeigen* in Normalgröße dargestellt werden. Entsprechend können sie über *Optionen / Alle Anzeigefenster verbergen* jederzeit wieder in die Symboldarstellung zurückversetzt werden. Das Anzeigefenster weist jeweils den gleichen Titel auf wie der Systemblock selbst. Die Parametrierung von Ausgangsblöcken kann wahlweise durch einen Doppelklick auf den Systemblock oder innerhalb des Anzeigefensters erfolgen. Bei einigen der Ausgangsblöcke sind die Anzeigefenster zudem in ihrer Größe veränderbar (z. B. Oszillograph). Es sind folgende Typen verfügbar:
- Zeitverlauf
- Oszillograph
- Analoganzeige
- Digitalanzeige
- Balkeninstrument (Bargraph)
- Trajektorienanzeige (x-y-Grafik)
- Statusanzeige
- FFT
- Datei (File-Output)
- Tabellendatei (EXCEL-Format)
- Signalsenke

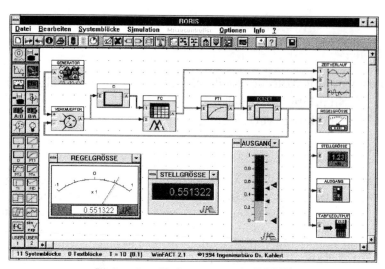

Einige virtuelle Instrumente in BORIS

Die einzelnen Blocktypen sollen hier aus Platzgründen nicht näher erläutert werden; zu jedem Blocktyp steht eine blockspezifische Hilfe zur Verfügung, die aus dem jeweiligen Parameterdialog heraus angefordert werden kann. Lediglich auf den Fuzzy Controller wollen wir hier aus naheliegenden Gründen etwas näher eingehen.

9.4.9 Fuzzy Controller und Fuzzy Debugger

Die mit der Fuzzy-Shell FLOP entworfenen Fuzzy Controller können zur Simulation direkt in BORIS eingebunden werden. Der Fuzzy Controller-Block besitzt ein als *Fuzzy Debugger* bezeichnetes Kontrollfenster, das während der Simulation aus seiner Symboldarstellung geholt werden kann und wichtige Hinweise auf die innere Funktion des Controllers gibt. Der Fuzzy Debugger bietet damit eine wesentliche Unterstützung beim interaktiven Fuzzy Controller-Entwurf. Die nachfolgenden Grafiken zeigen den Aufbau des Debuggers sowie seinen Parameterdialog.

Der Fuzzy Debugger zeigt on line während der Simulation folgende Größen an:

- Im oberen Fensterdrittel die Fuzzy-Mengen der gewählten FC-Ausgangsgröße (grau), die aktuelle scharfe Ausgangsgröße (rot) sowie die resultierende Ausgangs-Fuzzy-Menge (gelb).
- Im mittleren Fensterdrittel die aktuellen Erfüllungsgrade der gewählten Regeln (blaue Balken) sowie ihre relative Aktivität. Besitzt eine Regel beispielsweise eine relative Regelaktivität von 30%, so bedeutet dies, daß die Regel in 30% aller Simulationsschritte einen Erfüllungsgrad größer null aufgewiesen hat.

- Im unteren Fensterdrittel die aktuellen scharfen Eingangswerte (rot) sowie die bisherige Ausnutzung des Eingangsgrößenbereichs des Fuzzy-Controllers (dunkelgrau). Bei Unter- bzw. Überschreitung des jeweiligen Bereichs wechseln die Anzeigen links bzw. rechts der Bereichsanzeige ihre Farbe auf gelb.

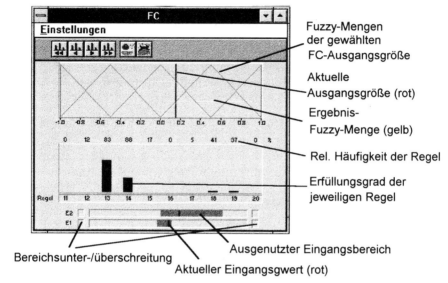

Der Fuzzy Debugger

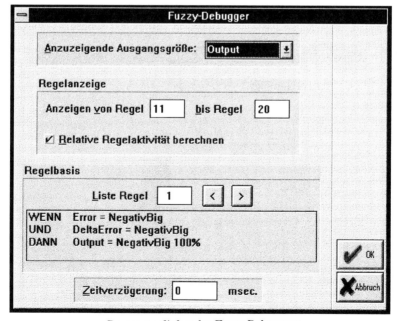

Parameterdialog des Fuzzy Debuggers

Der Parameterdialog des Fuzzy Debuggers bietet folgende Möglichkeiten:
- Die Auswahl der anzuzeigenden Ausgangsgröße (bei FC mit mehreren Ausgängen)
- Die Auswahl der darzustellenden Regeln
- Die Berechnung der relativen Regelaktivität kann bei Bedarf deaktiviert werden, da sie recht rechenzeitaufwendig ist.
- Die Auflistung beliebiger Regeln der Regelbasis im Klartext
- Die Einstellung einer Zeitverzögerung für die verzögerte Darstellung (unter Umständen sinnvoll bei sehr schnellen Rechnern, um die Simulation genauer verfolgen zu können).

Auf einige dieser Optionen kann direkt über die Toolbar des Fuzzy Debuggers zugegriffen werden:

⬚	Scrollt die Regelanzeige eine Regelgruppe nach links
⬚	Scrollt die Regelanzeige eine Regel nach links
⬚	Scrollt die Regelanzeige eine Regel nach rechts
⬚	Scrollt die Regelanzeige eine Regelgruppe nach rechts
⬚	Erhöht die Zeitverzögerung um 110 ms
⬚	Setzt die Zeitverzögerung auf 0

Der Parameterdialog des Fuzzy Controllers selbst hat folgende Gestalt:

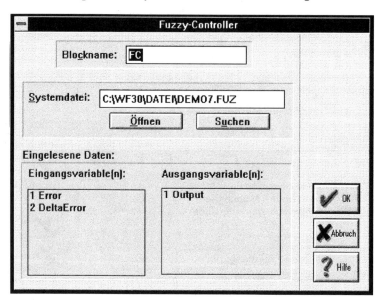

Wird für *Systemdatei* keine Extension angegeben, wird die Extension FUZ benutzt. Über *S*u*chen* kann ein Dateieingabedialog angefordert werden. Die Schaltfläche *Öffnen* liest die angegebene Datei ein. Die zugehörigen Ein- und Ausgangsvariablen werden danach zur Kontrolle in den Listenfenstern angezeigt. Nach dem Verlassen des Dialogs wird die Anzahl der Blockein- und -ausgänge - sofern erforderlich - automatisch angepaßt.

9.4.10 Arbeiten mit Superblöcken

Was ist ein Superblock?

Ein Superblock ist ein spezieller Systemblocktyp, der durch *Gruppierung mehrerer Systemblöcke und ihrer Verbindungen* entsteht. Der Superblock stellt also nichts anderes als ein Teilsystem dar, das zu einem neuen Block - in der Regel mit Ein- und Ausgängen - zusammengefaßt wird. Von außen betrachtet hat der Superblock dann eine Art "Black-Box"-Charakteristik. Superblöcke eignen sich damit insbesondere für die übersichtliche Strukturierung komplexer Systeme sowie zur Gruppierung häufig benutzter Teilsysteme.

Superblöcke in BORIS sind *dateireferenziert*: Alle Informationen über die im Superblock enthaltenen Blöcke und Verbindungen werden in einer Datei mit der Extension SBL abgelegt. Diese Dateien sind - bis auf einen in Superblockdateien zusätzlich enthaltenen Dateiheader - mit "normalen" BORIS-Systemdateien vom Typ SYS identisch. Somit lassen sich Superblockdateien nach dem Laden auch als gewöhnliche Systemdateien speichern und umgekehrt, ebenso können sie natürlich eigenständig simuliert werden.

Ein- und Ausgänge von Superblöcken

Die Ein- und Ausgänge eines Superblocks werden von BORIS automatisch festgelegt. Dabei gilt es folgendes zu beachten:

- Alle offenen Systemblockein- bzw. -ausgänge werden zu Ein- bzw. Ausgängen des Superblocks. Beispiel: Die nachfolgende Struktur soll zu einem Superblock gruppiert werden.

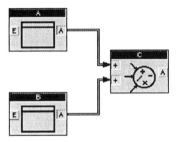

Der resultierende Superblock besitzt zwei Eingänge (die der Blöcke A und B) sowie einen Ausgang (den von Block C).

Sollen Blockausgänge, die bereits eine Verbindung enthalten (zum Beispiel eine Rückführung), zu Superblockausgängen werden, so setzt man zweckmäßigerweise Label-Blöcke (erreichbar über *Systemblöcke / La*b*el*) ein. Sollen im umgekehrten Fall offene Systemeingänge *nicht* zu Superblockeingängen werden, so beschalten Sie diese einfach z. B. mit einem Konstanten-Block, der auf null (oder einen anderen geeigneten Wert) gesetzt wird.

- Die Ein- bzw. Ausgänge des Superblocks werden in der Reihenfolge durchnumeriert, in der die entsprechenden Systemblöcke eingefügt wurden. Sollen Superblockein- und -ausgänge vertauscht werden, kann man entweder die entsprechenden Systemblöcke zunächst löschen und dann wieder in geeigneter Reihenfolge einfügen oder aber Labels einfügen.

Wie Sie einen Superblock definieren

Um einen Superblock zu definieren, haben Sie grundsätzlich zwei Möglichkeiten:

1. Sie erstellen den Superblock zunächst als separate Datei, speichern ihn über *Datei / Superblockdatei speichern* ab und laden ihn dann später über die Angabe des Dateinamens in das entsprechende übergeordnete System.

2. Soll ein Teilsystem einer bereits konfigurierten Systemstruktur in einen Superblock überführt werden, so selektieren Sie zunächst die zu gruppierenden Blöcke und nehmen dann die eigentliche Gruppierung über *Bearbeiten / Gruppieren zu Superblock*, die Tastenkombination [Strg][G] oder den entsprechenden Button der Befehlstoolbar vor. BORIS fragt Sie dann nach dem Namen, den die Superblockdatei haben soll und fügt anschließend den Superblock ein.

Ein Superblock läßt sich durch Selektieren und *Bearbeiten / Superblock auflösen*, die Tastenkombination [Strg][U] oder den entsprechenden Toolbar-Button jederzeit wieder in seine Bestandteile zerlegen. Dabei ist darauf zu achten, daß im "Umkreis" des Superblocks genügend Platz zur Verfügung steht.

Literatur- und Quellenverzeichnis

[ABE91] ABEL, D.
Fuzzy Control - eine Einführung ins Unscharfe.
at 39/1991

[ACH92] ACHTHALER, H.
Unscharfe Lesehilfe.
c't 5/1992

[ALT91] V. ALTROCK, C.
Über den Daumen gepeilt.
c't 3/1991

[ALT92] V. ALTROCK, C.
Anwendungen der Fuzzy-Logik in Deutschland.
mikroelektronik 1/1992

[AND85] ANDERSEN, T. R.; NIELSEN, S. B.
An efficient Single Output Fuzzy Control Algorithm for Adaptive Applications.
Automatica 21 (1985)

[ANG94a] ANGSTENBERGER, J.; WALESCH, B.
Software-Hilfsmittel zur Entwicklung von Fuzzy-Anwendungen.
GMA-Aussprachetag Fuzzy Control, Langen 1994

[ANG94b] ANGSTENBERGER, J.; WALESCH, B.
atp-Marktanalyse: Entwicklungswerkzeuge und Spezialprozessoren für Fuzzy-Anwendungen.
atp 6/94

[AOK90] AOKI, S. et al.
Application of Fuzzy Control Logic for Dead-Time Processes in a Glass Melting Furnace.
Fuzzy Sets and Systems 38/1990 251-265

[BAN90] BANDEMER, H.; GOTTWALD, S.
Einführung in FUZZY-Methoden.
Verlag Harri Deutsch Thun 1990

[BEC92] BECKER, M.
Einsatz von Fuzzy Control in der gewerblichen Kältetechnik.
Berichtsband zur VDE-Fachtagung "Technische Anwendungen von Fuzzy-Systemen", Dortmund 1992

[BIE85] BIEKER, B.; SCHMIDT, G.
Fuzzy Regelungen und linguistische Regelalgorithmen - eine kritische Bestandsaufnahme.
at 2/1985

[BÖH93] BÖHM, R.; KREBS, V.
Ein Ansatz zur Stabilitätsanalyse und Synthese von Fuzzy-Regelungen.
Automatisierungstechnik at 8/1993

[BÖH90]   BÖHME, B. et al.
Fuzzy-Beratungssystem für die Steuerung eines industriellen Graphitierungsprozesses.
msr 33/1990

[BOL94]   BOLL, M. et al.
Kombination von konventionellen Reglern und Fuzzy-Komponenten.
GMA-Aussprachetag Fuzzy Control, Langen 1994

[BOS92]   BOSSEL, H.
Modellbildung und Simulation.
Vieweg-Verlag Braunschweig 2. Auflage 1994

[BOT92]   BOTH, A. W.; MANOLI, Y.; NEUMANN, K.-T.
Embedded-Controller in C programmiert.
Elektronik 6, 1992, 114-117

[BRA79a] BRAAE, M.; RUTHERFORD, D. A.
Selection of Parameters for a Fuzzy Logic Controller.
Fuzzy Sets and Systems 2/1979

[BRA79b] BRAAE, M.; RUTHERFORD, D. A.
Theoretical and Linguistic Aspects of the Fuzzy Logic Controller.
Automatica 15 (1979)

[BRE94a] BRETTHAUER, G.; OPITZ, H.-P.
Stability of Fuzzy Systems - A Survey.
EUFIT '94, Aachen 1994

[BRE94b] BRETTHAUER, G. et al.
Stabilität von Fuzzy-Regelungen - Eine Übersicht.
GMA-Aussprachetag Fuzzy Control, Langen 1994

[BUC89]   BUCKLEY, J. J.; YING, H.
Fuzzy Controller Theory: Limit Theorems for Linear Fuzzy Control Rules.
Automatica 25 (1989)

[BUC90]   BUCKLEY, J. J.
Fuzzy Controller: Limit Theorems for Linear Control Rules.
Fuzzy Sets and Systems 36/1990

[CON94]   CONTE-M., G.; BONIFAZI-L., S.
Fuzzy Supervised PID Controllers.
EUFIT '94, Aachen 1994

[CUN92]   CUNO, B.; MORKRAMER, A.; MEYER-GRAMANN, K. D.
Integration von fuzzy control in GEAMATICS, das Automatisierungssystem der AEG.
Berichtsband zur VDE-Fachtagung "Technische Anwendungen von Fuzzy-Systemen", Dortmund 1992

[CZO82]   CZOGALA, E.; PEDRYCZ, W.
Control problems in fuzzy systems.
Fuzzy Sets and Systems 7/1982 257-273

[CZO83]   CZOGALA, E.; PEDRYCZ, W.
On the concept of fuzzy probabilistic controllers.
Fuzzy Sets and Systems 10/1983

[DEM93]	DEMANT, B. Fuzzy-Theorie oder Faszination des Vagen. Vieweg Verlag Braunschweig/Wiesbaden 1993
[DOD88]	DODDS, D. R. Fuzzyness in Knowledge-Based Robotics Systems. Fuzzy Sets and Systems 26/1988
[DRI94]	DRIANKOV, D. et al. An Introduction to Fuzzy Control. Springer-Verlag Berlin-Heidelberg-New York 1993
[DUP80]	DUBOIS, D., PRADE, H. Fuzzy Sets und Systems: Theorie and Applications. New York: Academic Press, 1980.
[ECK89]	ECKMILLER, R.; V. D. MALSBURG, CHR. Neural Computers. Springer Verlag, Berlin, 1989.
[EIC92]	EICHFELD, H. Entwurf eines Fuzzy-Reglers in digitaler CMOS-Schaltungstechnik. VDE-Fachtagung "Technische Anwendungen von Fuzzy-Systemen", Dortmund 1992
[EIC92M]	EICHFELD, H.; LÖHNER, M.; MÜLLER, M. Architecture of a CMOS Fuzzy Logic controller with optimized memory organisation and operator design. Intern. Conf. Fuzzy-Systems, Fuzz-IEEE'92, San Diego, USA, 8.-12.March, 1992.
[EPP92]	EPPLER, W. Neuronaler Fuzzy-Controller zur Regelung eines H_2/O_2-Sofortdampfer- zeugers. Berichtsband zur VDE-Fachtagung "Technische Anwendungen von Fuzzy- Systemen", Dortmund 1992
[ESH90]	ESHRAG, E.; MAMDANI, E. H. A general approach to linguistic approximation. Int. J. Man-Machine Studies, 1979, 11, 501-519
[FÖL70]	FÖLLINGER, O. Nichtlineare Regelungen. Oldenbourg Verlag 1970
[FÖL90]	FÖLLINGER, O. Regelungstechnik. Hüthig Buch Verlag, Heidelberg 1990
[FRA92]	FRANK, P. M.; KIUPEL, N. Fuzzy Supervision. 2. Workshop Fuzzy Control, Dortmund 1992
[FRA93]	FRANK, P. M.; KIUPEL, N. Fuzzy Supervision. Automatisierungstechnik at 8/1993
[FRA94]	FRANK, P. M. Fuzzy Supervision-Einsatz der Fuzzy Logik in der Prozeßüberwachung. GMA-Aussprachetag Fuzzy Control, Langen 1994

[FRL92]   FRANK, H.
            Fuzzy-Mengen, Fuzzy-Logik und ihre Anwendungen.
            Ergebnisbericht der Lehrstühle III und VIII, Nr. 104, Dortmund, 1992

[FRO94]   FROESE, T.
            Optimierung einer Polymerisationsanlage mit neuronalem Prozeßmodell
            und genetischem Algorithmus.
            4. Dortmunder Fuzzy-Tage, Dortmund 1994

[FUK 80]   FUKAMI, S.; MIZUMOTO, M.; TANAKA, K.
            Some considerations on fuzzy conditional inference.
            Fuzzy Sets and Systems, 4, 1980, 243-273

[GAR91]   GARIGLIO, D.
            Fuzzy in der Praxis.
            Elektronik 20/1991

[GLO92]   GLORENNEC, P. V.
            A Neuro-Fuzzy Inference system designed for implementation on a neural
            chip.
            Proc. 2nd Int. Conf. FuzzyLogic and Neural Networks,
            Iizuka, Japan, 7. - 22. July 1992, 209 - 212.

[GOS92]   GOSER, K.; SURMANN, H.
            Clevere Regler schnell entworfen.
            Elektronik 6/1992

[GOS92D]   GOSER, K.; DEFFONTAINES, FR. et al.
            Concept d'architectur, d'un Processeur RISC pour la combinaison de
            Logique floue et d'une carte de Kohonen sur un circuit intégré.
            Neuro Nimes, 2.-6.Nov.92, Nimes-F.

[GOS92S]   GOSER, K.; SURMANN, H.; MÖLLER, B.
            A distributed self-organizing fuzzy rule based system.
            Neuro Nimes 92, 2.-6.Nov.92, Nimes-F.

[GOS92U]   GOSER, K.; UNGERING, A. P. et al.
            Architekturkonzept eines Fuzzy-RISC-Prozessors mit optimiertem
            Speicherbedarf.
            Tagung "Rechner gest. Entwurf und Architektur mikroel. Systeme",
            23./24. Nov. 92, Darmstadt-D.

[GOS92UQ]   GOSER, K.; UNGERING, A. P.; QUBBAJ, B.
            Geschwindigkeits- und speicheroptimierte VLSI-Architekturen für Fuzzy-
            Controller.
            VDE-Fachtagung "Technische Anwendungen von Fuzzy-Systemen",
            Dortmund 1992

[GRA88]   GRAHAM, B. P.; NEWELL, P. B.
            Fuzzy Identification and Control of a Liquid Level Rig.
            Fuzzy Sets and Systems 26/1988

[GUP77]   GUPTA, M. et al.
            Fuzzy Automata and Decision Processes.
            North-Holland 1977

[HAM94]   HAMM, CH.; SPLETTSTÖSSER, W.
            Tuning a Fuzzy Controller by Systematic Selection of Parameters.
            EUFIT '94, Aachen 1994

Literatur- und Quellenverzeichnis **269**

[HEL94] HELLENDOORN, H.
Fuzzy Control: An Overview
In: Kruse, R. et al. (Hrsg.), Fuzzy Systems in Computer Science, Vieweg Verlag 1994

[HEL92] HELLER, J.
Kollisionsvermeidung mit Fuzzy-Logik.
Elektronik 3/1992

[HER94] HERRERA, F.; LOZANO, M.; VERDEGAY, J. L.
Learning and Tuning Fuzzy Control Rules using Genetic Algorithms.
4. Dortmunder Fuzzy-Tage, Dortmund 1994

[HET91] HETZHEIM, H.; HOMMEL, G.
Fuzzy Logic für die Automatisierungstechnik?
atp 10/1991

[HOF75] HOFMEISTER, W.
Prozeßregler.
VDI-Verlag 1975

[HOF94] HOFFMANN, F.; PFISTER, G.
Optimierung Hierarchischer Fuzzy-Regler mit Genetischen Algorithmen.
4. Dortmunder Fuzzy-Tage, Dortmund 1994

[HOF91] HOFFMANN, N.
Simulation Neuronaler Netze.
Vieweg-Verlag Braunschweig, 1991

[HOF93] HOFFMANN, N.
Kleines Handbuch neuronale Netze.
Vieweg-Verlag Braunschweig, 1993

[HOF92] HOFFSTETTER, R.; SCHERF, H.
Vergleich eines Fuzzy-Reglers mit einem Zustandsregler an einem praktischen Beispiel.
atp 34/1992

[HOL81] HOLMBLAD, L. P.; ØSTERGAARD, J.-J.
Übertragung von Betriebserfahrung mit der Fuzzy-Regelung auf die automatische Prozeßführung.
Zement-Kalk-Gips 34/1981

[HOL82] HOLMBLAD, L. P.; ØSTERGAARD, J.-J.
Control of a Cement kiln by fuzzy logic.
In Gupta, M. M., Sanchez, E. (ed.): Fuzzy Information and Decision Processes, North-Holland, 1982, 389-399.

[JOH94] JOHANSSON, M.
The Nonlinear Nature of Fuzzy Control.
4. Dortmunder Fuzzy-Tage, Domrtund 1994

[KAH90] KAHLERT, J.
Vektorielle Optimierung mit Evolutionsstrategien und Anwendungen in der Regelungstechnik.
Fortschrittberichte VDI VDI-Verlag 1990

[KAH92]   KAHLERT, J.; FRANK, H.
          Robuste Positionsregelung durch Fuzzy Control am Beispiel eines Eisenbahnmodells.
          Berichtsband zur VDE-Fachtagung "Technische Anwendungen von Fuzzy-Systemen", Dortmund 1992

[KAH93]   KAHLERT, J.
          WINFACT - Windows Fuzzy And Control Tools.
          4. VDE-Workshop "Regelungstechnische Programmpakete", Düsseldorf 1993

[KAH93a] KAHLERT, J.
          WINFACT - Neue regelungstechnische CAE-Tools.
          GMA-Aussprachetag "Rechnergestützter Entwurf von Regelungssystemen", Kassel 1993

[KAH93b] KAHLERT, J.
          Experimentieren mit Fuzzy-Control: Mustererkennung mit Einfachsensorik.
          Elektronik 24/1993

[KAH93c] KAHLERT, J.
          Robust Fuzzy Control of a Model Train.
          Proc. EUFIT '93, Vol. 1 326-331

[KAH94a] KAHLERT, J.
          Global Vector Optimization by Genetic Algorithms.
          Proc. EUFIT '94, Aachen 1994

[KAH94b] KAHLERT, J.
          Globale vektorielle Optimierung mit Evolutionsstrategien.
          39. Internationales wissenschaftliches Kolloquium, Ilmenau 1994

[KAH94c] KAHLERT, J.
          Entwurf, Analyse und Synthese von Fuzzy-Regelungssysteme mit dem Programmsystem WinFACT.
          9. Symposium Simulationstechnik ASIM, Stuttgart 1994

[KAH94d] KAHLERT, J.; FRANK, H.
          Fuzzy-Logik und Fuzzy-Control.
          Vieweg-Verlag Wiesbaden, 2. Auflage 1994

[KAH95a] KAHLERT, J.
          Globale vektorielle Optimierung mit Evolutionsstrategien.
          Automatisierungstechnik at 3/95

[KAH95b] KAHLERT, J.; SCHULZE GRONOVER, M.
          Simulation dynamischer Systeme mit dem blockorientierten Simulationssystem BORIS.
          5. Symposium "Simulation als betriebliche Entscheidungshilfe", Braunlage 1995

[KAN94]   KANSTEIN, A.; SURMANN, H.; GOSER, K.
          Nochmals ein genetischer Algorithmus zum Optimieren von regelbasierten Fuzzy-Systemen?
          4. Dortmunder Fuzzy-Tage, Dortmund 1994

[KER94]	KERBER, J.; HERMANN, H.-P. Fuzzy-Logik. Ausbildungs- und Entwicklungssystem mit der PC-537-ADDIN-Karte. Feger Verlags OHG 1994
[KIC76]	KICKERT, W. J. M.; VAN NAUTA LEMKE, H. R. Application of a fuzzy controller in a warm water plant. Automatica 12, 1976, 301 - 308
[KIC78]	KICKERT, W. J. M.; MAMDANI, E. H. Analysis of a fuzzy logic controller. Fuzzy Sets and Systems, 1, 1978, 29-44
[KIC79]	KICKERT, W. J. M. Towards an analysis of linguistic modelling. Fuzzy Sets and Systems, 2, 1979, 293-307
[KIN77]	KING, P. J.; MAMDAMI, E. H. The application of fuzzy control systems to industrial processes. Automatica 13 (1977)
[KIN94]	KINZEL, J.; KLAWONN, F.; KRUSE, R. Anpassung Genetischer Algorithmen zum Erlernen und Optimieren von Fuzzy-Reglern. 4. Dortmunder Fuzzy-Tage, Dortmund 1994
[KLE91]	KLEIN, R.-D.; SCHINNER, A. Das mc-Fuzzy-Lab. mc 9/1991
[KLI80]	KLIR, G.; FOLGER, T. A. Fuzzy Sets, Uncertainty and Information. Englewood, New Jersey: Prentice Hall, 1980
[KLO82]	KLOEDEN, P. E. Fuzzy dynamical systems. Fuzzy Sets and Systems 7 (1982) 275-296
[KLO93]	KLÖDEN, W. ET AL. Fuzzy Control, Teil 7. Automatisierungstechnik at, 9/1993
[KOH88]	KOHENEN, T. Self-organization and associative memory. Springer Verlag, Berlin, 1988
[KÖN94]	KÖNIG, H.; LITZ, L. Entdeckung von Inkonsistenzen in der Wissensbasis durch eine neue Inferenzmethode. GMA-Aussprachetag Fuzzy Control, Langen 1994
[KOS91]	KOSKO, B. Neural Networks and Fuzzy-Systems. Prentice Hall 1991
[KRA94]	KRAMER, U. Zur Anwendung der Evolutionsstrategie bei der Optimierung unscharfer Regler. 4. Dortmunder Fuzzy-Tage, Dortmund 1994

[KRU94] KRUSE, R.; GEBHARDT, J.; PALM, R.
Fuzzy Systems in Computer Science.
Vieweg Verlag Wiesbaden, 1994

[LAR85] LARKIN, L. I.
A fuzzy logic controller for aircraft flight control.
In: Sugeno, M.(ed.): Industrial Applications of Fuzzy-Control, North-Holland, 1985, 87-98

[LI89] LI, Y. F.; LAU, C. C.
Development of Fuzzy Algorithms for Servo Systems.
IEEE Control Systems Magazine 4/1989

[LIU94] LIU, M.-H.
Fuzzy-Modellbildung und ihre Anwendungen.
GMA-Aussprachetag Fuzzy Control, Langen 1994

[MAM74a] MAMDANI, E. H.
Applications of fuzzy algorithm for control of simple dynamic plant.
Proc. IEEE 121(12), 1974, 1585-1588

[MAM74b] MAMDANI, E. H.; ASSILIAN, S.
A case study on the application of fuzzy set theory in automatic control.
Proc. IFAC Stochastic Control Symposium, Budapest, 1974.

[MAM75a] MAMDANI, E. H.; BAAKLINI, N.
Prescriptive method for deriving control policy in a fuzzy logic controller.
Electronic Letters 11/1975

[MAM75b] MAMDANI, E. H.; ASSILIAN, S.
An experiment in linguistic synthesis with a fuzzy logic controller.
Int. J. Man-Machine Studies 7, 1975, 1-13

[MAM76] MAMDANI, E. H.
Advances in the linguistic synthesis of fuzzy controllers.
Int. J. Man-Machine Sudies, 8, 1976, 669-678

[MAR94] MARIN, J. P.; TITLI, A.
Comparative Analysis of Stability Methods for Fuzzy Controllers.
EUFIT '94, Aachen 1994

[MCR80] McRUER, D.
Human Dynamics in Process Control.
Automatica 16 (1980)

[MEY93] MEYER-GRAMANN, K. D.; CUNO, B.
Fuzzy Control, Teil 4.
Automatisierungstechnik at 4/1993

[MIZ80] MIZUMOTO, M.; ZIMMERMANN, H.-J.
Comparison of fuzzy reasoning methods.
Fuzzy Sets and Systems, 8, 1980, 253-283

[MOO92] MOOSBURGER, G.
Brillante Unschärfe.
Elektronik 7/1992

[NAU94a] NAUCK, D.; KLAWONN, F.; KRUSE, R.
Neuronale Netze und Fuzzy-Systeme.
Vieweg-Verlag Braunschweig, 1994

[NAU94b] NAUCK, D.; KRUSE, R.
Choosing Appropriate Neuro-Fuzzy Models.
EUFIT '94, Aachen 1994

[NN89] N. N.
Time for some Fuzzy Thinking.
Time 9/1989

[NN90] N. N.
Automatic Train Operation.
Techno Japan Vol. 23 No.3 March 1990

[NN91] N. N.
Was Fuzzy-Tools wirklich leisten.
Elektronik 24/1991

[NN92a] N. N.
Klärung durch Unschärfe.
Konstruktion & Elektronik 15/1992

[NN92b] N. N.
Pi mal Daumen.
Industrie Anzeiger 28/1992

[NN92c] N. N.
Unscharfe Präzisionsarbeit.
Chip 5/1992

[NOV89] NOVÁK, V.
Fuzzy-Sets and their Applications.
Bristol, Philadelphia: Adam Hilger, 1989

[OPI93a] OPITZ, H.-P.
Fuzzy Control, Teil 6.
Automatisierungstechnik at 8/1993

[OPI93b] OPITZ, H.-P.
Fuzzy-Control and Stability Criteria.
EUFIT '93, Aachen 1993

[OST82] ØSTERGAARD, J.-J.
Fuzzy logic control of a heat exchanger process.
In: Gupta, M.M. (ed.): Fuzzy Automata and Decision Process, New York: North-Holland, 1982, 285-320

[OTT92] OTTO, M.
Fuzzy-Anwendungen in der Chemie.
mikroelektronik 1/1992

[PAL89a] PALM, R.
Fuzzy Controller for a Sensor Guided Robot.
Fuzzy Sets and Systems 31/1989

[PAL89b] PALM, R.
Steuerung eines sensorgeführten Roboters unter Berücksichtigung eines unscharfen Regelkonzepts.
msr 32/1989

[PAL91a] PALM, R.; HELLENDOORN, H.
Fuzzy-Control: Grundlagen und Entwicklungsmethoden.
KI 4/1991

[PAL91b] PALM, R.; HELLENDOORN, H.
Fuzzy-Methoden in der Robotik.
KI 4/1991

[PAL92] PALM, R.; REHFUEß, U.
Fuzzy-Steuerung in der Robotik.
mikroelektronik 1/1992

[PAL94] PALM, R.
Input Scaling of Fuzzy Controllers.
In: Kruse, R. et al. (Hrsg.), Fuzzy Systems in Computer Science, Vieweg Verlag 1994

[PAP77] PAPPIS, C. P.; MAMDANI, E. H.
A fuzzy controller for a traffic junction.
IEEE Transaction on Systems, Man and Cybernetics, SMC-7, No. 10, 1977, 707-717

[PED81] PEDRYCZ, W.
An approach to the analysis of fuzzy systems.
Int. Journal of Control 34(1981) 403-421

[PED84] PEDRYCZ, W. et al.
Some remarks on the identification problem in fuzzy systems.
Fuzzy Sets and Systems 12 (1984) 185-189

[PEN88] PENG, X.-T. et al.
Self-regulation PID controllers and its applications to a temperature controlling process.
in: Fuzzy Computing, Gupta, M. M. und Yamakawa, T. (Hrsg) 1988
Elsevier Science Publishers B. V. (North-Holland)

[PEN90] PENG, X.-T.
Generating Rules for Fuzzy Logic Controllers by Functions.
Fuzzy Sets and Systems 36/1990

[POS91] POST, H.
Verschläft Europa wieder eine High-tech-Chance?
Elektronik 7/1991

[PRE92a] PREUSS, H. P.
Fuzzy Control - heuristische Regelung mittels unscharfer Logik.
atp 4-5/1992

[PRE92b] PREUSS, H. P. et al.
Fuzzy Control - werkzeugunterstützte Funktionsbaustein-Realisierung für Automatisierungsgeräte und Prozeßleitsysteme.
atp 8/1992

[PRE94] PREUSS, H. P.; TRESP, V.
Neuro-Fuzzy.
atp 5/94

[PRO79] PROCYK, T. J.; MAMDANI, E. H.
A Linguistic Self-Organising Process Controller.
Automatica 15/1979

[RES69] RESCHER, N.
Many Valued Logic.
New York: McGraw Hill, 1969

[REU93]	REUSCH, B. (Hrsg.) Potential der Fuzzy-Technologie in Nordrhein-Westfalen. Studie der Fuzzy-Initiative NRW, Fuzzy-Demonstrations-Zentrum Dortmund, 1993
[RHE90]	VAN DER RHEE, F. et al. Knowledge Based Fuzzy Control of Systems. IEEE Trans. Autom. Control 35/1990
[SAM91]	SAMAL, E. Grundriß der praktischen Regelungstechnik. Oldenbourg-Verlag München 1991
[SCH77]	SCHWEFEL, H.-P. Numerische Optimierung von Computer-Modellen mittels der Evolutionsstrategie. Verlag Birkhäuser 1977
[SCH92]	SCHÖDEL, H. Fuzzy-Logik zum Erkennen von Ölverunreinigungen. mikroelektronik 1/1992
[SCH94]	SCHAEDEL, H. Interaktive Reglergenerierung zur fuzzygesteuerten Adaption von PID-Reglern an nichtlinearen Prozessen mit dem CAE-Tool SIMID. 4. Workshop Fuzzy Control des GMA-UA 1.4.2, Dortmund 1994
[SHA88]	SHAO, S. Fuzzy self-organizing controller and its applications for dynamic processes. Fuzzy Sets and Systems 26/1988
[SIL89]	SILER, W.; YING, H. Fuzzy Control Theory: The Linear Case. Fuzzy Sets and Systems 33/1989
[SLI88]	SLIVINSKA, S. et al. Some Problems of the Shape of Fuzzy Stes and the Dimension of a Model with Respect to its Adequacy. Fuzzy Sets and Systems 26/1988
[SUG83]	SUGENO, M.; TAKAGI, T. Multi-dimensional fuzzy reasoning. Fuzzy Sets and Systems 9 (1983) 313-325
[SUG85a]	SUGENO, M. (Hrsg.) Industrial Applications of Fuzzy Control. North-Holland 1985
[SUG85b]	SUGENO, M. An Introductory Survey of Fuzzy Control. Information Sciences 36/1985
[SUG85c]	SUGENO, M.; NISHIDA, M. Fuzzy Control of a Model Car. Fuzzy Sets and Systems 16 (1985) 103-113
[SUG88]	SUGENO, M.; KANG, G. T. Structure Identification of Fuzzy Model. Fuzzy Sets and Systems, 28/1988

[TAK85]   TAKAGI, T.; SUGENO, M.
          Fuzzy Identification of Systems and its Applications to Modeling and Control.
          IEEE Trans. on Systems, Man and Cybernetics 15(1)/1985

[TAN87]   TANG, K. L.; MULHOLLAND, R. J.
          Comparing Fuzzy Logic with Classical Controllers Designs.
          IEEE Trans. on Systems, Man and Cybernetics 17(6)/1987

[TAN88]   TANSCHEIT, R.; SCHARF, E. M.
          Experiments with the use of a rule-based self-organising Controller for Robotic applications.
          Fuzzy Sets and Systems 26/1988

[TAU94]   TAUTZ, W.
          Genetic Algorithms for Designing Fuzzy Systems.
          EUFIT '94, Aachen 1994

[TOG86]   TOGAI, M.; WATANABE, H.
          An inference engine for real-time approximate reasoning. Toward an expert on a chip.
          IEEE Expert 1, 1986, 55-62

[TON76]   TONG, R. M.
          Analysis of fuzzy control algorithms using the relation matrix.
          Int. J. Man Machine Studies 8, 1976, 679-686

[TON78]   TONG, R. M.
          Analysis and control of fuzzy systems using finite discrete relations.
          Int. Journal of Control 27(1978) 431-440

[TON80a] TONG, R. M. et al.
          Fuzzy Control of the Activated Sludge Wastewater Treatment Process.
          Automatica 16 (1980)

[TON80b] TONG, R. M.
          Some Properties of Fuzzy Feedback Systems.
          IEEE Trans. on Systems, Man and Cybernetics 10(6)/1980

[TON84]   TONG, R. M.
          A retrospective view of fuzzy control systems.
          Fuzzy Sets and Systems, 14, 1984, 199-210

[TRA90]   TRAUTZL, G.
          Unscharfe Logik: Fuzzy Logic.
          der elektroniker 3/1990

[TRA91]   TRAUTZL, G.
          Mit Fuzzy-Logik näher zur Natur?
          Elektronik 9/1991, 10/1991, 16/1991, 26/1991

[UNB92]   UNBEHAUEN, H.
          Regelungstechnik Band I-III.
          Vieweg-Verlag Braunschweig 1992

[WAT90]   WATANABE, H.; WAYNE, D. D.; YOUNT, K. E.
          A VLSI Fuzzy Logic Controller with reconfigurable, cascadable architecture.
          IEE Journ. Solid-State Circuit 25, 1990, 376-382

[WEC78]	WECHLER, W. The Concept of Fuzziness in Automata and Language Theory. Berlin: Akademie-Verlag, 1978.
[WIE94]	WIENHOLT, W. Improving a Fuzzy Inference System by Means of Evolution Strategy. 4. Dortmunder Fuzzy-Tage, Dortmund 1994
[WOL91]	WOLF, T. Fuzzy die Revolution aus japanischen High-Tech-Tempeln. mc 3/1991
[WOL94]	WOLF, TH. Optimization of Fuzzy Systems using Neural Networks and Genetic Algorithms. EUFIT '94, Aachen 1994
[YAG85]	YAGISHITA, O.; ITOH, O.; SUGENO, M. Application of fuzzy reasoning to the water purification process. In: Sugeno, M.(ed.): Industrial Applications of Fuzzy Control, North-Holland, 1985, 19-39
[YAM89]	YAMAKAWA, T. Stabilization of an Inverted Pendulum by a High-Speed Fuzzy Logic Controller Hardware System. Fuzzy Sets and Systems 32/1989
[YAS85]	YASUNOBO, S.; MAMDANI, E. H. Automatic train operation system by predictive fuzzy control. In: Sugeno, M.(ed.): Industrial Applications of Fuzzy Control. North-Holland, 1985, 1-18
[ZAD65]	ZADEH, L. A. Fuzzy-Sets. Information and Control 8/1965
[ZAD72]	ZADEH, L. A. A fuzzy set theoretic interpretation of linguistic hedges. Journal of Cybernetics, 2, 1972, 4-34
[ZAD73]	ZADEH, L. A. Outline of a new Approach to the Analysis of Complex Systems and Decision Processes. IEEE Transactions on systems, man and cybernetics; Vol. 3 No. 1, Jan. 1973
[ZAD75a]	ZADEH, L. A. Calculus of fuzzy restrictions. In: Zadeh, L. A. et al. (ed): Fuzzy Sets und Their Application to Cognitive and Decision Processes, New York: Academic Press, 1975, 1-39
[ZAD75b]	ZADEH, L. A. The concept of a linguistic variable and its application to approximate reasoning. Information Sciences, 8, 199-249(I), 8, 301-357(II), 9, 43-80(III), 1975
[ZAD75c]	ZADEH, L. A. Fuzzy Logic and approximate reasoning. Synthese, 30, 1975, 407-428

[ZAD83]   ZADEH, L. A.
            A computational approach to fuzzy quantifiers in natural languages.
            Comp. Math. with Applications, 9, No. 1, 1983, 149-184

[ZIM85]   ZIMMERMANN, H.-J.
            Fuzzy-Set-Theorie and its applications.
            Kluwer-Nishoff-Publication 1985

[ZIM91a]   ZIMMERMANN, H.-J.; V. ALTROCK, C.
            Prinzipien und Anwendungspotential der Fuzzy Mengentheorie.
            KI 4/1991

[ZIM91b]   ZIMMERMANN, H.-J.
            Fuzzy Set Theory and Its Applications.
            Boston, Dordrecht, London: Kluwer Academic Publishers, 1991

[ZIM92]   ZIMMERMANN, H.-J.
            Attraktive technische Lösungen durch Kombination alter und neuer Methoden.
            mikroelektronik 1/1992

Sachwortverzeichnis

A
absolut stabil, 123
Adaption
  eines PID-Reglers, 148
Aktionspotential, 196
Aktivierungsfunktion, 197; 198
  lineare, 198
Anfangspopulation, 164
Anstiegszeit, 183
approximate reasoning, 29
Assoziative Speicher, 204
Ausgangsfunktion, 199
Ausgangsmuster, 204
Ausgangsneuronen, 202
Ausgangsschicht, 202
Ausregelzeit, 183
Axon, 195

B
Backpropagation-Lernregel, 209
Bedingung, 9; 28
Begriff
  unscharfer, 4
Beobachter, 188
Beschreibungsfunktion, 129
BIBO-Stabilität, 116
Bifurkation, 135
Bifurkationstheorie, 133
Binäre Codierung, 170
Bleibende Regelabweichung, 183
Boltzmann-Ausgangsfunktion, 200
Boundary-Layer, 106
BSB-Aktivierungsfunktion, 198

C
Center of Area-Methode, 56
Center of Gravity-Methode, 56
Charakteristische Funktion, 10
Chromosom, 170
Compositional Rule of Inference, 35
Crossing-over, 166

D
Dauerschwingung, 74; 128; 131
Defuzzifizierung, 33; 52; 67
Defuzzifizierungsmethode
  Wahl, 96
Dendrit, 195
Diagonalmatrix, 121
Differenzenquotienten, 159
Direkte Methode von Ljapunov, 120
Diskrepanzdetektor, 192
Diskrepanzmaß, 193
Durchschnitt, 28

E
Effektiver Eingangswert, 197
effizient, 172
Einflußbreite, 16
Eingangs-Fuzzy-Menge, 35
Eingangsfunktion, 197
Eingangsmuster, 204
Eingangsneuronen, 202
Eingangsschicht, 202
Einstellregeln, 65
Element
  einer Menge, 10
Empfindlichkeit, 90
Erfüllungsgrad, 33
Erregungszustand, 196
Ersatzfunktion, 173
Erweiterungsprinzip, 26
Evolutionsmechanismen, 163
Evolutionsstrategie, 158; 163
Experteninterview, 87

F
Faustformelverfahren, 65
Feed forward-Netz, 203
Fehleranalyse, 186
Fehlerdetektion, 186
Fehlerdiagnose, 185
Fehlererkennung
  modellgestützte, 188
  signalgestützte, 188
Fehlergraph, 186
Fehlerlokalisierung, 186
Fehlerrückführungs-Netz, 209
Feste Lernaufgabe, 205
Feuern, 196
First-of-Maxima-Methode, 55
Fläche, 56; 59

Flächen-/Momenten-Näherung, 60
Fortpflanzung, 163; 165
Fourierreihe, 128; 129
Freie Lernaufgabe, 205
Frequenzbereichskriterien, 147
Funktion
   charakteristische, 10
Fuzzifizierung, 18; 49; 67
Fuzzy Controller, 66
   Dynamik, 69
   Kennfeld, 82
   Kern, 69
   mit Hysterese, 82
   modellbasierter, 152
   normierter, 90
   selbsteinstellender, 146
   selbstorganisierender, 146
   Struktur, 66
   Übertragungsverhalten, 68
   vom Sugeno/Takagi-Typ, 109
Fuzzy Set, 12
Fuzzy Supervision, 115; 185
Fuzzy-Fehlerdiagnose, 190
Fuzzy-Güteindex, 152
Fuzzy-Implikation, 28
Fuzzy-Menge, 12
   normale, 16
   subnormal, 16
Fuzzy-PD-Regler, 98
Fuzzy-PI-Regler, 98
Fuzzy-PID-Regler, 97
Fuzzy-Prozeßmodell, 152; 191
Fuzzy-Regelungssystem
   adaptives, 139
   hybrides, 139
Fuzzy-Relation, 23; 25
Fuzzy-Vorfilter, 140

G
Generalisierung, 205
Generation, 164
Genetischer Algorithmus, 158; 163; 170
Geschwindigkeitsalgorithmus, 98
Gewicht, 197
Gewichtungsfaktor, 173
Gradient, 158
Gradientenverfahren, 158
Grenzzyklus, 127
Grobtuning, 90
Grundmenge, 7; 12
Grundwelle, 128
Gütefunktion, 156
   multimodale, 157
   unimodale, 157

Gütekriterien, 182
Gütevektor, 171

H
Harmonische Balance, 127
Hesse-Matrix, 159
Hidden Layer, 202
Höhenmethode, 61
Hopfield-Aktivierungsfunktion, 198

I
IAE-Kriterium, 183
Identifikation, 88; 111
Inferenz, 33
   MAX-MIN, 30
   MAX-PROD, 30
   SUM-MIN, 50
   SUM-PROD, 50
Inferenzschema, 46
Inferenzvorgang, 67
Inkonsistenz, 94
Innere Schicht, 202
Input Layer, 202
Integralkriterium, 183
Inverses Pendel, 121
ISE-Kriterium, 182
ITAE-Kriterium, 183
ITSE-Kriterium, 183

K
Kandidatengenerator, 193
Knowledge-Engineering, 87
Komplementärmenge, 8; 20; 22; 23
Komposition, 34
Kompositionsoperator, 35; 42
Kompromißmenge, 172
Konklusion, 9; 28
Konklusions-Fuzzy-Menge, 33
Konvergenz, 157
Kreiskriterium, 126
Kreuzprodukt, 23

L
Last-of-Maxima-Methode, 55
Lern- und Vergeßverfahren, 162
Lernfähigkeit, 196
Lernphase, 204
Lernrate, 207
Lernregel, 205
Lernzyklus, 205
Linguistische Variable, 17
Linguistischer Term, 17
Linguistischer Wert, 17
Ljapunovfunktion, 120; 121

M

Mamdani-Implikation, 30
MAX-MIN-Inferenz, 30
MAX-Operator, 22
MAX-PROD-Inferenz, 30
Maximum-Methode, 54
Mehrpunktregler, 77
Menge, 7
   klassische, 10
   unscharfe, 12
Mengenlehre, 7
Meßwertaufbereitung, 69
Methode der Harmonischen Balance, 127
Methode von Ljapunov, 120
MIN-Operator, 22
Minimum
   globales, 157
   lokales, 157
MLP-Netz, 203
Modalwert, 15
Model - Based Controller, 152
Modifizierte Ortskurve, 125
Moment, 56; 59
Momentum, 207
Monte-Carlo-Verfahren, 162
Multilayer-Perceptron, 203
multimodal, 157
Multirelaischarakteristik, 78
Mustererkennung, 204
Mustervervollständigung, 204
Mutation, 163; 164
Mutationsrate, 164

N

Negation, 22
Neuron, 195
   Typen, 201
Neuronales Netz, 111; 195
   Aufbau, 201
   autoassoziatives, 204
   Schichten, 202
   vorwärtsbetriebenes, 202
Newton-Verfahren, 159
normal, 16
Normalverteilung, 163; 164

O

Oberwelle, 128
OCR, 204
ODER-Verknüpfung, 20
Optimierung
   vektorielle, 171

Optimierungsproblem, 156
Optimierungsverfahren
   deterministsisches, 157
   direktes, 158
   stochastisches, 157
Optimum
   globales, 157

P

Parameterbereich, 156
Parameteroptimierung, 155
Parameterschätzung, 148; 188
Parameterschätzverfahren, 188
Parametervariationen, 2; 146
Parametervektor, 155
pareto-optimal, 172
Paretomenge, 172
Phasenebene, 117
Polyoptimierung, 171
Popov-Gerade, 124
Popov-Ortskurve, 125
Popov-Ungleichung, 124
Population, 164
Prämisse, 9; 28
Prozeß
   zeitvarianter, 146
Prozeßanalyse, 88
Prozeßautomatisierung
   Ebenen, 185
Prozeßführung, 185
Prozeßmodell, 188
Prozeßsteuerung, 185
Prozeßüberwachung, 185

Q

Quadratische Form, 120

R

Radiale Basisfunktion, 209
Rattern, 105
RBF-Netz, 209; 211
Reduplikation, 165
Regel, 5; 9; 28
Regelbasis, 92
   hierarchische, 179
   konsistente, 94
   Kontinuität, 95
   rechnergestützte Optimierung, 178
   Redundanz, 95
Regler
   selbsteinstellender, 139
Rekombination, 166

Relation, 23
  n-stellige, 28
  zweistellige, 23
Relationsmatrix, 23; 31
Reproduktionsphase, 203
Residuum, 186
Restriktionen, 155
Roboterdynamik, 109
Roboterregelung, 109
Ruhelage, 116

S
S-Norm, 20; 22
S-Zugehörigkeitsfunktionen, 15
Sattelpunkt, 158
Schaltgerade, 103
Schließen
  angenähertes, 29
  fuzzy-logisches, 29
  logisches, 9
Schlußfolgerung, 9; 28
Schlußfolgerungskette, 35
Schnittmenge, 8; 20; 21
Schriftenerkennung, 204
Schrittweite, 159; 164
Schrittweitenoptimierung, 159
Schwellwertdetektion, 189
Schwellwertfunktionen, 199
Schwerpunktmethode, 56
  für Singletons, 61
  modifizierte, 58
  randerweiterte, 58
Sektor, 123; 126
Selektion, 164; 166
Sigma-Funktion, 199
Singleton, 13; 53; 73
Skalierung der Ein- und Ausgangsgrößen, 90
Skalierungsfaktor, 90
Sliding-Mode, 103; 105
Sliding-Mode-Fuzzy Controller, 103; 106
Sliding-Mode-Regler, 103
Sollwertgenerierung, 140
Stabilität
  absolute, 123
  eines Regelkreises, 115
Stabilitätsanalyse
  in der Phasenebene, 117
Stabilitätsbegriffe, 116
Stabilitätsgüte, 115
Stabilitätskriterium, 115
  von Popov, 123
Stellgröße, 67
  additive, 143

Stellgrößenauswahl, 153
Stellgrößennachbereitung, 69
Störgröße, 4
Strategie des steilsten Abstiegs, 159
Streuung, 164
subnormal, 16
Suchverfahren, 158; 160
SUM-MIN-Inferenz, 50; 58
SUM-PROD-Inferenz, 50
Support, 16
Synapse, 195
Synapsenstärke, 197
Synaptischer Spalt, 195
System
  lineares, 65
  nichtlineares, 65
Systemeigenschaften, 68
Systemtrajektorien, 117

T
T-Konorm, 22
T-Norm, 20; 22
Toleranz, 16
Tote Zone, 141
Träger, 16
Transferfunktion, 201

U
Umnormierung, 90
Umschaltregelung, 145
Umschaltstrategie, 145
UND-Verknüpfung, 20
unimodal, 157
Unüberwachtes Lernen, 205

Ü
Überlappungsgrad, 70
Überschwingweite, 183
Überwachtes Lernen, 205
Überwachungsebene, 115

V
Vektorhalbordnung, 171
Vereinigung, 28
Vereinigungsmenge, 8; 20; 22
Verknüpfung
  von Mengen, 7
Versteckte Schicht, 202
Verstellstrategie, 151
Verteilung
  periodische, 76
Verzugszeit, 183

Sachwortverzeichnis 283

W
Wahrscheinlichkeitsdichtefunktion, 164
Wertebereich, 18
Wissensbasis, 87
Wissensbeobachter, 191
Wissenserwerb, 87

Z
Zeitbereichskriterien, 147
Zellkern, 195
Zellkörper, 195
Zellmembran, 195
Zielfunktion, 156
Zufallsverfahren, 162
Zugehörigkeitsfunktion, 10; 13
    dreieckförmige, 15
    Optimierung, 180
    trapezförmige, 15
Zugehörigkeitsgrad, 13; 20
Zustandsregler, 111
Zustandsvektor, 120
Zweiwertigkeitsprinzip, 11

Fuzzy-Logik und Fuzzy-Control

Eine anwendungsorientierte Einführung mit Begleitsoftware

von Jörg Kahlert und Hubert Frank

2., verbesserte und erweiterte Auflage 1994. XII, 359 Seiten mit Diskette. Gebunden.
ISBN 3-528-15304-0

Aus dem Inhalt: Fuzzy-Set-Theorie – Fuzzy-Inferenz – Regelbasierte Systeme – Klassische Regelungssysteme – Fuzzy-Regelungssysteme – Fuzzy-Chips und Hardwaresysteme – Microprozessoren, Hybridsysteme, Software

Die Fuzzy-Logik (unscharfe Logik) ist in jüngster Zeit vor allem durch japanische Produkte bekannt geworden. Sie eignet sich im Gegensatz zur klassischen Logik hervorragend dazu, verbal formuliertes Wissen und Zusammenhänge auf einem Digitalrechner nachzubilden und für das Ziehen von Schlußfolgerungen oder die Analyse und Steuerung komplexer Vorgänge in sämtlichen Bereichen heranzuziehen. Dabei werden die interessierenden Einflußgrößen als sogenannte „Linguistische Variablen" aufgefaßt und die Zusammenhänge zwischen Ein- und Ausgangsgrößen in Form von WENN ... DANN ... Regeln formuliert. Ein wesentlicher Anwendungsbereich liegt in der Steuerung und Regelung technischer Systeme (Fuzzy-Control). Die Fuzzy-Technik ermöglicht hier die Automatisierung gerade solcher Prozesse, die bisher mit klassischen Methoden nicht zugänglich waren. Sie bietet dabei eine hervorragende Grundlage, empirisches Prozeßwissen und verbal beschreibbare Steuerungsstrategien unmittelbar umzusetzen.

Über die Autoren: Dr.-Ing. Jörg Kahlert, Hamm, promovierter Regelungstechniker, Leiter eines Ingenieurbüros für Datenverarbeitung, Software-Engineering und Automatisierungstechnik.
Prof. Dr. Hubert Frank, Professor der Mathematik an der Universität Dortmund, Experte für CAD-Entwicklungen und Fuzzy-Technologien.

Verlag Vieweg · Postfach 58 29 · 65048 Wiesbaden